量	量記号	単位記号
縦ひずみ (伸び率)	e, ε	(無名数)
せん断ひずみ (せん断角)	γ	
縦弾性係数 (ヤング率)	E	Pa N/m^2
横弾性係数 (剛性率)	G	
断面二次モーメント	I, (I_a)	m^4
断面二次極モーメント	I_p	
断面係数	Z, W	m^3
摩擦係数	μ, f	(無名数)
仕事	A, W	J W・s
エネルギー	E, W	
位置エネルギー	E_p, U, V, Φ	
運動エネルギー	E_k, K, T	
動力, 仕事率	P	W

(JIS Z 8202：2000による)

■ギリシア文字

大文字	小文字	呼び方
A	α	アルファ
B	β	ベータ
Γ	γ	ガンマ
Δ	δ	デルタ
E	ε, ϵ	エプシロン
Z	ζ	ジータ
H	η	イータ
Θ	θ	シータ
I	ι	イオタ
K	κ	カッパ
Λ	λ	ラムダ
M	μ	ミュー
N	ν	ニュー
Ξ	ξ	クサイ
O	o	オミクロン
Π	π	パイ
P	ρ	ロー
Σ	σ	シグマ
T	τ	タウ
Υ	υ	ユプシロン
Φ	ϕ, φ	ファイ
X	χ	カイ
Ψ	ψ	プサイ
Ω	ω	オメガ

国際単位系（SI）

■基本単位

量	基本単位	
	名称	記号
長さ	メートル	m
質量	キログラム	kg
時間	秒	s
電流	アンペア	A
熱力学温度	ケルビン	K
物質量	モル	mol
光度	カンデラ	cd

■組立単位の例

量	組立単位	
	名称	記号
面積	平方メートル	m^2
体積	立方メートル	m^3
速さ	メートル毎秒	m/s
加速度	メートル毎秒毎秒	m/s^2
角速度	ラジアン毎秒	rad/s
角加速度	ラジアン毎秒毎秒	rad/s^2

■単位に乗ぜられる倍数と接頭語の例

単位に乗ぜられる倍数	接頭語	
	名称	記号
10^{24}	ヨタ	Y
10^{21}	ゼタ	Z
10^{18}	エクサ	E
10^{15}	ペタ	P
10^{12}	テラ	T
10^{9}	ギガ	G
10^{6}	メガ	M
10^{3}	キロ	k
10^{2}	ヘクト	h
10	デカ	da
10^{-1}	デシ	d
10^{-2}	センチ	c
10^{-3}	ミリ	m
10^{-6}	マイクロ	μ
10^{-9}	ナノ	n
10^{-12}	ピコ	p
10^{-15}	フェムト	f
10^{-18}	アト	a
10^{-21}	ゼプト	z
10^{-24}	ヨクト	y

■固有の名称をもつ組立単位の例

量	組立単位		単位の組み立て方	本書での使用例
	名称	記号		
力	ニュートン	N	$1N=1kg\cdot m/s^2$	N, kN
圧力 応力 弾性係数	パスカル	Pa	$1Pa=1N/m^2$	$MPa\,(N/mm^2)$ $GPa\,(10^3MPa)$
仕事 エネルギー 電力量	ジュール	J	$1J=1N\cdot m$	$J\left(\begin{matrix}N\cdot m\\10^3N\cdot mm\end{matrix}\right)$ kJ $kW\cdot h\,(3.6\times10^6J)$
動力	ワット	W	$1W=1J/s$	W, kW
振動数	ヘルツ	Hz	$1Hz=1s^{-1}$	Hz

■SＩ単位の10の整数乗倍の構成と使い方

接頭語は，すぐ後ろにつけて示す単位記号と一体となったものとして扱う。一つの単位記号の中に接頭語を複数合成して用いてはならない。

〔例〕$1\,cm^3=(10^{-2}m)^3=10^{-6}m^3$

$1\,N/mm^2=10^6\,N/m^2=1\,MPa$

$1\,mm^2/s=(10^{-3}m)^2/s=10^{-6}m^2/s$

$1.2\times10^4N=12\times10^3N=12kN$

$0.00394m=3.94mm$

10^3kgは1 kkgとしてはならない（接頭語が重なる）

First Stage シリーズ

新訂機械要素設計入門 2

野口　昭治・武田　行生　[監修]

実教出版

目次

本書は，高等学校用教科書「工業 711 機械設計 2」（令和 4 年発行）を底本として製作したものです。
本書の JIS についての記述は，令和 2 年（2020 年）12 月時点のものです。
最新の JIS については，経済産業省ウェブページを検索してご参照ください。

First Stage シリーズ 新訂機械要素設計入門 1 …… 目次

第8章

節

リンク・カム

産業用ロボットや機械の動きは，歯車，ベルト・プーリ，リンクやカムを組み合わせた機構によって伝達されている。機械の設計には，適切な機構を考えなければならず，また，今までの機構を応用して機械は改良されつづけている。

機械は機構の集まりである。機構がいくつか巧妙に組み合わされると，新しい機構となり，新たな作用が生まれる。

現在も，新しい機構やその組み合わせについて研究されており，実用新案や機械の発明の多くは機構に関するものである。

この章では，リンク機構・カム機構とは何だろうか，これらの設計はどのようにすればよいだろうか，間欠運動とは何だろうか，などについて調べる。

カムは，いろいろな運動をつくり出す機構で，機械の運動に対して重要な役割を果たす。これを広く工作機械で活用したのは，19世紀後半に普及した自動盤である。

図は19世紀末のアクメ社の4軸自動盤である。左右の大形ドラムに板カムを取りつけ，カムの回転により刃物台と加工物取りつけ軸が出入りし，切削加工が自動的に行われる。工作機械の自動化のはじまりである。

カムによる自動盤

第1節 機械の運動

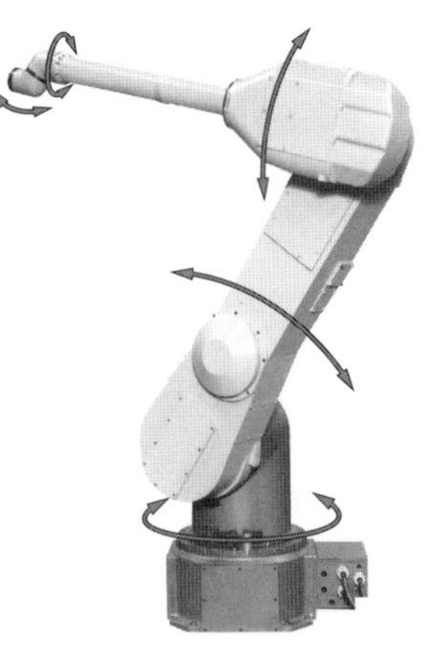

機械は，その目的に応じて定められた運動をするようにつくられている。それがどのように複雑な運動であっても，機械を構成している各部分の運動を調べてみると，基本的な運動の組み合わせであることがわかる。

運動については第2章で学習したが，ここではそれらを踏まえつつ，平面や空間での機械の運動のしくみについて調べてみよう。

産業用ロボットの動き▶

1 機械の運動と種類

機械の運動には，単純なものから複雑なものまでいろいろあるが，それらの運動は，次のような基本的な運動の組み合わせからなりたっている。

1 平面運動

物体上の各点が，ある平面またはこれと平行な平面上を運動することを**平面運動**❶という。機械の各部分は，およそ平面運動でなりたっている。平面運動はさらに，並進運動と回転運動とに分けられる。

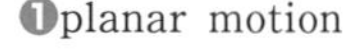

●並進運動　**並進運動**❷は，物体上の各点が，平行に移動する運動である。旋盤の往復台や内燃機関のピストンなどの運動がその例である。

●回転運動　**回転運動**❸は，物体上の各点が，一つの軸を中心とする円または円弧上を移動する運動である。歯車やプーリなどの運動がその例である。

物体の運動の状態などを調べる場合には，物体上の2点の位置を定め，その2点の動きをみれば，全体の動きを知ることができる❹。したがって，物体の位置は，物体上の2点あるいは2点を結ぶ直線を用いて表すことができる。

❶planar motion

❷translational motion

❸rotational motion

❹このとき，物体の変形は考えないものとする。

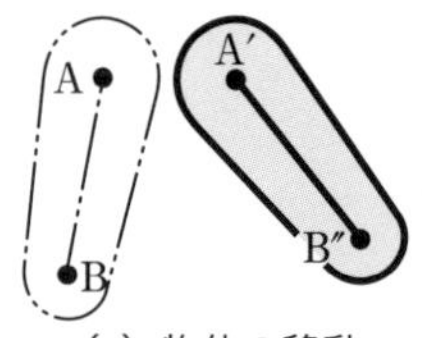

(a) 物体の移動

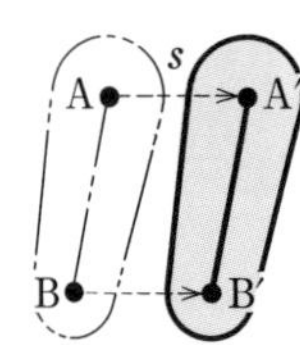

(b) 並進運動

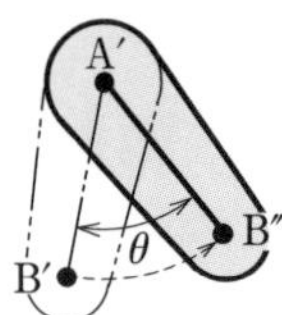

(c) 回転運動

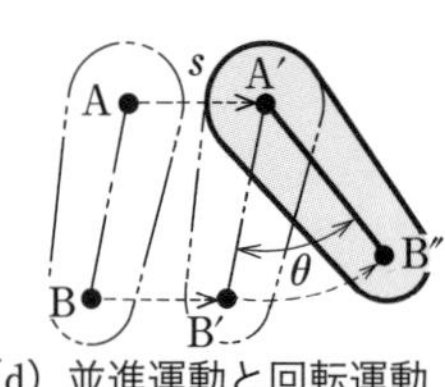

(d) 並進運動と回転運動の組み合わせ

▲図8-1　平面運動

いま，図 8-1(a)のように，物体 AB が同一平面上の A′B″ の位置に移動したときの運動について考える。

並進運動と回転運動とに分けると，まず，図(b)のように AB が A′B′ まで距離 s だけ並進運動をして，次に，図(c)のように点 A′ を回転軸の中心として角 θ だけ回転運動をしていることがわかる。

2 空間運動

物体上の各点が三次元の空間（x，y，z の各方向）を運動することを**空間運動**❶という。空間運動には，次のようなものがある。

❶spatial motion

●つる巻線運動　物体上の各点が，回転軸を中心として回転しながら，軸方向に直線運動をしたとき，各点の運動を**つる巻線運動**❷という。

❷helical motion

図 8-2 のように，ボルトとナットの組み合わせで，ボルトを固定してナットを回転させたときのナットの運動がその例である。

●球面運動　物体上の各点が，一定点を中心として等距離を保ちながら運動したとき，それぞれの点が球面上を移動する運動を**球面運動**❸という。図 8-3 のような自在軸継手の動きがその例である。

❸spherical motion

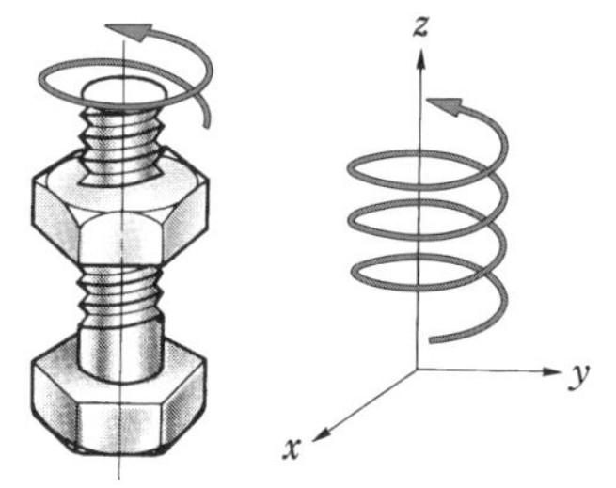

▲図 8-2　つる巻線運動（ボルトとナット）

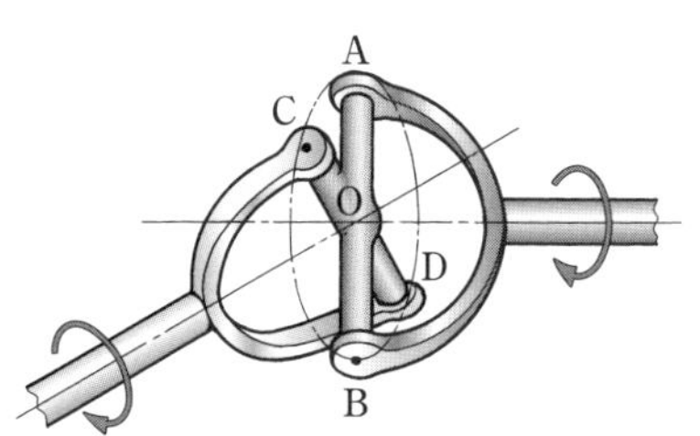

▲図 8-3　球面運動（自在軸継手）

2 瞬間中心

❹instantaneous center

図 8-4 のように，平面上を円板が転がる場合の運動を考える。点 O を接点として転がる瞬間には，円板上の各点（たとえば，点 C，P，Q）は点 O を中心とした回転運動をすると考えられる。このような点 O を，この円板の運動の**瞬間中心**❹という。

円板が回転を続ければ，瞬間中心は順次位置をかえて移動するが，図の場合においては，円板上の各点 C，P，Q の速度は，大きさが OC，OP，OQ の長さに比例し，向きがそれらに直角となる。

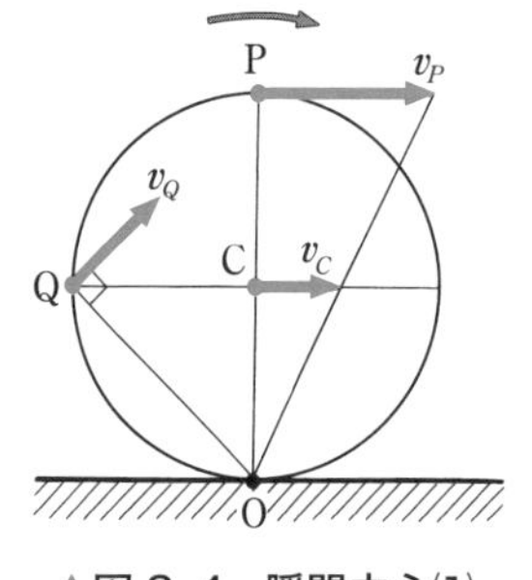

▲図 8-4　瞬間中心(1)

逆に，円板上の各点のそれぞれの速度に直角な直線は，すべてそのときの瞬間中心Oを通る。

また，図8-5(a)のように，物体がⅠからⅡへきわめて短い時間に移動した場合を考えてみる。

いま，AA′ およびBB′ の垂直二等分線の交点をCとすれば，△ABC と △A′B′C において，AC＝A′C，BC＝B′C，AB＝A′B′ だから，次のような関係がなりたつ。

$$\triangle ABC \overset{❶}{\equiv} \triangle A'B'C$$

$$\angle ACA' = \angle BCB' = \theta$$

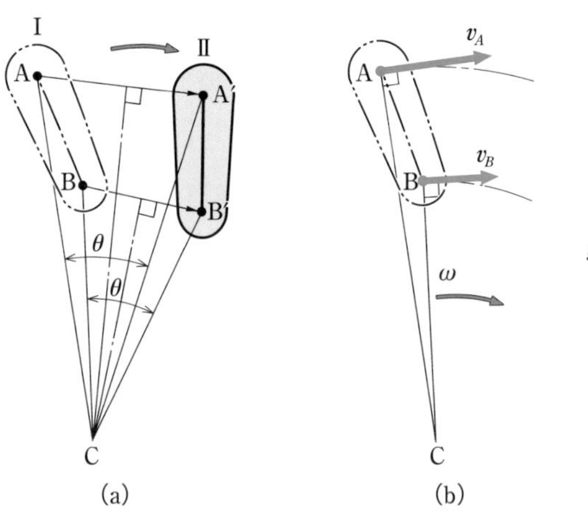

▲図 8-5　瞬間中心(2)

❶≡は，合同を表す記号である。

したがって，AB から A′B′ への移動は，点Cを中心として θ だけ回転運動をしたと考えられる。このような点Cも，図8-4の点Oと同じように，物体ABの運動の瞬間中心である。

図(b)のように，物体が点Cを瞬間中心として回転運動をするとき，物体上の点A，Bの運動方向は，その点と瞬間中心Cを結んだ直線に対して直角の方向である。このことから，逆に物体上の点A，Bの運動方向がわかれば，瞬間中心を求めることができる。

問 1　図8-4で，直径1mの円板が，毎秒1回転の割合で転がっているとき，点C，P，Qの速度の大きさと向きを求めよ。

Challenge

機械運動について考えてみよう。

多くの機械は，平面運動と空間運動との複雑な組み合わせによって運動している。

① 図8-2のナットについて，真上から見たとき（xy 平面だけを見たとき），どのような運動に見えるか。また，ボルトとナットを遠くから観察したとき（軸だけに注目したとき），どのような運動に見えるだろうか。考えてみよう。

② 機械を一つ取り上げ，その機械の運動は，どのような運動の組み合わせなのかについて整理しなさい。

2節 リンク機構

機械の各部は，いろいろな部品が組み合わされて，一つのつながりをつくり，目的に応じた一定の運動をしている。港でみかける水平引き込みクレーンは，荷役機械として荷物をほぼ水平に動かすことができる。

ここでは，部品の組み合わせによってできる運動のしくみについて調べてみよう。

水平引き込みクレーン▶

1 リンク機構の特徴

たがいに接触して運動する部分の組み合わせを対偶[❶]といい，運動を伝えるための各部分のことをリンク[❷]または節という。リンクが回り対偶または進み対偶[❸]によって連結された機構を**リンク機構**という。

❶「新訂機械要素設計入門1」の p.12 参照。

❷「新訂機械要素設計入門1」の p.13 参照。

❸「新訂機械要素設計入門1」の p.12 参照。

図 8-6(a)は，土砂の掘り起こしや，整地作業を行う油圧ショベルである。油圧シリンダのロッドを伸ばすと，バケット部分は図(b)の①の状態から②，③のように動いて土砂をすくう。ロッドの直線運動が，バケットの揺動運動に変換されている。

(a)

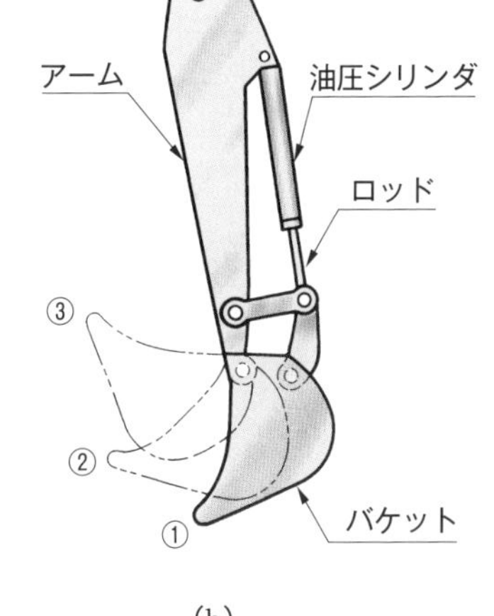

(b)

▲図 8-6　油圧ショベルのバケットの動き

このように，機械に目的の運動をさせるには，駆動源の運動の形をかえたり，不等速運動にしたりしなければならない。このような運動の変換は，電子制御装置によって行うこともできるが，リンクやカムは，次のような特徴があるため広く使われている。

第8章 リンク・カム

① 比較的構造が単純である。

② 気温の変化，振動や急激な力の変化に対して強い。

③ 構造が単純であるため，リンク機構部分の分解が容易でメンテナンスがしやすい。

2 連鎖とその自由度

1 連 鎖

水平引込みクレーンは，系統立てた対偶の組み合わせでできているが，このつながりを**連鎖**❶という。リンク機構は，連鎖によって目的の運動を行う。

図 8-7 は，リンクを回り対偶で組み合わせたものである。図(a)では，たがいに動くことができない。このような連鎖を**固定連鎖**❷という。

図(b)では，ある一つのリンクを固定し，ほかの一つのリンクに一定の運動をさせると，残りのリンクも定まった運動をする。このような連鎖を**限定連鎖**❸という。このとき，それぞれのリンクは，その役割によって，原動節，従動節，中間節，固定節とよばれる。はじめに運動を起こすリンクを**原動節**❹，この運動にともない最終的に外部に運動を伝えるリンクを**従動節**❺，原動節から従動節への運動を伝達するリンクを**中間節**❻，これらを支持して動かないリンクを**固定節**❼という。

また，図(c)では，一つのリンクに一定の運動をさせても，ほかのリンクの運動は定まらない。このような連鎖を**不限定連鎖**❽という。しかし，図(d)のように，リンクFをつけ加えれば，定まった運動をする限定連鎖にかえることができる。

❶chain
❷fixed chain
❸constrained chain
❹driver, driving link
❺follower, driven link
❻coupler, coupler link
❼fixed, fixed link
❽unconstrained chain

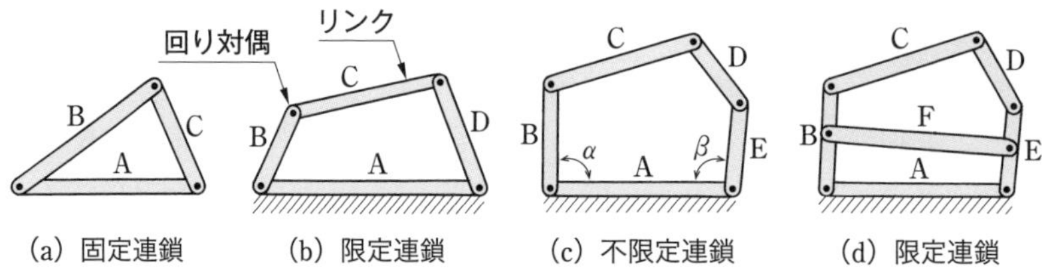

▲図 8-7 連鎖

問 2 図 8-7(d)が限定連鎖になることを，図に描いて確かめよ。

2 連鎖の自由度

図 8-7(b)の限定連鎖では，各リンクは 1 通りの決まった運動を行うことができる。たとえば，A に対してBの位置が決まるとCとDの位置も決まる。このような連鎖を **1 自由度の連鎖**ともいう。

図 8-7(c)の不限定連鎖では，各リンクの相対運動は 1 通りの動きにはならない。しかし，二つのリンクの位置，たとえば，A とBのなす角 α，A とEのなす角 β を決めると，C とDの位置が決まる。このように，二つのリンクに一定の制限を与えることによって，各リンクの動きが定まる連鎖を**2 自由度の連鎖**ともいう。

各リンクの相対運動が可能で，一つのリンクを静止系に固定した連鎖のリンク機構のうち，リンクAを固定した図(b)は**1 自由度機構**，図(c)は**2 自由度機構**という。

一般に，機械は一定の決まった運動をするようにつくられることが多い。すなわち，1 自由度機構が用いられることが多い。例えば図 8-6(b)の油圧ショベルのバケット部は自由度 1 の機構である。

なお，図 8-7(a)の固定連鎖は動かないため，自由度は 0 である。また，図 8-8 のように，自由度 2 以上の機構もある。

▲図 8-8　自由度の高いロボットアームの例

3 四節回転機構

図 8-7(b)や図 8-9 のように，長さの異なる 4 個のリンク A，B，C，D をピン (回り対偶) O_1，O_2，O_3，O_4 で連結したものを**四節回転機構**[1]という。

この機構は，固定節をどれにするかによって，いろいろな運動をする機構になる。このように，固定節をほかのリンクにかえることを，**機構の交替**[2]という。このとき，固定節に対して，回転するリンクを**クランク**[3]といい，ある角度の間を往復角運動するリンクを**てこ**[4]，または**レバー**[5]という。クランクとてこを連結するリンクを**連接棒**[6]という。また，リンクの対偶の種類をかえることによって，さらに異なった機構が得られる。

❶quadric crank mechanism
❷**リンクの交替**ともいう。
❸crank
❹lever
❺lever
❻connecting rod

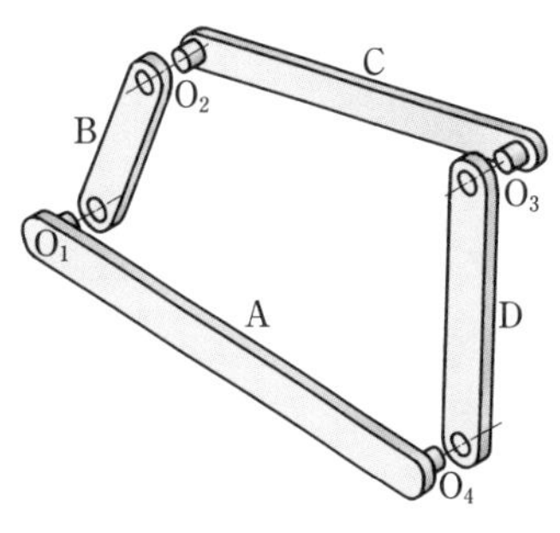

▲図 8-9　四節回転機構

1 固定節をほかのリンクにかえた機構

てこクランク機構　図 8-10 のように，リンクAを固定し，リンクB(原動節) を回転すると，リンクD(従動節) が一定の往復角運動をする。このような機構を**てこクランク機構**[1]という。Bはクランク，Dはてこ，Cは連接棒となる。

[1] lever crank mechanism

この機構は，てこDを原動節として，往復角運動を与えると，従動節となるクランクBに回転運動が得られる。BとCが重なり合う $O_2'O_1O_3'$ の位置，BとCが一直線となる $O_1O_2''O_3''$ の位置では，クランクBは左右のいずれの向きにも回転できる。このように，原動節の一定の動きに対して従動節の運動の向きが不定になる位置を**思案点**[2]という。また，この位置では，始動しようとしてDにいくら力を加えても，Bには回転力が働かないため，Bを回すことはできない。このような位置を**死点**[3]という。一般に，思案点と死点は同一位置であることが多いが，それらの意味は異なる。

[2] change point

[3] dead point

図 8-11 は，ミシンのリンク天びんで，てこクランク機構が応用されている。針の動きに合わせて，天びんを上下に動かして糸をたぐっている。

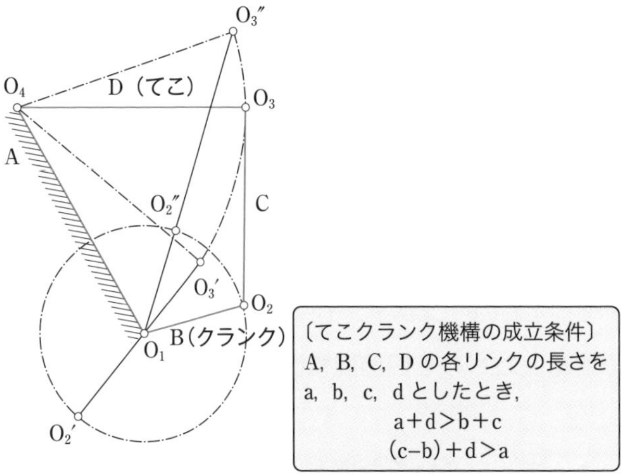

〔てこクランク機構の成立条件〕
A, B, C, D の各リンクの長さを a, b, c, d としたとき，

$a+d>b+c$

$(c-b)+d>a$

▲図 8-10　てこクランク機構

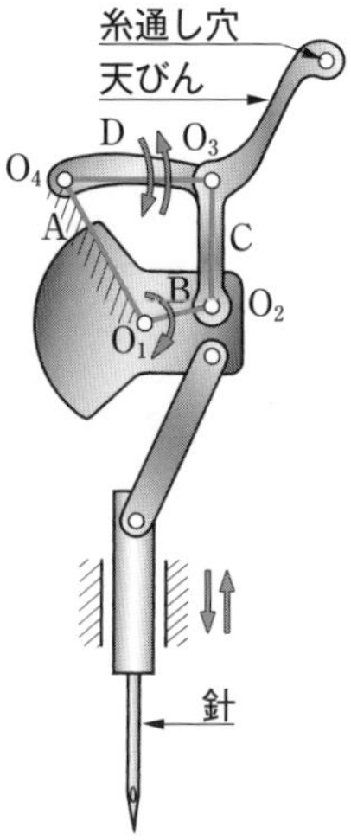

▲図 8-11　ミシンのリンク天びん

両クランク機構　図 8-12 は，図 8-10 のてこクランク機構においてクランクであった最も短いリンクBを固定した機構であり，リンクA，Cはともにクランクとしての動きをする。これを**両クランク機構**[4]という。

[4] double crank mechanism

図 8-13 は，両クランク機構を利用した送風機である。O_1 は円筒の

中心にあり，回転子の軸 O_2 は偏心した定位置にある。

平板Dは両クランク A，C の端の描く二つの円の間を仕切っているが，回転子を矢印の向きに回転させると，隣の板との間の容積がしだいに減少し，吸い込んだ空気を圧縮してはき出す。

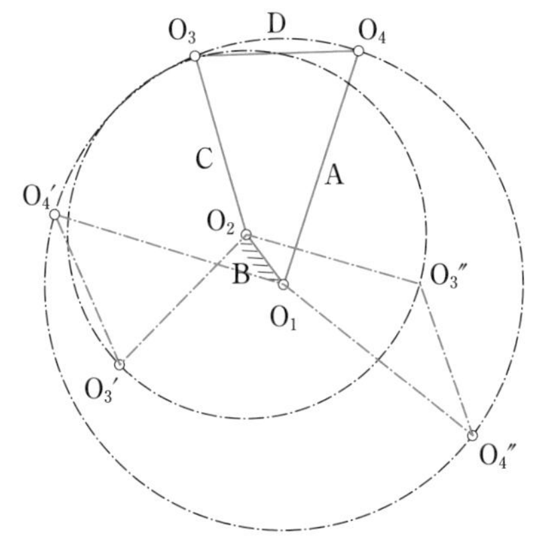

▲図 8-12　両クランク機構　▲図 8-13　送風機

両てこ機構　図 8-14 のように，最も短いリンクBに向かい合ったリンクDを固定すると，リンク A，C はそれぞれてことしての動きをする。これを**両てこ機構**[1]という。この場合，リンクBを**中間節**という。

図 8-15 の四節回転機構において，中間節Bに固定した棒に一定間隔のマークをつけると，各マークは原動節Cの回転に対して，複雑な曲線を描く。このように中間節上の各点が描く曲線を**中間節曲線**[2]といい，この曲線により中間節の動きが把握でき，複雑な動きを必要とする機構があったときに利用することができる。

図 8-16 の水平引き込みクレーンは，この機構の応用例で，リンクの先端に付けたバケットがほぼ水平に移動するように，各リンクの寸法が決められている。

[1] double lever mechanism

[2] coupler curve

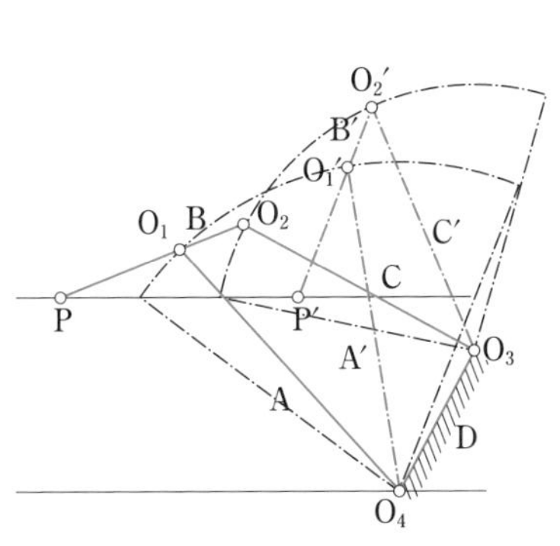

▲図 8-14　両てこ機構

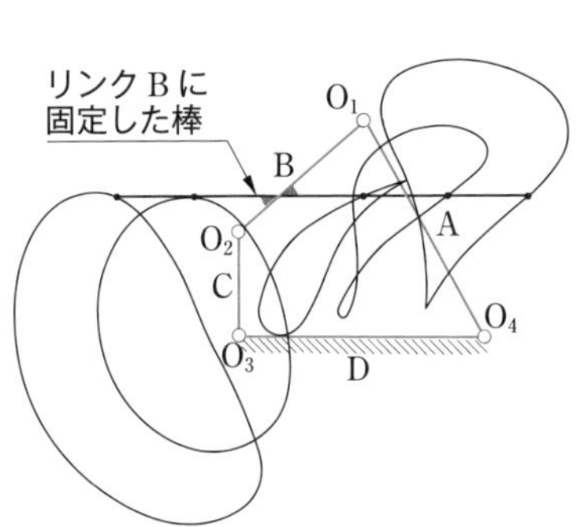

▲図 8-15　中間節の動き

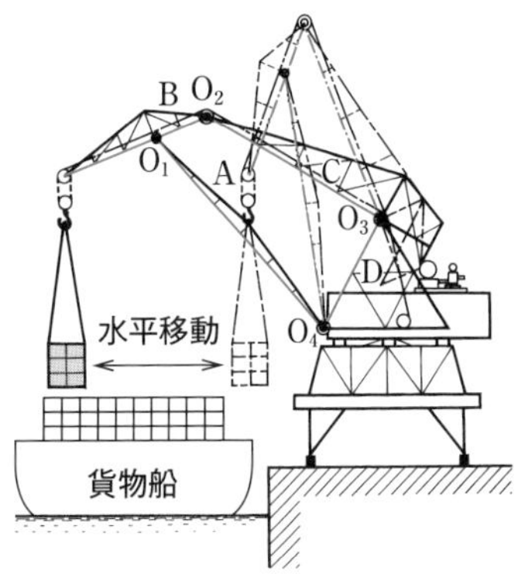

▲図 8-16　水平引き込みクレーン

第8章 リンク・カム

2 回り対偶をスライダにかえた機構

てこクランク機構において，図 8-17 のように，てこDの先端 O_3 の動く円弧に沿って溝を設け，リンクAとともに固定する。そして，てこのかわりに溝の中を滑り動く**スライダ**❶を用いれば，てこDがなくても，リンクB，C はてこクランク機構とまったく同じ運動をする。

❶slider

●往復スライダクランク機構　図 8-17 の溝の半径 r_d をしだいに大きくし，図 8-18(a)のように溝を直線形にすると，スライダは溝の中を往復直線運動する。このような機構を**往復スライダクランク機構**❷という。

❷reciprocating block slider crank mechanism

この機構は，たとえば，空気圧縮機・クランクプレスなどのような回転運動を往復運動にかえる場合や，またはその逆の場合である図(b)のような内燃機関などに使われている。

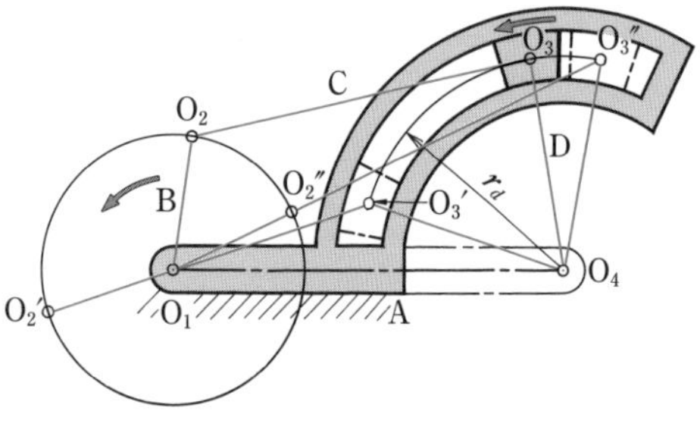

▲図 8-17　てことスライダ

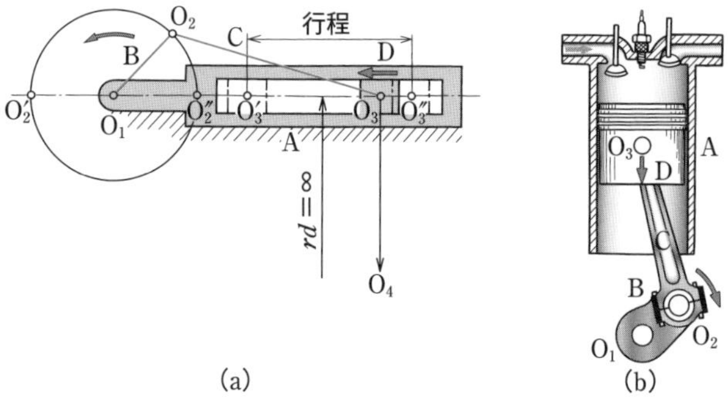

▲図 8-18　往復スライダクランク機構

スライダが往復する距離，すなわち**行程**❸はクランクの長さの 2 倍に等しくなる。この機構も機構の交替によって，いろいろな機構ができる。

❸stroke

この機構は，クランクが原動節のとき等速で回転することが多い。このとき，スライダがどんな速度で運動するかを調べてみよう。

図 8-19 で，クランクBが等速回転するときは，O_2 (クランクピン) の速度の大きさ v_1 は一定で，向きは半径 O_1O_2 に直角である。

このとき，連接棒Cの一端 O_2 では半径 O_1O_2 に直角方向に，他端 O_3 では O_3O_1 の向きに動く。連接棒Cの運動の瞬間中心は，点 O_2，O_3 においてそれぞれの運動方向に立てた垂線の交点Qになる。

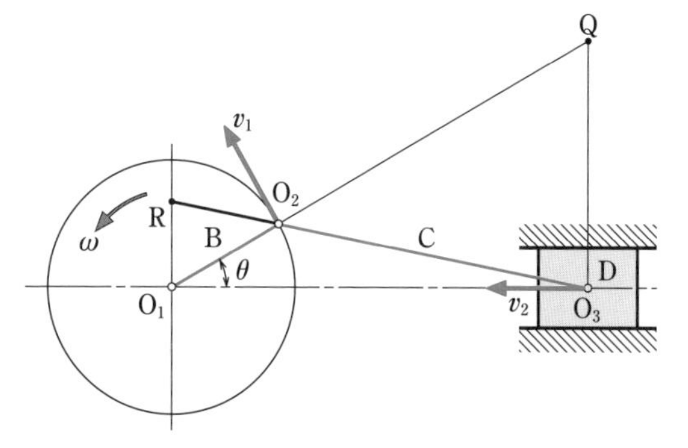

▲図 8-19　スライダの速度

また，このときの速度の大きさは，瞬間中心Qからの距離に比例するので，O_3 の速度を v_2 とすると，

$$v_1 : v_2 = QO_2 : QO_3 \tag{a}$$

となる。また，O_1 において，O_1O_3 に立てた垂線と，直線 O_2O_3 との交点をRとすると，$\triangle O_1O_2R$ ∽❶ $\triangle QO_2O_3$ から，

$$O_1O_2 : O_1R = QO_2 : QO_3 \tag{b}$$

となる。式(a)，式(b)より，

$$v_2 = \frac{QO_3}{QO_2}v_1 = \frac{O_1R}{O_1O_2}v_1 \tag{c}$$

となる。クランクBの角速度を ω [rad/s] とすると，$v_1 = O_1O_2 \cdot \omega$ であるから，式(c)は次のようになる。

$$v_2 = O_1R \cdot \omega \tag{8-1}$$

すなわち，図 8-19 で，O_1R の長さがわかれば，任意の位置でのスライダDの速度を求めることができる。

問 3 図 8-19 で，θ が 30° のときと 60° のときとでは，スライダの速度は，どのくらい違うか。その割合を図で求めよ。

●揺動スライダクランク機構　図 8-20 は，図 8-18(a)の往復スライダクランク機構のスライダDを長いリンクにし，リンクAを逆にスライダにしてDの中に納めるように変形したものである。リンクCを固定してクランクBを回転させると，リンクDは O_3 を中心として往復角運動をする。このような機構を**揺動スライダクランク機構**❷という。

この機構は，**早戻り機構**❸として，図 8-21 のような形削り盤に利用されている。クランクBは電動機によって等速回転をしているが，リンクDの O_3 を中心とする往復角運動は，往き（左向き）に要する時間と，戻り（右向き）に要する時間とでは，次のように異なる。

❶∽は，相似を表す記号である。

❷swinging-block slider crank mechanism

❸quick-return motion mechanism

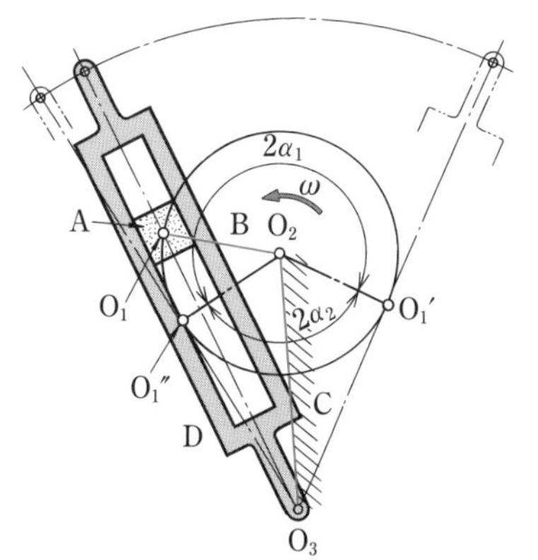

▲図 8-20　揺動スライダクランク機構

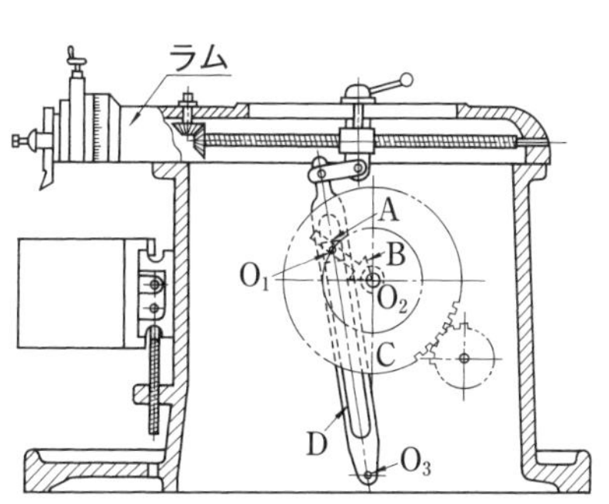

▲図 8-21　形削り盤の早戻り機構

いま，図 8-20 で O_1 が角速度 ω で矢印の向きに回転しているとき，O_3 からこの円に接線を引き，接点を O_1'，O_1'' とする。クランクの O_1' から O_1'' までの回転角を $2\alpha_1$，O_1'' から O_1' までの回転角を $2\alpha_2$ とすれば，リンク D が往きに要する時間 t_1 は $\dfrac{2\alpha_1}{\omega}$ で，戻りに要する時間 t_2 は $\dfrac{2\alpha_2}{\omega}$ である。したがって，往きと戻りに要する時間の比 $\dfrac{t_1}{t_2}$ は $\dfrac{\alpha_1}{\alpha_2}$ に等しくなる。

また，リンク C の長さを c，クランク B の長さを b とすれば，

$$\cos\alpha_2 = \frac{b}{c} \qquad (8\text{-}2)$$

である。式 (8-2) から，b，c が与えられれば，α_2 が求められ，α_1 も知ることができる。

例題 1　図 8-20 で，B の長さ $b = 300$ mm，C の長さ $c = 600$ mm のとき，D の往き（左向き）に要する時間 t_1 は，戻り（右向き）に要する時間 t_2 の何倍か求めよ。

解答　式 (8-2) より，

$$\cos\alpha_2 = \frac{b}{c} = \frac{300}{600} = \frac{1}{2} \qquad \alpha_2 = 60^\circ$$

$$\alpha_1 = 180^\circ - 60^\circ = 120^\circ$$

$$\frac{t_1}{t_2} = \frac{\alpha_1}{\alpha_2} = \frac{120}{60} = 2$$

答 2 倍

問 4　例題 1 で，b，c がそれぞれ 200 mm，600 mm のとき，D の往きと戻りに要する時間の比を求めよ。

4 特殊な運動機構

●平行クランク機構　図 8-22 のような相対するリンクの長さがそれぞれ等しい両クランク機構は，A，B，C，D の四つのリンクがつねに平行四辺形を形づくっている。そして，リンク A を固定すれば，つねに，クランク B とクランク D 上の相対する 2 点は対応した円周上を動き，リンク C は A に平行で，リンク C 上の各点はそれぞれ特定の円周上を動いている。このような機構を**平行クランク機構**[1]という。

図 8-23 は，バスなどの大型自動車で使われるウインドワイパの原理を表した図である。

[1] parallel crank mechanism

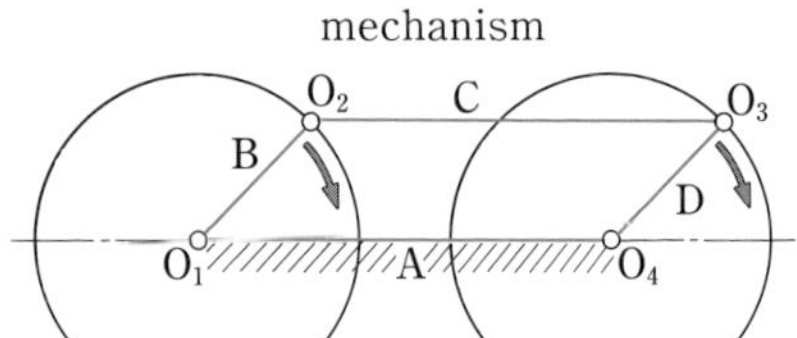

▲図 8-22　平行クランク機構

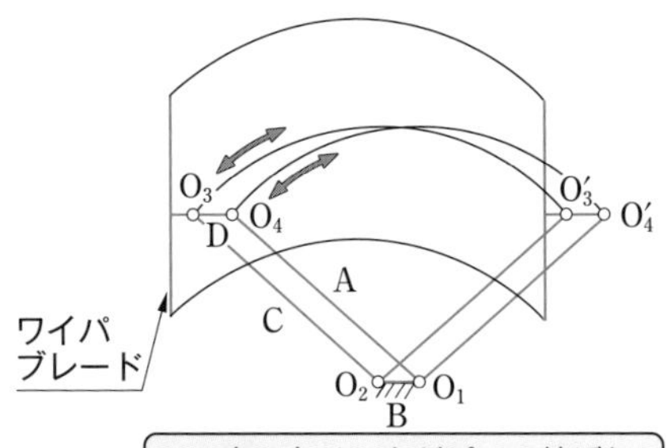

4 本の各リンクがピンで結ばれ，ABCD が平行四辺形の平行クランク機構である。
図のようにワイパブレードはつねに平行に往復運動をする。

▲図 8-23　大型自動車のウインドワイパの機構

トグル機構　図8-24(a)は，板金に穴を打ち抜くために使われるプレスである。リンクA，Bは長さが等しく，レバーEを押し下げていくとリンクDに引っ張られて，AとBのリンクが一直線に近くなる。このとき，Cを押し出す力が著しく大きくなるので，板金に穴を打ち抜くことができる。このようなリンクの組み合わせを**トグル機構**❶という。

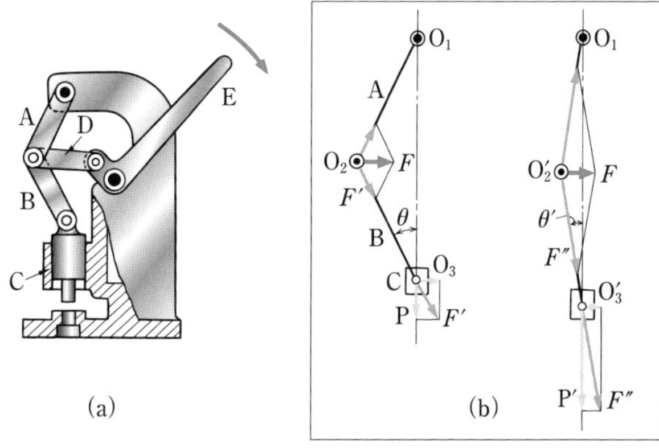

▲図8-24　トグル機構

❶toggle mechanism；**倍力機構**ともいう。

いま，図(b)はリンクの働きを示したもので，リンクA，Bの長さは等しく，各部の動きに摩擦がないものと考えれば，加える力Fと作用する力Pとの間には，次のような関係がなりたつ。

$$P = \frac{F}{2\tan\theta} \tag{8-3}$$

式(8-3)において，θが小さくなるに従い，$\tan\theta$の値は0に近くなるので，A，B両リンクが一直線に近づけば，Fに比べてPは著しく大きくなる。

問5　式(8-3)を導いてみよ。

問6　図8-25はマジックハンドの手先の機構である。どのような機構となっているか。また，どのような動きをするか，調べてみよ。

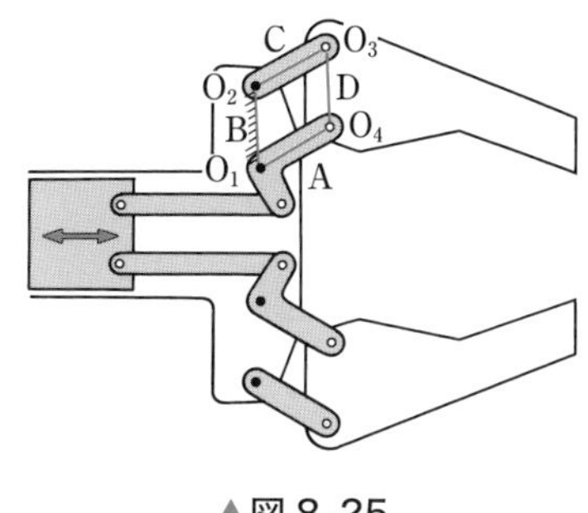

▲図8-25

5 リンクの長さの決定

目的の動きをさせるためのリンクの長さは，どのように決めたらよいだろうか。四節回転機構において，てこの揺動範囲が与えられた場合と，中間節が移動する位置が与えられた場合を例に，リンクの長さの決めかたについて考えてみよう。

1　てこの揺動範囲が与えられた場合

図 8-26 のてこクランク機構において，クランクBが1回転したとき，てこDが与えられた範囲 $\theta_1 \sim \theta_2$❶ を揺動する機構と考える。

❶ $\pi > \theta_2 > \theta_1 > 0$ とする。

図 8-27 において，固定節Aの長さ a，てこDの長さ d，揺動する範囲 θ_1，θ_2 が与えられているものとする。まず，図のように固定節Aを描き，点 O_4 を中心とする半径 d の円弧上に $\angle O_1O_4O_3' = \theta_1$，$\angle O_1O_4O_3 = \theta_2$ となる点 O_3，O_3' を描く。リンクB，Cの長さを b，c とすれば，$O_1O_3' = c - b$，$O_1O_3 = c + b$ だから，

$$b = \frac{O_1O_3 - O_1O_3'}{2},\quad c = \frac{O_1O_3' + O_1O_3}{2}$$

となり，b と c が決まる。

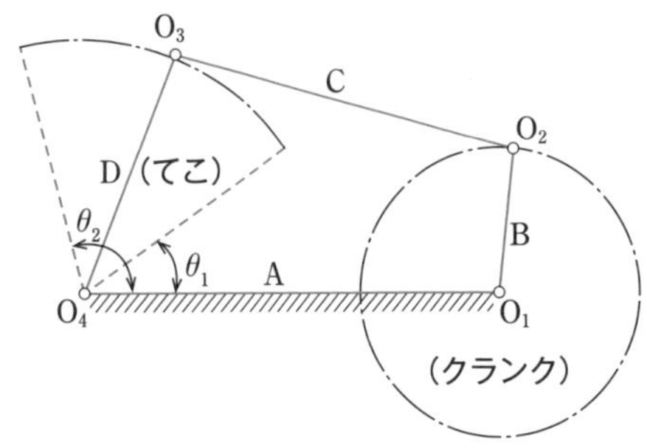

▲図 8-26　てこクランク機構

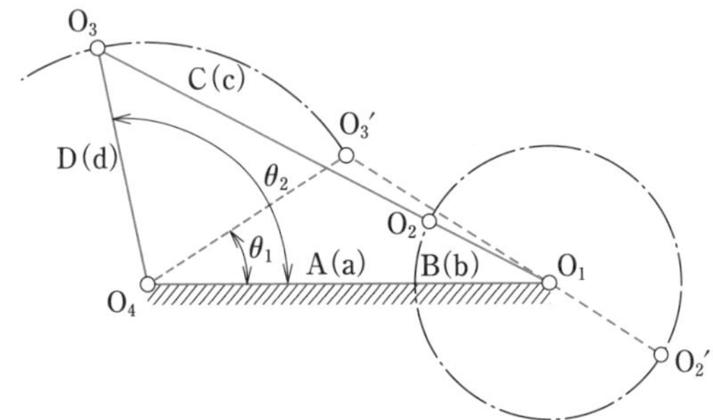

▲図 8-27　リンクの長さの決め方
（てこの揺動範囲が与えられた場合）

2　中間節の移動位置が与えられた場合

図 8-28 のように中間節が，与えられた位置に移動する機構を考える。

2 位置が与えられた場合　図 8-28(a)において，リンクCの長さ c と，リンクAに対するリンクCが移動する位置 C (O_2O_3)，C′ ($O_2'O_3'$) が与えられたとき，O_1 と O_4 の位置（リンクAの長さ a）とリンクB，Dの長さ b，d を求める。図(a)のように，O_2O_2'，O_3O_3' の垂直二等分線と O_1 と O_4 を通る直線との交点が，O_1，O_4になる❷ ($a = O_1O_4$)。リンクの長さは，$b = O_1O_2$（または O_1O_2'），$d = O_4O_3$（または O_4O_3'）である。

❷たとえば，O_2O_2' の垂直二等分線上の点 O_1 から点 O_2，点 O_2' までの距離は等しい。したがって点 O_1 を中心とし，点 O_2 を通る円弧は点 O_2' も通る。

3 位置が与えられた場合　図 8-28(b)のように，リンクCの長さ c と，リンクAに対するリンクCが移動する位置 C (O_2O_3)，C′ ($O_2'O_3'$)，C″ ($O_2''O_3''$) が与えられたとき，O_1 と O_4 の位置とリンク A，B，D の長さ a，b，d を求める。

図 8-28(b)のように O_2O_2' と $O_2'O_2''$ の垂直二等分線の交点が，点 O_2，O_2'，O_2'' を通る円弧の中心であり，O_1 になる。同様に，O_3O_3' と $O_3'O_3''$ の垂直二等分線の交点が，O_4 になる。リンク A，B，D の長さは，$a = O_1O_4$，$b = O_1O_2$，$d = O_4O_3$ となる。

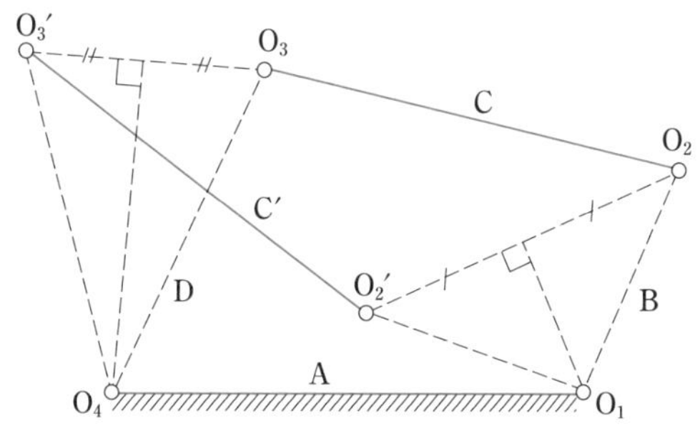

(a) 2位置が与えられた場合

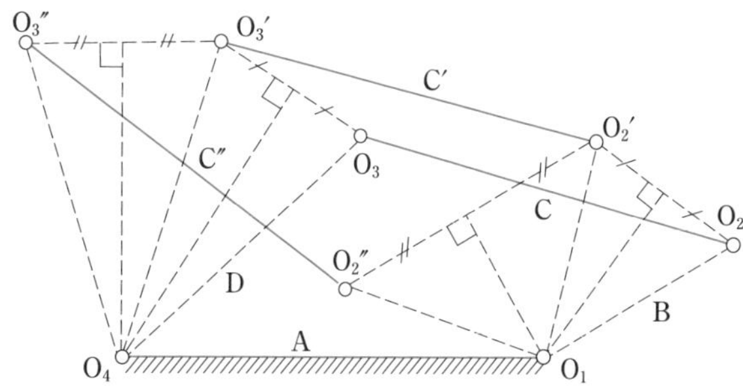

(b) 3位置が与えられた場合

▲図 8-28 リンクの長さの決め方（中間節の移動位置が与えられた場合）

図 8-29(a)の電車の四節回転機構のパンタグラフでは，すり板が架線にほぼ直角に上下動するようになっている。図(b)のように，すり板の取りつけ位置 P は，中間節 C の延長線上にあって，長さは $O_2P_1 = b = O_1O_2$ であり，固定節 A は架線に平行な屋根に固定されている。すり板が，架線に接しているときは $P_1 - O_2 - O_3$，格納されているときは $P_2 - O_2' - O_3'$ になるように，リンク A と D の長さ a，d を作図から求めよ。ただし，$b = 500$ mm，$O_2O_3 = c = 80$ mm，$\theta_1 = \phi_1 = 40°$，$\theta_2 = \phi_2 = 5°$ とする。

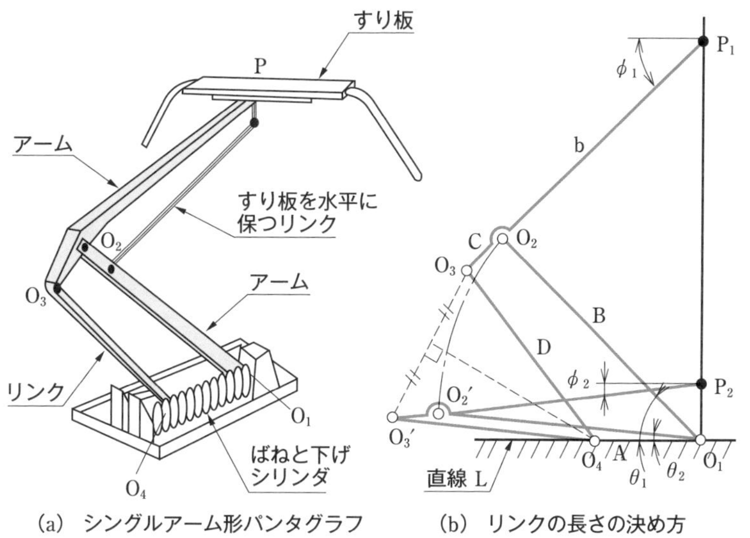

(a) シングルアーム形パンタグラフ　(b) リンクの長さの決め方

▲図 8-29

解答　中間節の2位置が与えられた図8-28(a)と同じ問題であり，長さの寸法を$\frac{1}{10}$に縮めて作図するとよい。図8-29(b)において，O_1を任意の位置に定め，点O_1を通り架線に平行な直線をLとする。与えられた条件に従ってO_1O_2と$P_1O_2O_3$，O_1O_2'と$P_2O_2'O_3'$を描く。O_3O_3'の垂直二等分線と直線Lとの交点がO_4である。作図したものから測定すると，$a \fallingdotseq 243$ mm，$d \fallingdotseq 337$ mmになる。

答 $a \fallingdotseq 243$ mm，$d \fallingdotseq 337$ mm

節末問題

1　図8-30のように，レールの上を転がる車輪がある。車体が50 km/hで動いているとき，点A，Bの速度を求めよ。

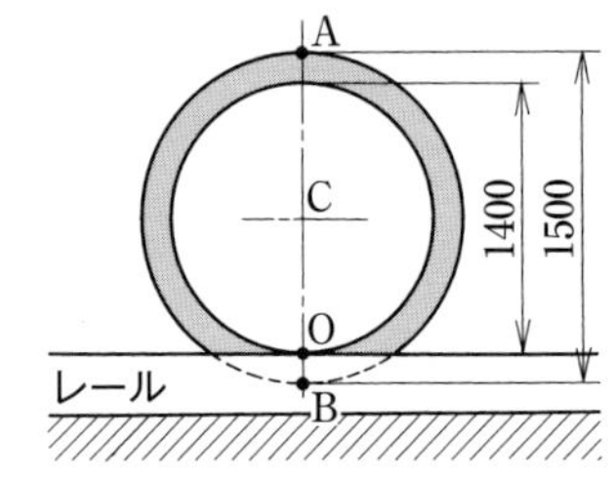

▲図8-30

2　てこクランク機構で，クランクの長さが200 mm，連接棒の長さが500 mm，てこの長さが450 mmのとき，固定リンクの長さはどの範囲であればよいかを図8-27から求めよ。

3　てこクランク機構で，固定リンクの長さ250 mm，クランクの長さ50 mm，てこの長さ100 mm，連接棒の長さ260 mmであるとき，てこが左右に揺動する角度を，図を描いて求めよ。

4　図8-21の形削り盤において，リンクB，Cの長さをそれぞれ100 mm，400 mmとし，Dの全長を700 mmとする。クランクBが毎分30回転するとき，切削行程（右から左へ揺動する行程）でのラムの最大速度を求めよ。また，戻り行程での最大速度を求めよ。

Challenge

1　生産現場で使われている産業用ロボットの自由度について調べてみよう。

2　リンク機構が用いられている機械には，どのようなものがあるか，またその動きについて調べてみよう。

3　油圧ショベルがどのような条件，環境で使われているかを調べ，p.10にあげた，リンクやカムの特徴①～③に当てはまっているか，確かめてみよう。

3節 カム機構

機械によっては，従動節に複雑な運動をさせたいことがある。ガソリン機関のバルブ装置は，原動節のカムが連続した回転運動を行い，従動節のプッシュロッドに間欠直線運動を与え，バルブの開閉によって，吸気・排気を行っている。

ここでは，これらの機構の基本的なものについて調べてみよう。

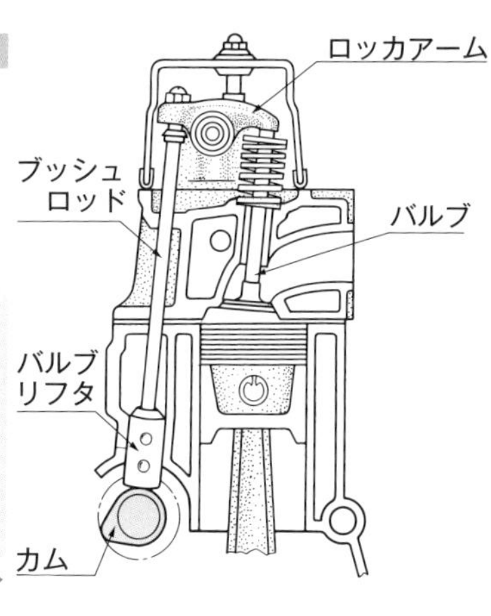

ガソリン機関のカム機構▶

1 カム機構とカムの種類

カム[1]とよばれる特殊な形をした原動節を運動させ，これに接触した**フォロワ**[2]とよばれる従動節に複雑な運動をさせる機構を**カム機構**[3]という。カム機構には，原動節が連続的に運動していても，従動節は断続的な**間欠運動**[4]を行うものもある。

カムは，接触部が平面運動をする**平面カム**[5]と，立体的な運動をする**立体カム**[6]とに大別される。

❶cam
❷follower
❸cam mechanism
❹運動している時間と静止している時間が交互になっている運動。詳しくは，p.27で学ぶ。
❺plane cam
❻spatial cam
❼positive cam

平面カム　平面カムのうちで最も広く用いられるものは**板カム**で，従動節の運動に適応する輪郭をもった回転板をカムとしたものである。図8-31は，板カムCが回転すると，従動節Fが往復運動をするものである。

図(a)では，接触面の摩擦が大きく，磨耗しやすいため，図(b)のように，Fの先端にころをつけることがある。原動節Cの回転が速くなると，従動節FがCから浮き上がり，運動が不確実になる。これを防ぐためくふうしたのが図8-32のような**確動カム**[7]である。

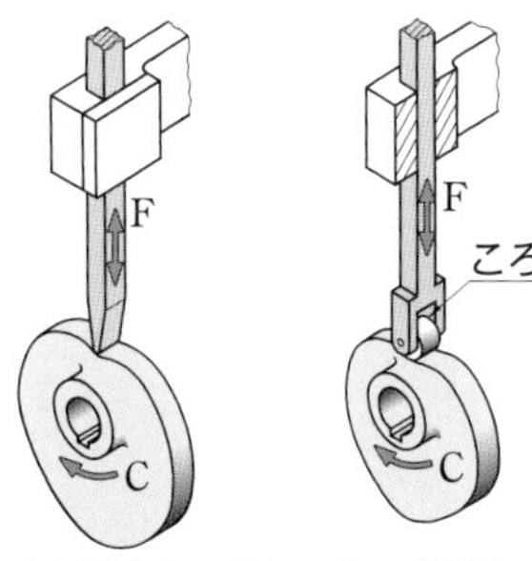

(a) 板カム　(b) ころつき板カム

▲図8-31　板カム（ハートカム）

確動カムには，従動節Fをばねでカム C に押しつけたり，図8-32(a)のように，カムに溝をつけたものもある。図(b)は，従動節の平行な2面で三角カムCをはさんだカムである。

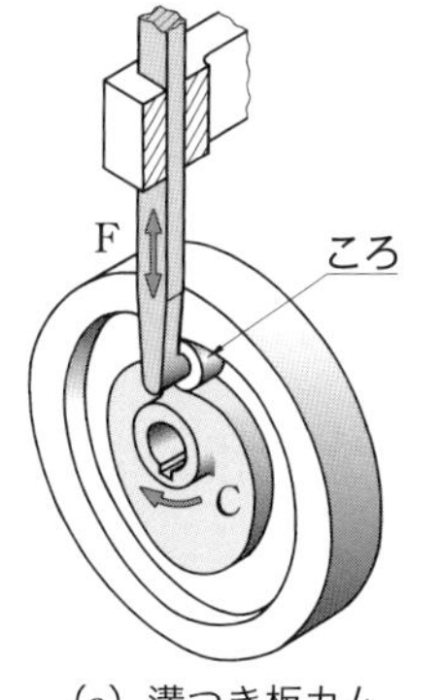

(a) 溝つき板カム

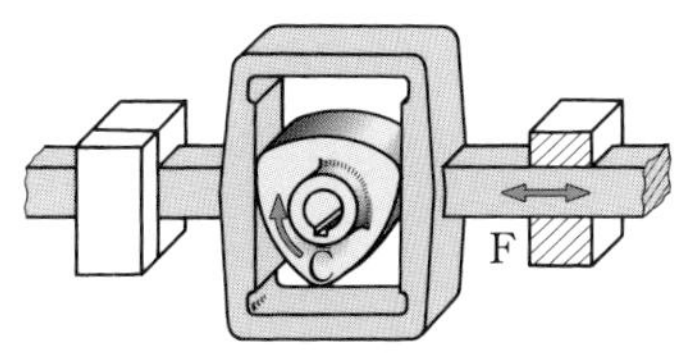

(b) 三角カム

▲図8-32　確動カム

カム機構は，多くの場合には原動節が回転運動をするが，原動節が往復直線運動をするものもあり，これを**直動カム**❶という（図 8-33）。

また，図 8-34 のように従動節のほうが特殊な形をしたカムになっているものもあり，これを**逆**（さかさ）**カム**❷という。

●立体カム　図 8-35 のように，立体カムには，円筒・円すい・球などの回転体の表面に溝をつけ，この溝に従動節Fの一部がはまりこんで運動が伝えられるものが多い。円筒カム・円すいカム・球面カムもまた確動カムである（図(a)，(b)，(c)）。

図(d)の**エンドカム**❸はカム溝を設けるかわりに，回転体の端面を成形したものである。

図(e)のように，回転軸に斜めに円板を取りつけたものを**斜板カム**❹といい，斜板の角度をかえることによって，従動節Fの行程の長さをかえることができる。

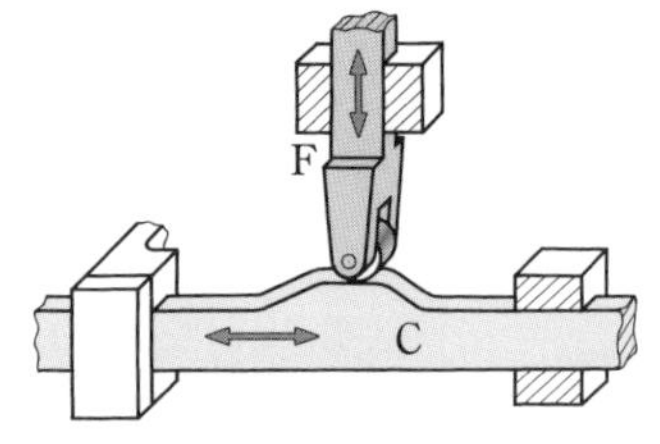

▲図 8-33　直動カム

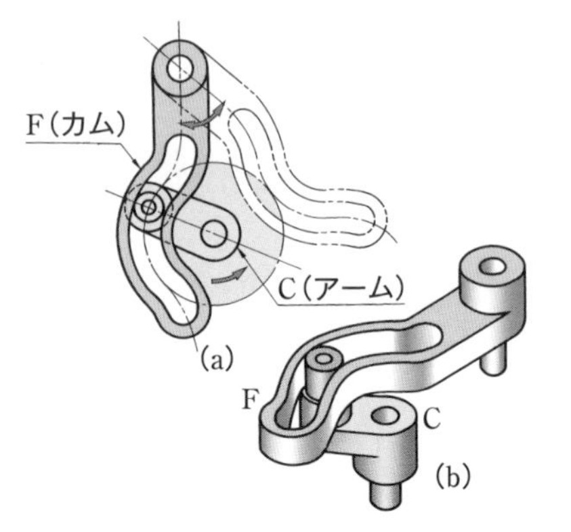

▲図 8-34　逆カム

❶translational cam
❷inverse cam
❸end cam
❹swash plate cam

(a) 円筒カム　(b) 円すいカム　(c) 球面カム

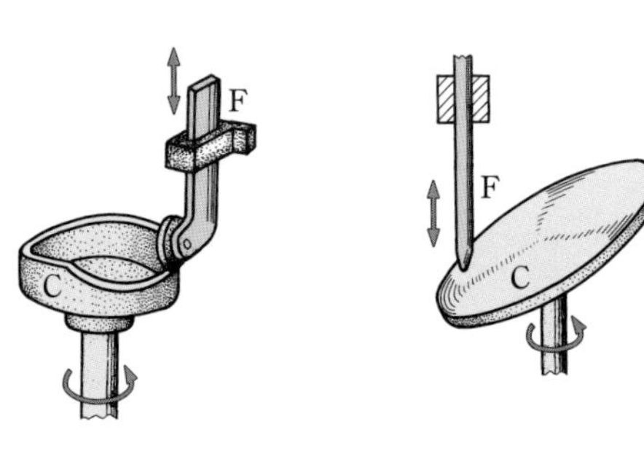

(d) エンドカム　(e) 斜板カム

▲図 8-35　立体カム

2 板カムの設計

1 カム線図

カムを設計するには，カムの回転に応じた従動節の変位を決めることが必要である。一般に，カムは等速回転をしているから，カムの回転角を横軸に，従動節の動きを縦軸にとってグラフを描けば，相互の関係がよくわかる。このグラフを**変位線図**❶という。

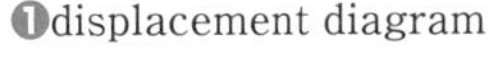
❶displacement diagram

変位線図のほかに，カムの回転角と従動節の速度との関係を表す**速度線図**❷や，カムの回転角と従動節の加速度との関係を示す**加速度線図**❸を描けば，カムと従動節の動きのようすがいっそう明らかになる。これらの線図を合わせて**カム線図**❹という。

❷velocity diagram
❸acceleration diagram
❹cam diagram

カムの従動節の運動を，カム線図によって調べてみよう。

●等速度運動　これは，従動節の動きが回転角に比例する運動である。変位線図は，図 8-36 のように，傾斜した折れ線になる。

カムの回転が高速の場合は，点⓪，⑥，⑫のような折れ目のところでは速度が急にかわり，従動節に衝撃を与える。このような衝撃を少なくするために，変位線図の直線の端の部分に一点鎖線で示すように丸みをつけて，速度の急激な変化を避けることが行われる。

丸みをつけるために用いられる曲線を**緩和曲線**❺といい，従動節に等加速度運動や単振動の運動をさせるような曲線が多く用いられる。

❺easement curve

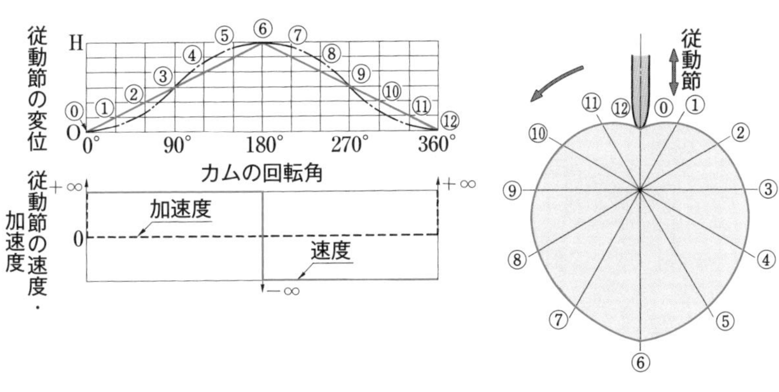

▲図 8-36　等速度運動のカム線図

●等加速度運動　図 8-37 のように，従動節の速度を 90° まで等加速度で増速し，そこから 270° まで逆向きの等加速度で減速する運動の変位は，二つの相接する放物線となる。この曲線の運動は，速度の急激な変化を緩和できるため，高速度のカムによく用いられる。

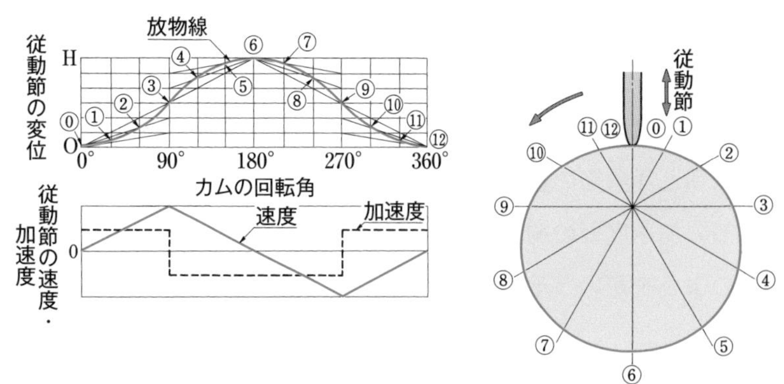

▲図 8-37　等加速度運動のカム線図

2　板カムの輪郭

原動節のカムが一定の速度で回転するとき，従動節が一定の速度で上がり，次に一定の速度で下がって，もとの位置に戻るような板カム❶の輪郭の決定は，図 8-38 のようにする。

従動節の先端にころをつける場合は，図 8-39 のように，図 8-38 で得られた輪郭線上に中心を置き，ころと等径の多数の円を描き，これらの円の内側に接する曲線をカムの輪郭とすればよい。このような少しずつ位置の異なる多数の曲線に接する曲線を**包絡線**❷という。

❶従動節がこのような運動をする板カムは，輪郭がハート形になるので，**ハートカム**とよばれる。

❷envelope

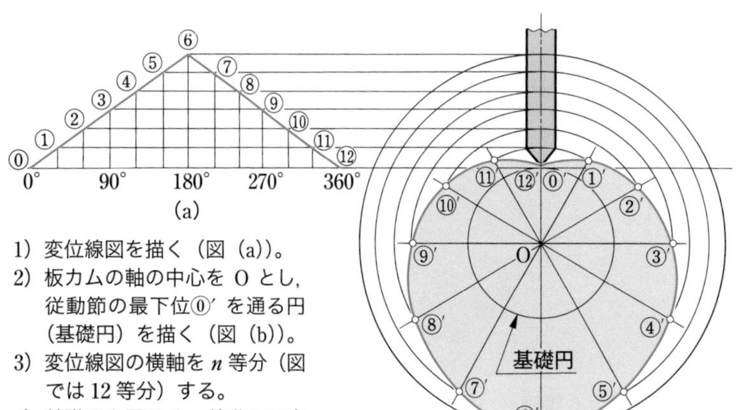

1) 変位線図を描く（図 (a)）。
2) 板カムの軸の中心を O とし，従動節の最下位⓪′ を通る円（基礎円）を描く（図 (b)）。
3) 変位線図の横軸を n 等分（図では 12 等分）する。
4) 基礎円を同じく n 等分して半径線を引く。
5) カムの回転角に対する従動節の変位を①, ②, ③, …とする。
6) 従動節の動き①, ②, ③, …を変位線図から半径線に移して，点①′, ②′, ③′, …とし，これらを滑らかな曲線でつなぐと板カムの輪郭が求まる。

▲図 8-38　板カムの輪郭の求め方

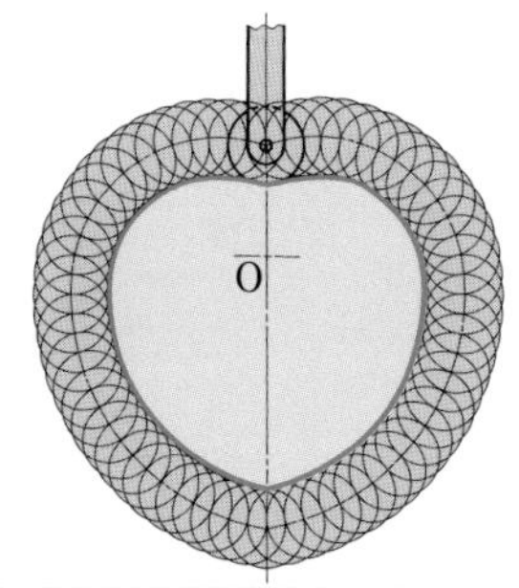

外側の包絡線も求めて，内外両包絡線にはさまれた部分を溝とすれば，確動カムができる。

▲図 8-39　包絡線

3 接線カム・円弧カム

変位線図をもとにして，カムの輪郭を決めれば，従動節に所要の運動を正確に行わせることができる。しかし，輪郭曲線を正しく加工することが，実際には困難なため，円弧と直線の組み合わせでカムの輪郭をつくる方法が広く用いられている。

図 8-40 は，基礎円と先端円を直線でつないだ形のカムで，これを**接線カム**❶という。

図 8-41 は，基礎円と先端円を円弧でつないだ形のカムで，このカムを**円弧カム**❷という。

❶tangent cam
❷circular arc cam
❸disc cam

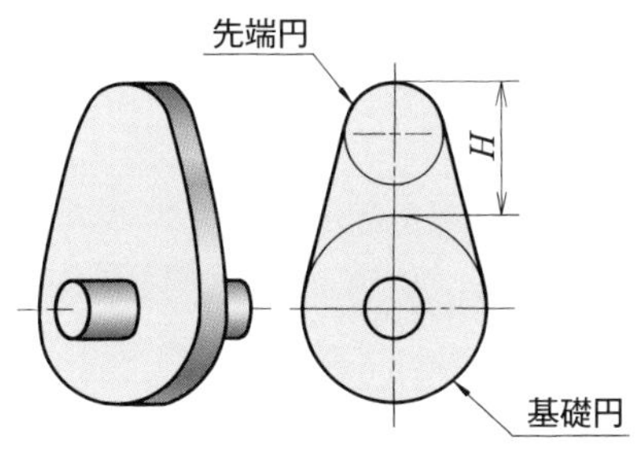

▲図 8-40　接線カム

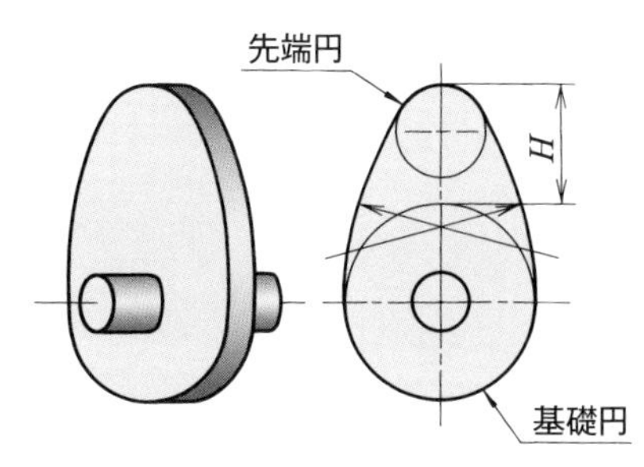

▲図 8-41　円弧カム

円弧カムとして最も簡単なものは，図 8-42 に示すような**円板カム**❸とよばれるもので，カムは偏心円板で，従動節の接触部は平面になっている。

図(a)，(b)では，偏心円板の中心 O′ と従動節の接触点との距離は，つねに偏心円板の半径 r に等しいから，従動節の運動は O′ の上下方向の運動に等しい。

また，図(c)のように偏心円板の幅の中央に対し従動節の中心をずらしておくと，従動節の円板は少しずつ回って，接触点がたえずかわるため，局部的な摩耗を防ぐことができる。

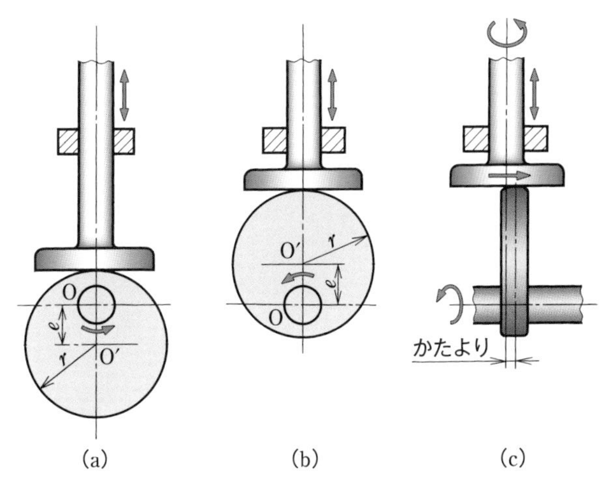

▲図 8-42　円板カム

節末問題

1 板カムの変位曲線に丸み（緩和曲線）をもたせる理由を調べよ。

2 カムが 120° 回転する間に，従動節が最下位から等速度で 75 mm 上がり，次の 60° の間に等速度で 50 mm 下がり，そこから 90° の間では停止し，最後の 90° の間に等速度でもとの位置に戻る。この場合の変位線図を描いてみよ。

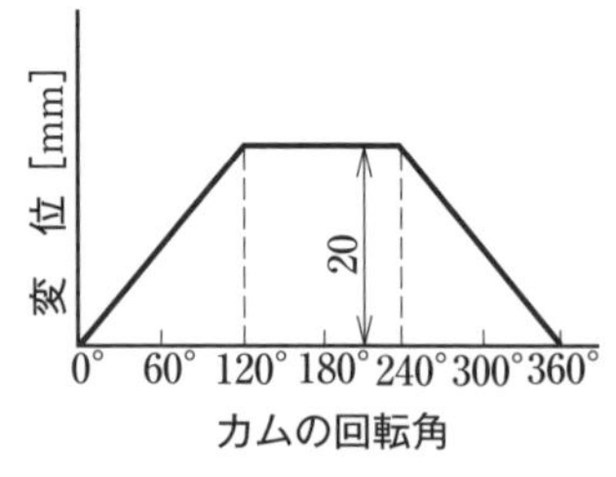

▲図 8-43

3 図 8-43 に示すカム線図によりカムの輪郭を作図せよ。ただし，基礎円の直径を 40 mm，ころの直径を 10 mm とする。

4 カム機構が用いられている機械には，どのようなものがあるか，またその動きについて調べてみよう。

4節 間欠運動機構

印刷機などでは，原動節の連続的な動きに対し，従動節が，停止ー加減速ー停止を繰り返す機構が用いられる。このような運動をする機構を間欠運動機構といい，機械式やメカトロニクスシステムでその動きがつくられる。

ここでは，機械式の機構に使われる，特殊歯車，つめ車などについて調べてみよう。

ゼネバ歯車▶

1 特殊歯車

歯車は，歯と歯がたがいにかみ合っているときだけ回転が伝わるので，図 8-44 のように，原動節Aの歯が１枚だけのときは，A の１回転ごとに，従動節Bは１歯ずつ間欠的に回転する。このような歯車を**間欠歯車**❶という。

❶intermittent gear

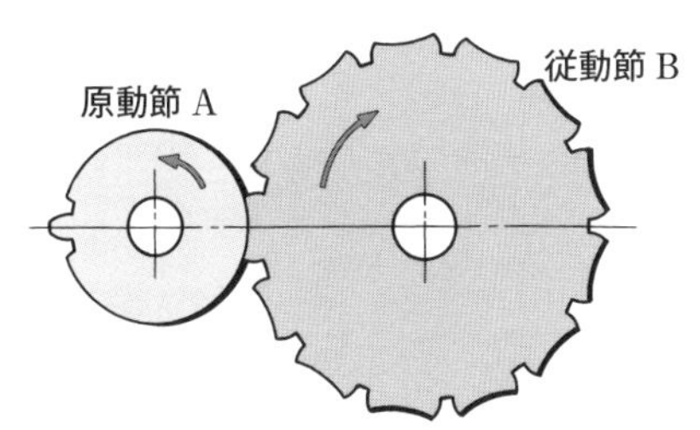

▲図 8-44　間欠歯車

図 8-45 は，原動節Aにはピン P が取りつけてあり，八角形をした従動節Bには，半径方向に溝が 8 個つくられている。いま，原動節Aが図の矢印の方向に回転し，ピンが図(a)の P から図(b)の P′ の位置まで動くと，従動節Bは 45° だけ回転する。図(c)のように A，B 両節の円弧の部分が接している間は，B は動かない。このような歯車を**ゼネバ歯車**❷といい，印刷機械などに使われている。

❷Geneva drive

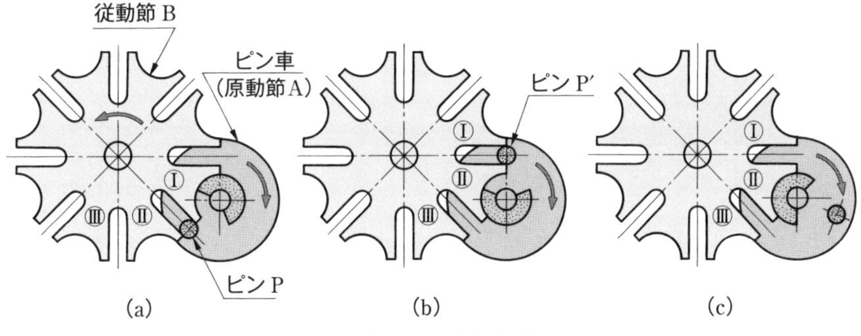

▲図 8-45　ゼネバ歯車

2 つめ車

図 8-46 のような，車のまわりに特殊な歯をつけた**つめ車**[1] A に，つめ P，P′ をかけ，レバーBを左のほうに動かすと，A は**送りづめ**[2] P によって矢印の方向に回される。B を右のほうに戻すときには，A は**戻り止め**[3] P′ によって逆転を止められ，P は A の歯面上を滑る。したがって，レバーBを左右に動かせば，つめ車Aは間欠的に回転する。

このような機構を**つめ車装置**[4]といい，工作機械の送り装置や各種の機械の逆転防止装置などに使われている。

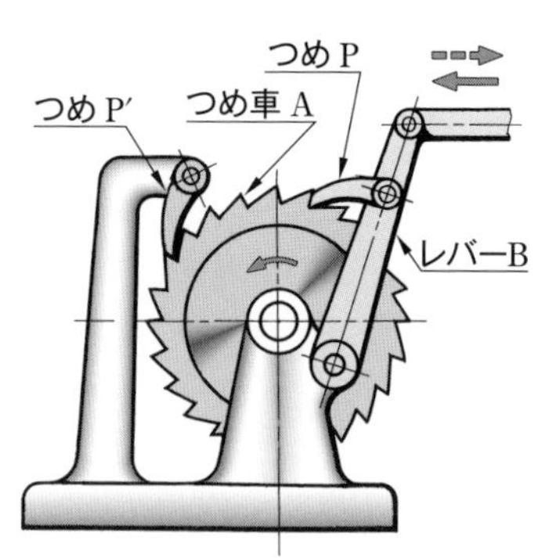

▲図 8-46　つめとつめ車

[1] ratchet wheel
[2] feed ratchet
[3] self-locking
[4] ratchet gearing
[5] index cam；一定の角度ずつ回転する割出しカム。
[6] roller gear cam
[7] barrel cam

3 インデックスカム

間欠運動機構には，図 8-47 の**インデックスカム**[5]もある

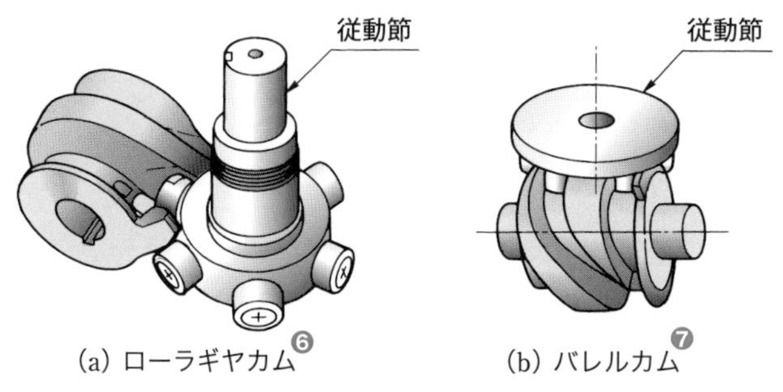

(a) ローラギヤカム[6]　(b) バレルカム[7]

▲図 8-47　インデックスカム

節末問題

1　間欠運動機構が用いられている機械には，どのようなものがあるか調べよ。

2　図 8-48 のつめ車において，てこクランク機構を用いてつめ車のつめを一つずつ送るために，てこ CD に 25°（垂直線に対して ± 12.5°）の揺動角を与えたい。固定節の長さ AD ＝ a ＝ 50 mm，てこの長さ CD ＝ d ＝ 30 mm として，クランクの長さ AB ＝ b と中間節の長さ BC ＝ c を作図によって求めよ。

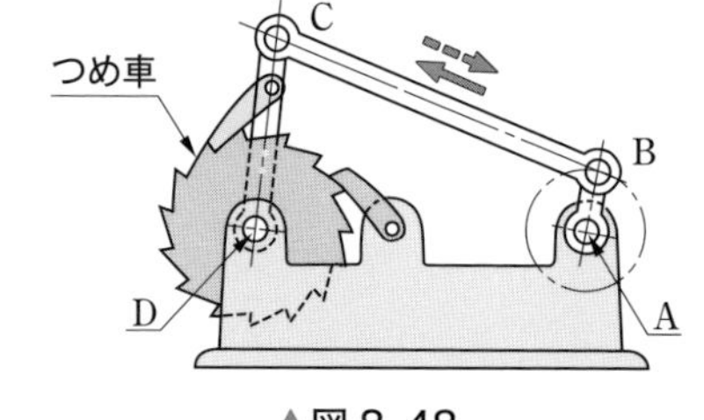

▲図 8-48

第9章 歯車

歯車は，かみあう歯によってほかの軸に滑らかに回転を伝え，動力を伝える機械要素である。歯車は大きな動力を伝達することができ，安価でコンパクトな設計ができる重要な部品である。

この章では，滑らかに回転を伝える歯車の歯の形はどのようになっているのか，歯の強さはどのように求めればよいのか，歯車の設計はどのように進めればよいのか，歯車を用いた伝動装置にはどのようなものがあるのか，などについて調べる。

歯車は，中世には時計に利用されていた。図は1672年にフウケによって製作された現存する最古の歯切盤(はきりばん)である。

手回しの駆動軸に回転やすりのような刃物を取りつけて削る。加工されるものは，立軸に取りつけられ，刃物の方へ移動させて切込みを行う。この機械で重要な点は，加工されるものを正確な角度に設定するくふうである。立軸の下の大きな円板に刻まれた同心円の点が，位置決めの基準になっている。

現存する最古の歯切盤

1節 歯車の種類

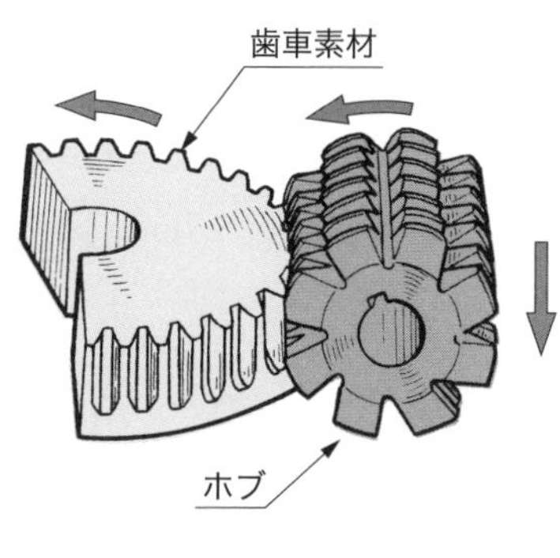

ホブ盤による歯車の製作▶

歯車は，アリストテレス（紀元前 384〜322）の著書には，すでに記されている。むかしの歯車は，すべて木製であった。鋳鉄の歯車が現れたのは 18 世紀である。約 200 年まえに歯車理論が解明され，約 130 年前に，連続的に歯を切るホブ盤が考えられていた。

すぐれた工作機械は，精度の高い歯車によって実現した。

ここでは，歯車の種類や用途について調べてみよう。

歯車は，かみあう二つの歯車の回転軸の相対位置，歯のつけかた，歯の形状などによっていろいろある。回転軸がたがいに平行なものだけではなく，交差したり，くいちがう場合でも，歯のつけかたによって回転を伝えることができる。また，歯の山あるいは谷の線を歯すじというが，その形状も一種類ではない。表 9-1 におもな歯車の種類を示す。

❶spur gear
❷helical gear
❸double-helical gear
❹internal gear
❺rack
❻straight bevel gear
❼spiral bevel gear
❽hypoid gear
❾worm gear
❿crossed helical gear

▼表 9-1　歯車の種類

分類	歯車の種類	特徴・用途	分類	歯車の種類	特徴・用途
2軸が平行なときに用いる歯車	❶平歯車	歯すじが軸に平行な直線である円筒歯車。ほかの歯車と比べてつくりやすく，さまざまな機械などに用いられる。	2軸が交わるときに用いる歯車	❻すぐばかさ歯車	歯すじが基準円すいの母線と一致する円すい形の歯車。工作機械や諸機械の動力伝達装置，差動歯車装置などに用いられる。
	❷はすば歯車	歯すじがつる巻線である円筒歯車で，平歯車より大きな動力を円滑に伝えることができる。一般的な動力伝達装置，減速装置などに用いられる。		❼まがりばかさ歯車	歯すじが曲線であるかさ歯車。歯あたり面積が大きいので，強度が大で，回転も静かである。自動車，トラクタなどの減速装置などに用いられる。
	❸やまば歯車	向きの違うはすば歯車を合わせた歯車。歯に加わる力の軸方向分力がたがいに打ち消しあう。大動力の伝達，減速に適し，産業用歯車減速装置などに用いられる。	2軸が平行でもなく，交差もしない歯車	❽ハイポイドギヤ	くいちがい軸の間に運動を伝達する円すい状の1組の歯車。自動車の終減速装置などに用いられる。
	❹内歯車	円筒の内側に歯がある歯車。遊星歯車装置として，自動車用自動変速装置，自転車用内装式変速装置などに用いられる。		❾ウォームギヤ（ウォーム／ウォームホイール）	ウォームとこれにかみあうウォームホイールとからなる1組の歯車。工作機械などのウォーム減速機などに用いられる。
	❺ラック（ラック）	回転運動を直線運動にかえたり，直線運動を回転運動にかえる。工作機械などの送り装置，カメラの三脚などに用いられる。		❿ねじ歯車	速度伝達比が小さく，増速も可能で効率もよい。自動機械などに用いられる。

2節 回転運動の伝達

2軸の間で回転運動を伝える方法は，2通りある。一つは，2軸に取りつけた原動節と従動節の直接接触による方法である。もう一つは，2軸がかなり離れているために，2軸に取りつけた原動節と従動節にベルトなどを巻きかけて間接的に伝達する方法である。

ここでは，摩擦車の直接接触による伝達方法の基礎的なことについて調べてみよう。

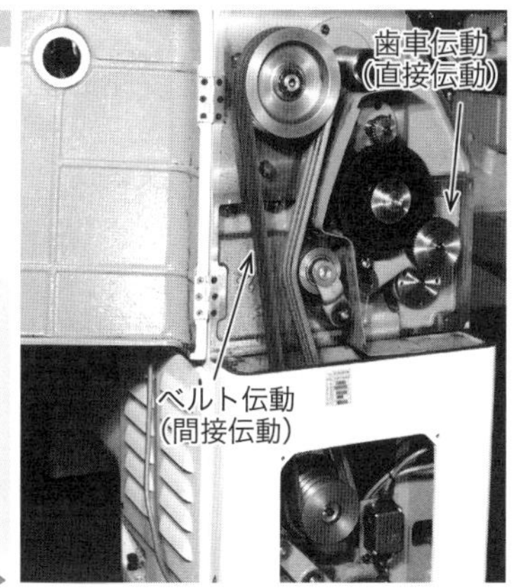

旋盤のベルト▶

1 直接接触による運動の伝達

直接接触による伝達方法には，滑り接触によるものと，転がり接触によるものとがある。

1 滑り接触

図 9-1 のような形をもった原動節[1]が軸 O_1 を中心として ω_1 の向きに回り，軸 O_2 を中心とする従動節[2]と点Cで接触しながらこれを回すときの条件について考えてみる。

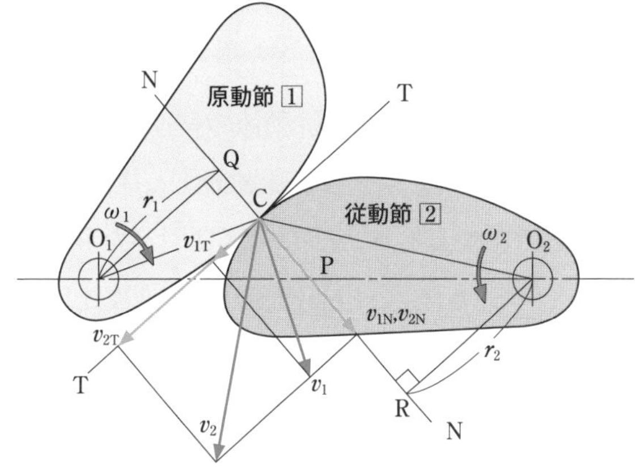

▲図 9-1　滑り接触

接点Cにおいて，[1]，[2]の輪郭曲線の共通接線 TT およびそれに垂直な共通法線 NN を引く。

点Cにおける原動節[1]の速度 v_1 と，従動節[2]の速度 v_2 をそれぞれ NN，TT の二つの方向に分解し，それぞれの分速度を v_{1N}，v_{1T} と，v_{2N}，v_{2T} とする。すなわち，NN 方向には，[1]上の点Cは v_{1N} の速度で動き，[2]上の点Cは v_{2N} の速度で動く。もし，v_{1N} より v_{2N} が大きければ，[1]と[2]は離れてしまい，逆に，v_{1N} より v_{2N} が小さければ，[1]が[2]の中にくい込むことになり，接触とはいえない。

したがって，[1]が[2]に接触して連続的に運動を伝えるためには，図のように，$v_{1N} = v_{2N}$ であることが必要である。

このとき，接線方向の分速度 v_{1T} と v_{2T} の差 $(v_{2T} - v_{1T})$ は，この瞬間に点Cで[1]と[2]がたがいに滑り合う滑り速度の大きさを表す。このように，滑りをともなう接触状態を**滑り接触**❶という。

❶sliding contact

[1]，[2]の角速度をそれぞれ ω_1，ω_2 とし，O_1，O_2 から NN におろした垂線の足を Q $(O_1Q = r_1)$，R $(O_2R = r_2)$ として，[1]，[2]それぞれの

NN 方向の分速度を考えると，周速度は回転半径と角速度との積❶だから，

$$v_{1N} = r_1\omega_1 \qquad v_{2N} = r_2\omega_2$$

また，$v_{1N} = v_{2N}$ だから，$r_1\omega_1 = r_2\omega_2$ となり，

$$\frac{r_2}{r_1} = \frac{\omega_1}{\omega_2} \tag{a}$$

がなりたつ。また，中心連結線 O_1O_2 と NN の交点を P とすれば，$\triangle O_1PQ \backsim \triangle O_2PR$ だから，

$$\frac{r_2}{r_1} = \frac{O_2P}{O_1P} \tag{b}$$

がなりたち，式(a)と式(b)から，次の式が得られる。

$$\frac{O_2P}{O_1P} = \frac{\omega_1}{\omega_2} \tag{9-1}$$

式 (9-1) は，原動節と従動節の角速度の比を表し，これを**角速度比**❷という。また，この式は，原動節[1]と従動節[2]が直接接触をしながら運動を伝達するとき，その接点に引いた共通法線 NN と中心連結線 O_1O_2 との交点 P が，中心連結線を角速度比に比例して内分（あるいは外分❸）することを表している。このような点 P を**ピッチ点**❹という。

式 (9-1) からわかるように，軸 O_1，O_2 が定まっており，滑り接触で角速度比が一定の場合は，ピッチ点 P は定点となるから，原動節[1]とともに回転する紙面にピッチ点の軌跡を記していくと，O_1P を半径とする円になる。これを原動節の**基準円**❺という。従動節[2]についても同様に基準円が得られる。

❶「新訂機械要素設計入門 1」の p.43 式 (2-30) 参照。

❷angular velocity ratio

❸接点 C で引いた共通法線 NN が中心連結 O_1O_2 を延長した線と交わることがある。この場合，交点 P は，中心連結線を角速度比に比例して外分する。

❹pitch point

❺reference circle

❻rolling contact

2 転がり接触

図 9-2 (a)のように，両節の接線方向の分速度 v_{1T}，v_{2T} が等しいと，[1]と[2]の間に滑りを生じない。このような接触を**転がり接触**❻という。

転がり接触では，図(a)のように，接点 C は中心連結線 O_1O_2 上にあり，ピッチ点 P と一致し，接点 C における原動節と従動節の速度は等しい。すなわち，次の式が得られる。

$$\frac{O_2C}{O_1C} = \frac{\omega_1}{\omega_2} \tag{9-2}$$

ただし，図(a)では，回転とともに接点 C は中心連結線上を移動するので，角速度比はつねに変化し，一定とならない。

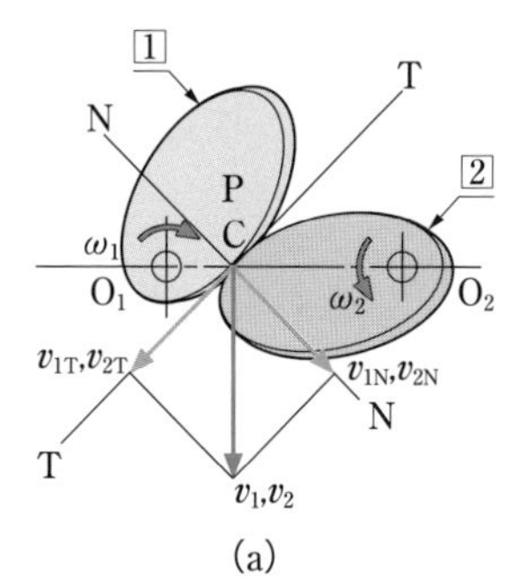

(a)

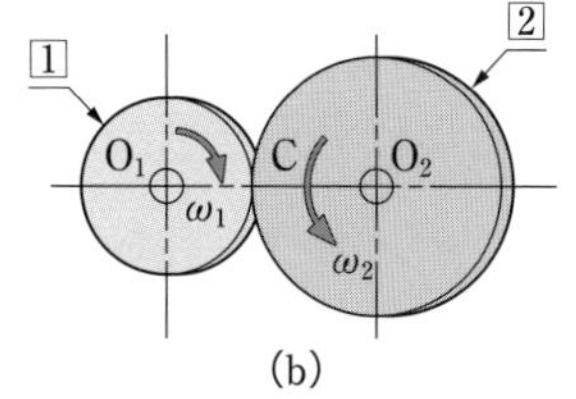

(b)

▲図 9-2 転がり接触

転がり接触で，角速度比を一定にする場合は，ピッチ点は，中心連結線上を角速度比に比例して内分（あるいは外分）する一定点となり，その点が接点ともなるようにしなければならない。したがって，転がり接触で角速度比が一定の場合は，図 9-2 (b)のように，二つの円でなければならず，これが基準円である。

2 摩擦車

1 円筒摩擦車

転がり接触による伝動で，角速度比が一定の場合は，原動節と従動節の接点に生じる摩擦によって運動を伝える。これに用いる車を**摩擦車**❶という。平行な 2 軸間に回転を伝えるには，図 9-3 のような**円筒摩擦車**❷が使われる。両車の接触のしかたによって外接と内接がある。

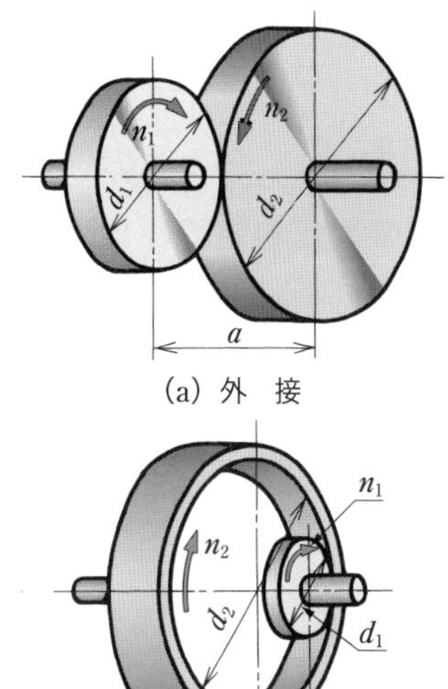

▲図 9-3　円筒摩擦車

❶friction wheel
❷cylindrical friction wheel
❸driving wheel
❹driven wheel

円筒摩擦車は，**原動車**❸と**従動車**❹の間に摩擦を生じさせるために，両方の車をたがいに押しつける必要がある。この押しつける力は軸受に加わり，その力が大きいほど軸受の摩擦損失が大きくなるので，円筒摩擦車は，大きな動力の伝達には適さない。

実際の摩擦車は，接点において多少の滑りをともなうから，正確な角速度比を保つことはむずかしく，効率はだいたい 85 ～90 % である。しかし，運転が静かで，起動や停止が滑らかに行われ，また，従動車に過負荷が加わったときに原動車と従動車の間に自然に滑りを起こし，ほかの重要部分が破損するのを防ぐことができる。

円筒摩擦車で両車の間に滑りがないものとすると，接触面の周速度 v [m/s] は，次の式で表される。

$$v = \frac{\pi d_1 n_1}{60 \times 10^3} = \frac{\pi d_2 n_2}{60 \times 10^3} \qquad (9\text{-}3)$$

n_1，n_2：原動車・従動車の回転速度 [min^{-1}]

d_1，d_2：原動車・従動車の直径 [mm]

式 (9-3) において，n_1 と n_2 の比を**速度伝達比**❺といい，これを i とすれば，次の式で表される。

❺transmission ratio

$$i = \frac{n_1}{n_2} = \frac{d_2}{d_1} \qquad (9\text{-}4)$$

また，2 軸の中心距離を a [mm] とすれば，次の式で表される。

$$\left.\begin{aligned}\text{外接の場合}：a &= \frac{d_1+d_2}{2}\\ \text{内接の場合}：a &= \frac{d_2-d_1}{2}\end{aligned}\right\} \qquad (9\text{-}5)$$

摩擦車は，ふつう，鋳鉄・鋼・木材などでつくるが，摩擦を大きくするために，車の接触面に紙・皮・ゴム・ファイバ❶・ベークライト❷などをはりつけることが多い。ふつう，原動車には軟らかい材料を，従動車にはかたい材料を使い，原動車がから回りをしたとき，従動車に部分的な摩耗が生じないようにする。両車を押しつけるには，ねじ・ばねなどで軸受を押すようにする。

❶木綿やパルプなどの繊維を薄い板上に押し固めたもの。
❷プリント配線基板や取っ手・つまみなどに使用される合成樹脂。
❸cone friction wheel

2 その他の摩擦車

摩擦伝動装置には，円筒摩擦車のほかにもいろいろなものがある。

図 9-4 は，**円すい摩擦車**❸で，たがいに交わる 2 軸間に回転を伝えるのに用いる。

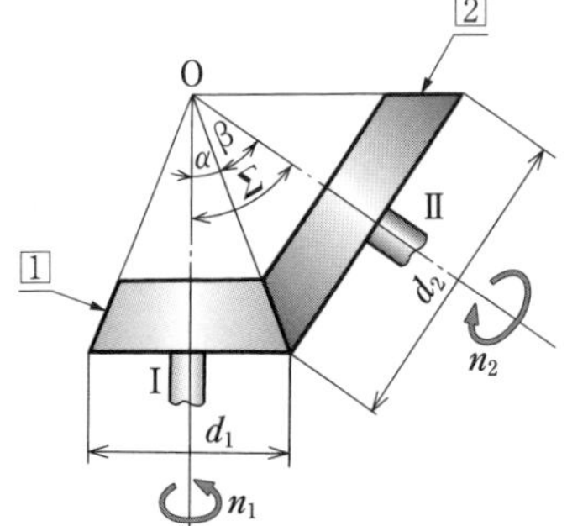

2 軸の軸角Σ，円すい摩擦車 1，2 の頂角をそれぞれ 2α，2β，回転速度を n_1，n_2 とすると，

速度伝達比 $i = \dfrac{n_1}{n_2} = \dfrac{d_2}{d_1} = \dfrac{\sin\beta}{\sin\alpha}$

となる。2 軸が直交する場合は $\Sigma = 90^\circ$ であるから，

速度伝達比 $i = \tan\beta = \dfrac{1}{\tan\alpha}$

となる。

▲図 9-4　円すい摩擦車

図 9-5 は，摩擦車による無段変速装置である。図(a)は，原動車1と従動車2が接触して，軸 I の回転を軸 II に伝えるもので，従動車2の位置を移動することによって，軸 II の回転速度を連続的にかえることができる。また，図(b)は，2 個の円すい車を平行な 2 軸にたがいに逆向きに取りつけ，両車をリングに内接さ

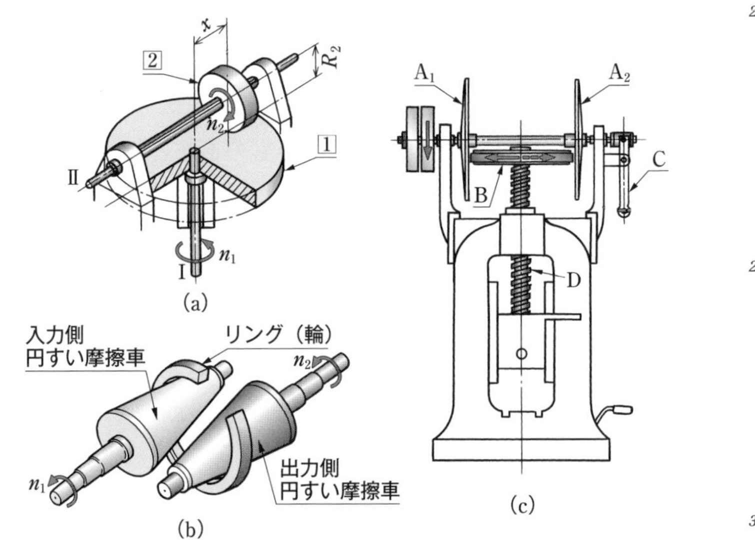

▲図 9-5　摩擦車による変速装置 9-1

せ，このリングの移動によって従動軸の回転速度を連続的にかえることができる。

図 9-5(c)は，図(a)を応用した摩擦プレスの駆動部の構造である。

節末問題

1 図 9-6 に示すような，2 軸の中心距離が 400 mm，回転速度 $n_1 = 300\ \mathrm{min}^{-1}$，$n_2 = 100\ \mathrm{min}^{-1}$ の外接円筒摩擦車の直径を求めよ。また，内接の場合の直径を求めよ。

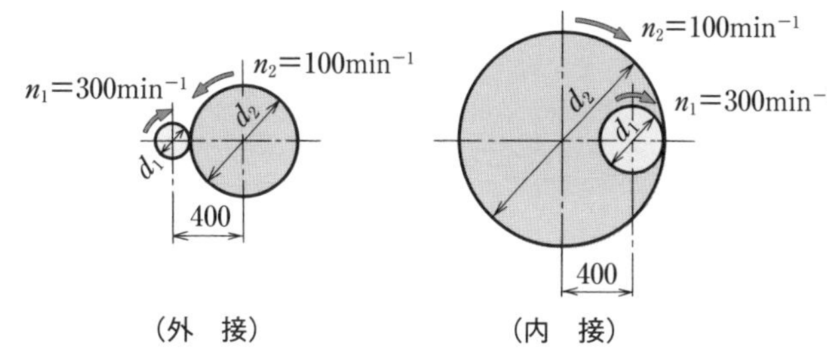

▲図 9-6

2 図 9-3(a)で，$d_1 = 100$ mm，$d_2 = 200$ mm，原動車が 500 min^{-1} で回転している。摩擦車の周速度・速度伝達比，および 2 軸の中心距離を求めよ。

3 図 9-4 の円すい摩擦車で 2 軸の軸角 $\Sigma = 90°$，$n_1 = 100\ \mathrm{min}^{-1}$，$n_2 = 50\ \mathrm{min}^{-1}$ のとき，頂角 2α，2β を求めよ。

4 図 9-5(a)で軸Ⅰ，Ⅱの回転速度をそれぞれ n_1，n_2，従動車[2]の半径を R_2 とすれば，[2]を軸Ⅰの中心から x だけ離したとき，n_2 を表す式を求めよ。

5 図 9-5(c)でねじ棒Dの運動を説明せよ。

Challenge

1 工作機械に使用されている歯車の種類と目的について調べ，グループで意見をまとめて発表してみよう。

2 摩擦車による変速装置は，どんなところに使われているか調べて，グループで発表してみよう。

Note 9-1　トラクションドライブ式無段変速装置

図 9-7 は，入出力軸の円板に接触する球の回転軸を傾斜させることによって変速する無段変速装置である。

潤滑油はひじょうに高い圧力を加えると，固体に近い性質になる。図の円板と球の接触部は，球の回転軸が傾斜するとひじょうに高圧となるので，入力軸の回転が出力軸に伝わるしくみになっている。

このような無段変速装置をトラクションドライブ式無段変速装置という。

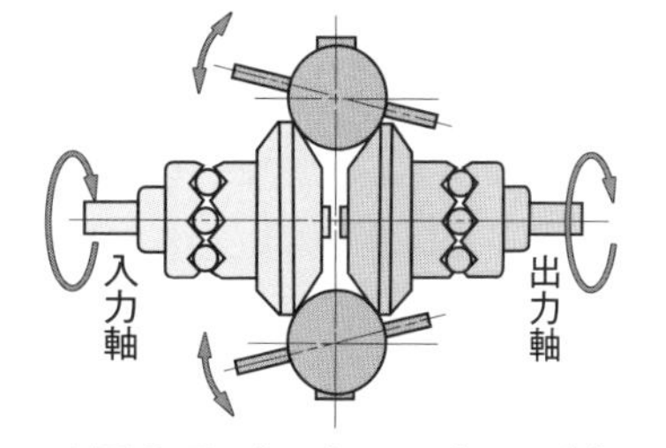

▲図 9-7　トラクションドライブ式無段変速装置

3節 平歯車の基礎

歯車による運動の伝達は，歯のかみあいによる方法であるため，速度伝達比が正確で，大きな動力も伝達することができる。このため，機械の大小にかかわらずいろいろな種類の歯車が広く利用されており，重要な機械要素の一つである。ここでは，一般的に使われている，**歯すじ**[1]が軸に平行な**平歯車**[2]を取りあげ，滑らかに回転を伝えるための**歯形**[3]など歯車各部の基礎的なことや，歯のかみあいなどについて調べてみよう。

平歯車▶

1 歯車各部の名称

摩擦車の表面をピッチ面として，これに**歯**[4]をつけたものを**歯車**[5]といい，たがいに歯を順次かみあわせることによって，運動をほかに伝える，または，運動をほかから受け取るように設計された機械要素である。

歯車による運動の伝達は，かみあう1組以上の歯車で行われる。軸の位置を固定した二つの歯車の歯が，順次かみあうことによって，一方の歯車が他方を回転させる機構を**歯車対**[6]という。歯車対をなす二つの歯車のうち，歯数の多いほうを**大歯車**[7]，少ないほうを**小歯車**[8]という。

歯車各部の名称を図9-8に示す。この図で，円弧歯厚，歯溝の幅およびピッチは，**基準円**に沿ってはかった円弧の長さである。

基準円から歯先までの高さを**歯末のたけ**といい，基準円から歯底までの深さを**歯元のたけ**という。歯元のたけのうち，相手歯車の歯先と干渉しないようにするための逃げを**頂げき**[9]という。また，歯末のたけと歯元のたけの和を**歯たけ**[10]という。図9-9のように，二つのかみあっている歯車の基準円の接点を**ピッチ点**という。

❶tooth trace；図のような歯面と基準面との交線。基準面とは，平歯車では断面が基準円である円筒面をいう。

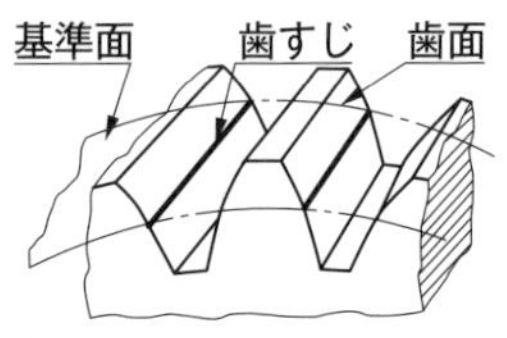

❷spur gear
❸tooth form, tooth profile
❹gear tooth
❺gear, toothed wheel
❻gear pair
❼gear, wheel
❽pinion
❾bottom clearance, clearance
❿tooth depth

▲図9-8　歯車各部の名称

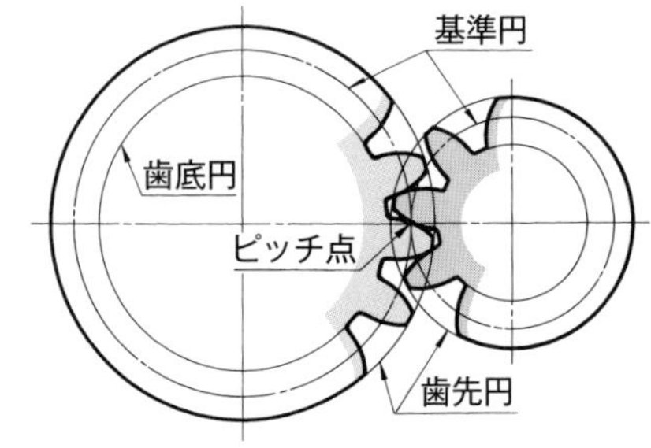

▲図9-9　基準円・ピッチ点

2 歯の大きさ

歯車の歯は，基準円周に沿って等間隔につくられていて，この間隔を**ピッチ**❶という。基準円直径が d [mm] の円周の長さは πd だから，歯車の歯数を z とすると，ピッチ p [mm] は，

$$p = \frac{\pi d}{z} \qquad (9\text{-}6)$$

になる。係数 m を，

$$m = \frac{d}{z} \qquad d = mz \qquad (9\text{-}7)$$

とおけば，

$$m = \frac{p}{\pi} \qquad p = \pi m \qquad (9\text{-}8)$$

となる。この m [mm] を**モジュール**❷という。ピッチ p は歯の大きさを表すので，ピッチに比例するモジュール m は，歯の大きさを決める重要な値である。

歯の大きさは，切削歯の場合には，ふつうモジュールで表す。鋳放し歯❸ではピッチで表すこともある。

表 9-2 にモジュールの標準値を，図 9-10 に歯の大きさを示す。

問 1 基準円直径 140 mm，歯数 35 の歯車のモジュールを求めよ。

問 2 モジュール 6 mm，歯数 32 の歯車の基準円直径とピッチを求めよ。

❶pitch
❷module
❸鋳造でつくられた歯車の歯。

▼**表 9-2　モジュールの標準値**　[単位 mm]

Ⅰ	Ⅱ	Ⅰ	Ⅱ
0.1	0.15	3	3.5
0.2	0.25	4	4.5
0.3	0.35	5	5.5
0.4	0.45	6	(6.5)
0.5	0.55	8	7
0.6	0.7	10	9
0.8	0.75	12	11
1	0.9	16	14
1.25	1.125	20	18
1.5	1.375	25	22
2	1.75	32	28
2.5	2.25	40	36
	2.75	50	45

注 (1) できるだけⅠ列のモジュールを用い，必要に応じⅡ列を用いる。モジュール 6.5 はできるかぎり避ける。
(2) 1 mm 未満のモジュールは，国際規格 (ISO) にはない。
(JIS B 1701-2：2017 による)

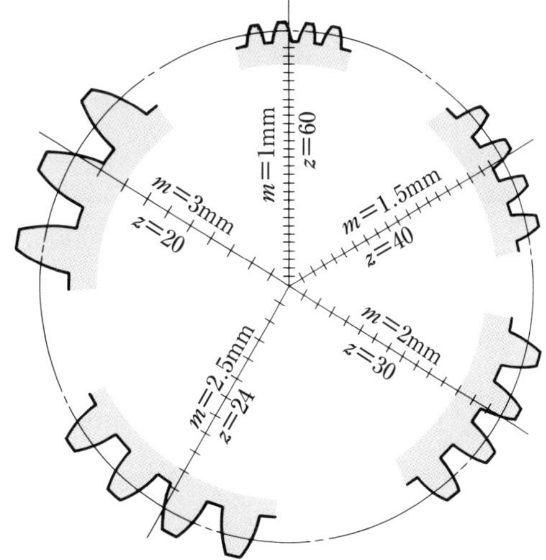

▲**図 9-10　歯の大きさの比較** (d = 60 mm の例)

第 9 章 歯車

3 歯車の速度伝達比

1組の歯車がかみあうためには，それぞれの歯車のモジュール m は等しくなければならない。原動・従動の両歯車の回転速度を n_1，n_2，基準円直径を d_1，d_2，歯数を z_1，z_2 とすれば，**速度伝達比** i は，式(9-4)，式(9-7)から次の式で表される。

$$i = \frac{n_1}{n_2} = \frac{d_2}{d_1} = \frac{mz_2}{mz_1} = \frac{z_2}{z_1} \qquad (9\text{-}9)$$

歯車では，1組の歯車の歯数の関係を表すのに，大歯車の歯数を小歯車の歯数で割った値を用いることがあり，これを**歯数比**❶という。したがって，歯数比は，**原動歯車**❷の歯数が**従動歯車**❸の歯数より小さいときには速度伝達比と一致するが，大きいときには一致しないので，注意する必要がある。

式(9-9)から，1組の外歯車の2軸の**中心距離**❹を a とすれば，

$$a = \frac{d_1 + d_2}{2} = \frac{m(z_1 + z_2)}{2} \qquad (9\text{-}10)$$

が得られる。

この式から，1組の歯車で中心距離とモジュールが同一ならば，これらの歯車の歯数の和は一定であることがわかる。

また，中心距離 a，モジュール m，速度伝達比 i が与えられれば，式(9-9)，式(9-10)から1組の歯車の歯数を求めることができる。

なお，いくつかの歯車が組み合わされたものを**歯車列**❺という。速度伝達比が1以上の歯車列を**減速歯車列**といい，減速歯車列の速度伝達比を**減速比**❻という。

これに対し，増速歯車列の速度伝達比の逆数を**増速比**❼という。減速比，増速比のいずれも，1以上の値になる。

❶gear ratio

❷driving gear；対をなす歯車のうち，相手の歯車を回転させる歯車を**原動歯車**，または**駆動歯車**という。

❸driven gear；対をなす歯車のうち，相手の歯車によって回転させられる歯車を**従動歯車**，または**被動歯車**という。

❹center distance

❺gear train；train of gears, train of wheels

❻reduction ratio, speed reduction ratio, speed reducing ratio；減速歯車列では，減速比という用語がよく使われる。

❼speed increasing ratio；増速歯車列は，効率が低くなるため使われる例は少ない。

モジュール $m = 5$ mm，中心距離 $a = 160$ mm，速度伝達比 $i = 3$ の1組の平歯車の歯数 z_1，z_2 を求めよ。

解答　$i = 3$ であるから，式(9-9)から，$z_2 = 3z_1$

式(9-10)において，$a = 160$ mm，$m = 5$ mm であるから，

$$160 = \frac{5 \times (z_1 + z_2)}{2} = \frac{5 \times (z_1 + 3z_1)}{2}$$

$$4z_1 = \frac{160 \times 2}{5} = 64$$

$$z_1 = 16$$

$$z_2 = 3z_1 = 3 \times 16 = 48$$

答 16, 48

問 3 中心距離 120 mm，速度伝達比 3，モジュール 1.5 mm の 1 組の平歯車がある。それぞれの歯数を求めよ。

問 4 モジュール 2 mm，速度伝達比 $\frac{3}{2}$ の 1 組の平歯車で，小歯車の歯数を 60 として，大歯車の歯数と中心距離を求めよ。

4 歯形曲線

図 9-11 のように，二つの歯車がかみあって回転を伝えるとき，接点 C における共通法線 NN は，ピッチ点 P を通る。

したがって，歯車の回転につれて，接点 C は移動するが，**歯形曲線**❶は，つねに接点における共通法線 NN がピッチ点 P を通るような曲線でなければならない。

実際の歯形曲線は，歯の強さ，互換性，製作の難易，歯面の摩耗などから，一般に**サイクロイド曲線**❷と**インボリュート曲線**❸が使われる。

❶tooth profile curve

❷cycloid curve

❸involute curve

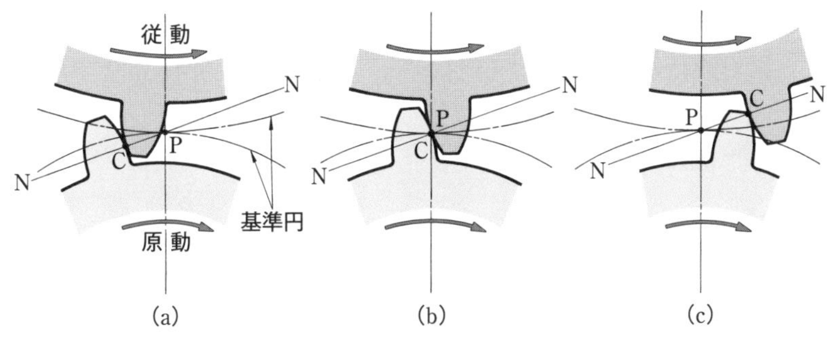

▲図 9-11　歯の接触

1 サイクロイド曲線

図 9-12 はサイクロイド曲線を示している。図のように，円 O の内側に接触して転がる円 O_1 の内転サイクロイド曲線と，外側に接触して転がる点 O_2 の外転サイクロイド曲線とを使って形づくられる歯形を**サイクロイド歯形**❹という。この歯形は，歯面の摩耗が少なく，騒音も少ないなどの点ですぐれているが，製作が容易ではないため，時計や特殊な計器などの精密機械の歯車に一部使われている。

❹cycloid tooth profile

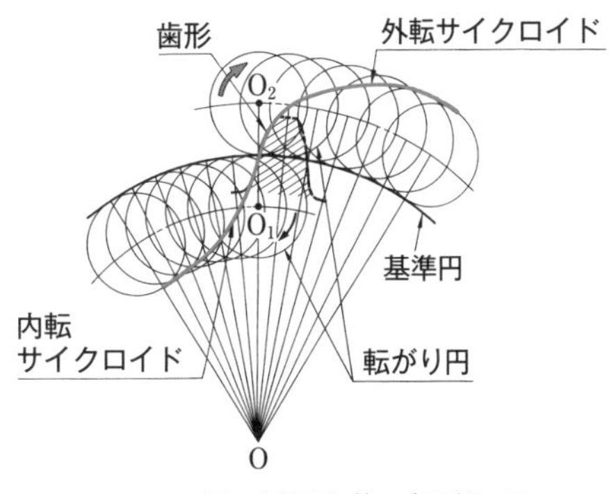

一つの円の円周を他の転がり円が接触しながら，滑らないで転がるとき，転がり円の円周上の 1 点の軌跡をサイクロイド曲線という。

▲図 9-12　サイクロイド曲線

2 インボリュート曲線

図 9-13 はインボリュート曲線を示している。図のように，円Oの円周を直線 AP が転がり接触をしながら回転するとき，この直線上の点Pの軌跡である PQ をインボリュート曲線，円Oを基礎円という。この曲線を使って形づくられる歯形を**インボリュート歯形**❶という。

❶involute tooth profile；インボリュート歯形のほかに，図のような円弧に近い歯形などが使われている。

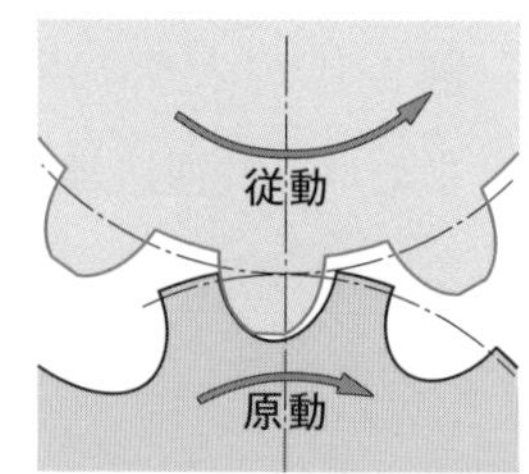

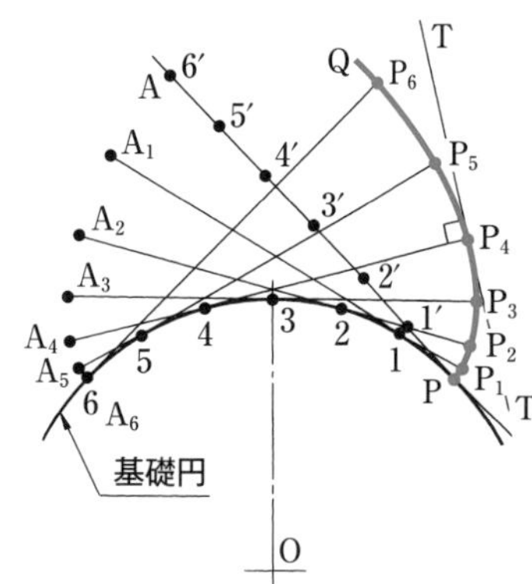

インボリュート曲線は，基礎円に巻きつけた糸をゆるまないように引っ張りながら解いていくとき，糸の上の 1 点の描く曲線であるとも考えられる。

したがって，インボリュート曲線上の 1 点から基礎円に引いた接線と，その点でインボリュート曲線に引いた接線とは直角をなす。たとえば，図の点 P_4 でインボリュート曲線に引いた接線 TT と $4P_4$ とは直角をなす。

▲図 9-13　インボリュート曲線

インボリュート歯形は，サイクロイド歯形に比べて，製作しやすく，互換性にすぐれ，中心距離が多少増減しても滑らかにかみあうなどの利点があることから，動力伝達用などに広く使われている。

5 インボリュート歯形

1 インボリュート歯形

インボリュート曲線が歯形曲線に使われている理由を調べてみよう。図 9-14 のように，転がり接触をしながら回転する直径 d_1 の円板①と，直径 d_2の円板②とを考え，接点をPとする。①，②の角速度をそれぞれ ω_1，ω_2 として，

$$\frac{\omega_1}{\omega_2}=\frac{d_2}{d_1}=\frac{d_2'}{d_1'}$$

の式がなりたつような直径 d_1'，d_2' の円板①′，②′を考え，それぞれ①，②と同心に固定する。

この円板にベルトをクロス状に巻きかけて，①′を角速度 ω_1 で回転させると，②′は前式で示したように角速度 ω_2 で回転する。このとき，①′，②′の接線となるベルトは，①，②の接点Pを通る。

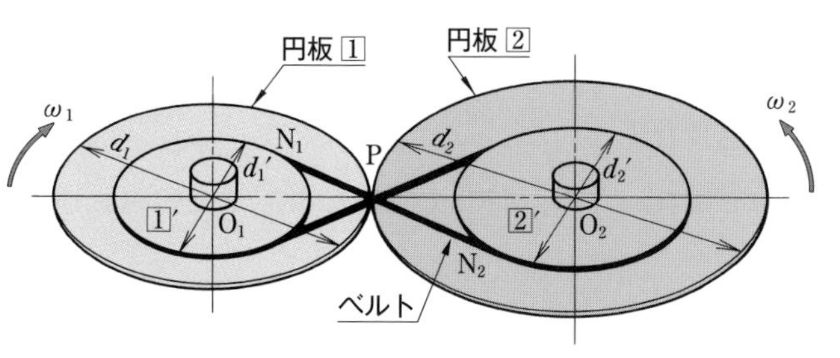

▲図 9-14　インボリュート歯形(1)

次に，図 9-15 のように，ベルト N_1N_2 上の点Cでベルトを切断し，ベルト CN_1 を[1]′に巻きつけたり，巻き戻したりする場合を考えると，点Cはインボリュート曲線 DCE を描く。同様にベルト CN_2 を[2]′に巻きつけたり，巻き戻したりする場合を考えると，点Cはインボリュート曲線 FCG を描く。このとき[1]′，[2]′はインボリュート曲線の基礎円となる。この二つのインボリュート曲線は点Cで接触し，N_1N_2 は接点Cにおける両インボリュート曲線の共通法線となる。

このインボリュート曲線を輪郭にもつ一対の歯形 DCE，FCG を[1]′，[2]′につくって，たがいに接触させ，[1]′を角速度 ω_1 で回転させると，歯形 DCE は歯形 FCG を押して，接点Cは N_1N_2 上を進み，[2]′を角速度 ω_2 で矢印の向きに回転させる。両車の速度伝達比は，

$$\frac{\omega_1}{\omega_2} = \frac{O_2P}{O_1P} = \frac{d_2}{d_1}$$

で一定であるから，[1]，[2]は基準円となる。

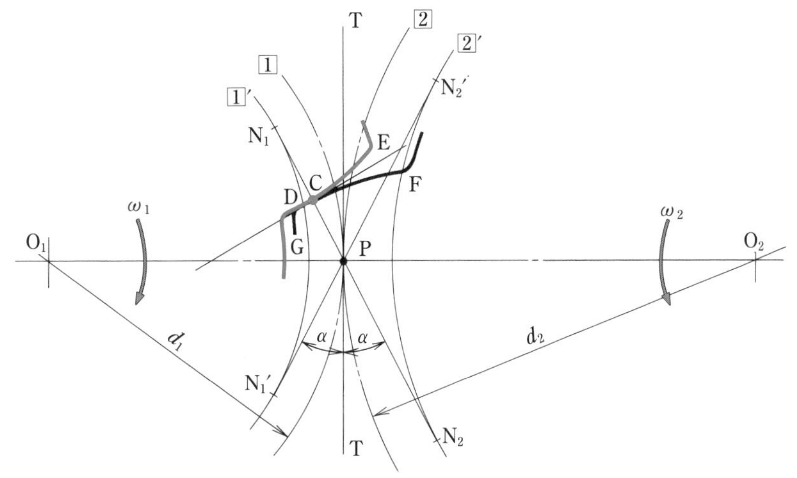

▲図 9-15　インボリュート歯形(2)

2　作用線，圧力角

図 9-16 における共通法線 N_1N_2 を**作用線**[1]といい，これは歯の接点の軌跡で，歯に作用する力の方向を示す。

点Pにおける基準円[1]，[2]の共通接線 TT と作用線 N_1N_2 のなす角 α を**圧力角**[2]という。

図 9-15 の1組の歯だけでは，回転を連

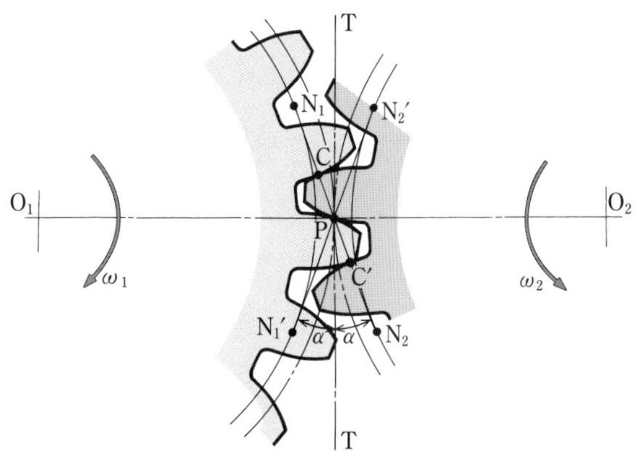

▲図 9-16　インボリュート歯形のかみあい

❶line of action

❷pressure angle；二つのかみあう歯車の中心距離から決まり，1組のかみあっている歯車のかみあい基準円上におけるかみあい圧力角。このほか基準ラック（p.44）の圧力角を**基準圧力角**，ラック工具（p.44）の圧力角を**工具圧力角**という。ふつう圧力角といえば，ピッチ点の圧力角を意味し，JIS ではインボリュート平歯車の歯形は圧力角を 20° と規定している（JIS B1701-1：2012）。

続的に伝えることができないので，図 9-16 のように，N_1N_2 上に一定の間隔をおいて点 C′，C″，C‴ …をとり，C におけると同様に 1 組の歯を順次つくれば，1 組のかみあいが終わるまえに次の 1 組がかみあって，回転を継続することができる。また，N_1N_2 と TT について対称な圧力角 α をもつ作用線 $N_1'N_2'$ を考えると，前述と同じ方法で背面の歯形をつくることができ，同一速度伝達比の逆回転も可能になる。

6 歯のかみあい

1 かみあい率

歯車伝動では，少なくともつねに 1 組以上の歯がかみあっていなければならないが，実際には同時に 2 組以上の歯がかみあうものが多い。

図 9-17(a)で，両歯車の歯先円が作用線を切り取る長さ $\overline{S_1S_2}$ を**かみあい長さ**[1] g_a といい，1 組の歯は S_1 から S_2 までかみあいを続ける。また，図(b)のように，歯車の基礎円上で円弧に沿ってはかったピッチを**基礎円ピッチ**[2] p_b という。

これは，基礎円の円周を歯数で割った値に等しくなる。かみあい長さ g_a を基礎円ピッチ p_b で割った値を**かみあい率**[3]という。

たとえば，かみあい率 1.4 というのは，1 組の歯はつねにかみあい，さらに図 9-18 のように，かみあい長さ g_a のうち，かみあいのはじめと終わりの $0.4p_b$ の間は 2 組の歯がかみあっていることを表す。

かみあい率が大きいほど力が分散され，1 枚の歯に加わる負担が少なくなるため振動や騒音が少なく，強さに余裕ができ，歯車の寿命が長くなる利点がある。かみあい率は，ふつう 1.2～2.5 くらいである。

❶length of path of contact

❷base pitch

❸contact ratio；同時にかみあっている歯の数の平均値。

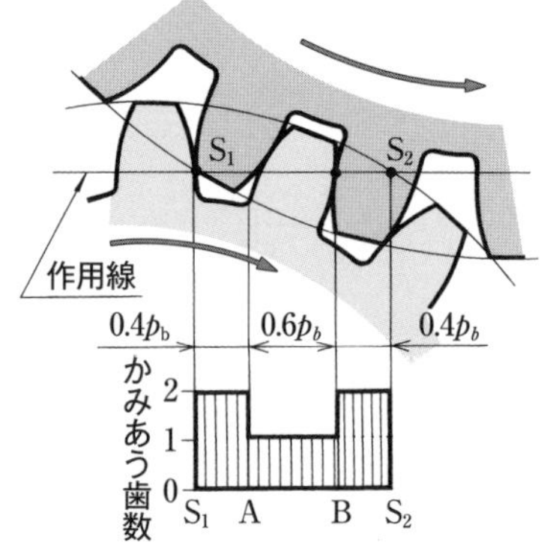

▲図 9-18　かみあい率

かみあい長さ（g_a）
歯先円
S_2
S_1
作用線

(a) かみあい長さ（$\overline{S_1S_2}=g_a$）

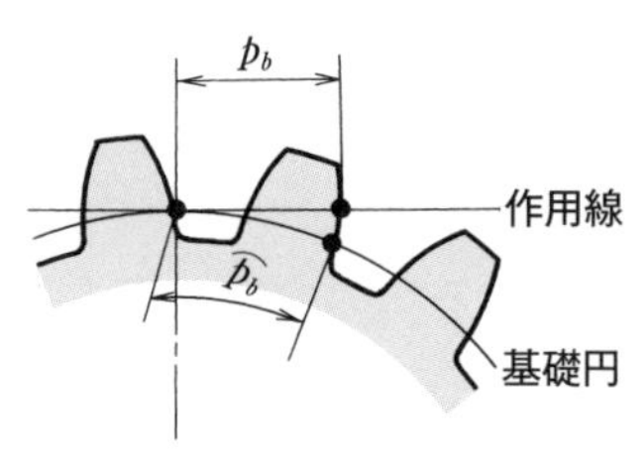

(b) 基礎円ピッチ（$p_b=\widehat{p_b}$）

▲9-17　かみあい長さと基礎円ピッチ

2 歯の干渉と切下げ

インボリュート歯車では，歯数が少ない場合や歯数比がひじょうに大きい場合に，一方の歯先が相手の歯元に当たって回転ができないことがある。この現象を**歯の干渉**❶という。

❶interference of tooth

インボリュート歯車で歯車として正常なかみあいが行われるのは，図 9-19(a)で，作用線が両基礎円に接する N_1N_2 の範囲であり，基礎円の内側にはインボリュート歯形は存在しないため，大歯車の歯先円が N_1N_2 の延長上で交わるときは，大歯車の歯先は相手の歯元に当たって干渉を起こす。ラック工具またはホブで歯切りをする場合，SN_1 の位置，すなわち PS が工具の切込みの限界である。もしもこの限界を超えて工具を内側に切り込ませると，図(b)のように，歯元が削り取られる。これを歯の**切下げ**❷という。歯の切下げが起こると，歯元が削られて，歯が弱くなるとともに，かみあい率も小さくなる。

❷undercut, natural undercut

圧力角が 20° の歯車では，歯の切下げが生じない最小歯数は理論上 17❸ となるが，ラックと小歯車の組み合わせのような特別の場合を除いて，実用的に歯数 14 まで使ってさしつかえない。

❸標準平歯車の場合，$z = \dfrac{2}{\sin^2 20^\circ} = 17.1$

歯数をさらに少なくして，しかも切下げを避けるには，次項に示す転位歯車が使われることが多い。

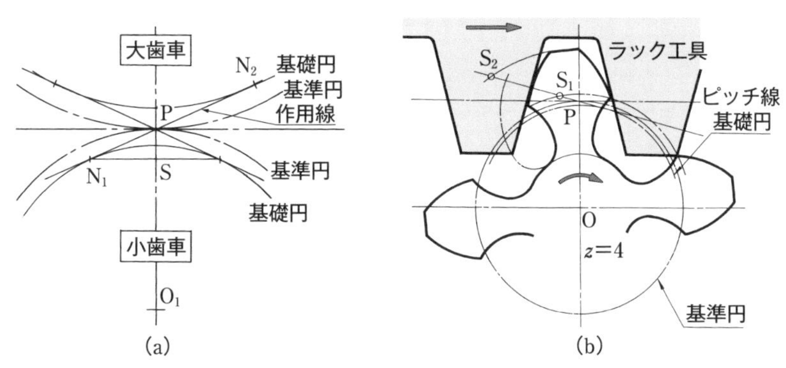

▲図 9-19　歯の切下げ

7 標準平歯車と転位歯車

1 標準平歯車

歯車に互換性を与えるためには，歯の大きさと歯形曲線を決めておかなければならない。同じモジュールと圧力角をもつインボリュート歯車はたがいにかみあうが，個々の歯車の歯形は歯数によって違ってくる。

図 9-20(a)で 1 組の歯車[1], [2]がかみあっている。両方のインボリュート歯形の接点における共通接線 TT は，つねに両方のインボリュート歯形に接しながら，かみあいにつれて作用線 N_1N_2 上を移動する。

したがって，図(b)のように，TT のような直線形の歯をつくれば，どのような歯数の歯車ともかみあうことができる。これは，歯車[2]の基準円の半径が無限大になったものと考えられる。このように，基準円が直線（これをピッチ線という）になったものを**ラック**[1]という。

ラックの歯形は，図(b)のように直線形であるから正確につくりやすい。ラックを切れ刃に応用した刃物がラック工具やホブである。ラック工具やホブを用いた歯切盤での歯形の加工方法を**創成歯切り法**[2]という。ラック工具やホブを用いると一つの工具でどのような歯数の歯車でも歯切りすることができ，たがいにかみあわせることができる。そのため，圧力角・ピッチ・歯たけ・歯厚[3]を決めたラックを規定する。これを**基準ラック**[4]という。

JIS では，図 9-21 のように，圧力角 20° の標準基準ラック歯形を規定し，各部の寸法はモジュールを基準として決めている。基準ラックの歯形を利用して歯切りをする切削工具を**標準基準ラック工具**という。[9-2]

❶rack

❷歯切り工具とそれとかみあう歯車素材との間に相対運動を与えながら，歯を加工する方法。このほかに，横フライス盤と歯切用フライスを用いる**成形歯切り法**がある。

❸tooth thickness；図 9-20 のラックの歯厚は，一つの歯の両側の歯面の間の水平方向距離。平歯車では，一つの歯の両側の歯面の間にある基準円の弧の長さ（表 9-3 の s）。

❹basic rack

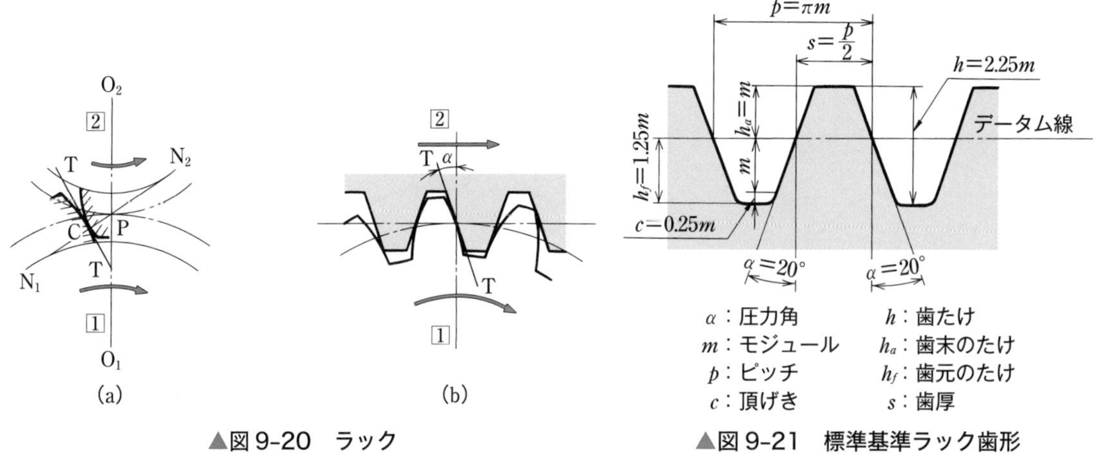

▲図 9-20　ラック

▲図 9-21　標準基準ラック歯形

Note 9-2　ラック工具（ラックカッタ）[5]

かみあう歯車は，それぞれ同じ標準基準ラック工具によって加工することができる。このことから，JIS B 1701-1：2012，2：2017 は，歯形や歯車の大きさを基準ラックの寸法を基準にして定めている。

❺rack-type cutter

ラック工具の**データム線**❶を歯車の基準円に接して歯切りしたものを，**標準平歯車**❷という。表 9-3 は，歯数 z_1，z_2 の標準平歯車の寸法を，モジュールを基準として表したものである。

円弧歯厚は，標準平歯車ではピッチの $\frac{1}{2}$ であって，このような 1 組の歯車を標準の中心距離に取りつけると，理論的には正しいかみあいをする。しかし，実際には，歯車の製作誤差，運転中における歯の変形・熱膨張，軸のたわみなどのために歯と歯がきしみあって正しいかみあいができない。そこで，歯車の回転を滑らかにするために，図 9-22 のように歯と歯の間に多少のあそび（すきま）があるようにする。このあそびを**バックラッシ**❸という。

▼表 9-3　標準平歯車の寸法　［単位 mm］

圧力角	$\alpha = 20°$
基準円直径	$d_1 = mz_1$，$d_2 = mz_2$
中心距離	$a = \frac{d_1 + d_2}{2} = \frac{m(z_1 + z_2)}{2}$
歯末のたけ	$h_a = m$
歯元のたけ	$h_f = h_a + c = 1.25m$
頂げき	$c = 0.25m$
歯たけ	$h = 2.25m$
歯先円直径（外　径）	$d_{a1} = d_1 + 2h_a = m(z_1 + 2)$ $d_{a2} = d_2 + 2h_a = m(z_2 + 2)$
ピッチ	$p = \pi m$
円弧歯厚	$s = \frac{p}{2} = \frac{\pi m}{2}$

バックラッシが小さすぎると，歯車の誤差や組付け誤差，弾性変形，熱変形などによって，歯がかみあうときに**干渉**❹が起きる。また，バックラッシが大きすぎると，軽負荷のときに歯がぶつかりあって振動や騒音が発生する。

そのため，歯車の用途や加工精度などを考えて適切なバックラッシを設けるが，一般には技術上のノウハウ❺になっている。

図は歯面に垂直な方向のバックラッシを表し，これを**歯直角法線バックラッシ**という。歯直角法線バックラッシは，0.03～0.1 mm 程度にすることが多い。

バックラッシを設けるには，歯切りのときに，標準の切込み深さ以上に工具の切込みを深くして歯厚をやせさせる方法が多く使われている。平歯車およびはすば歯車の精度は，その等級が規格❻に定められている。

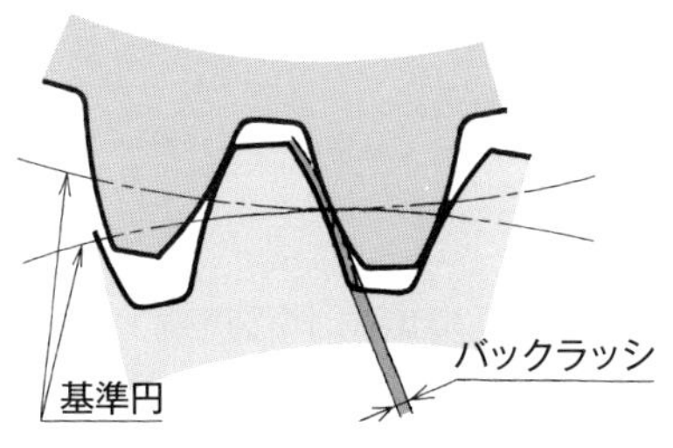

▲図 9-22　バックラッシ

❶datum line；基準となる線。データムとは，「基準になるもの」をいう。

❷standard spur gear

❸backlash

❹interference；相手にぶつかって動きにくくなったり，組みつけられなくなること。

❺know-how；技術的知識・こつのこと。

❻歯車の歯面に関する誤差の定義および許容値（JIS B 1702-1：2016），両歯面かみあい誤差および歯溝の振れの定義ならびに精度許容値（JIS B 1702-2：2016）などがある。

例題 2 モジュール $m = 6$ mm，歯数 $z_1 = 45$，$z_2 = 135$ の 1 組の標準平歯車[1]，[2]がある。両歯車の基準円直径 d_1，d_2，歯先円直径 d_{a1}，d_{a2}，および中心距離 a を求めよ。

解答 基準円直径は，式 (9-7) より，

$$d_1 = mz_1 = 6 \times 45 = 270 \text{ mm}$$

$$d_2 = mz_2 = 6 \times 135 = 810 \text{ mm}$$

歯先円直径および中心距離は，式 (9-10)，表 9-3 より，

$$d_{a1} = m(z_1 + 2) = 6 \times (45 + 2) = 282 \text{ mm}$$

$$d_{a2} = m(z_2 + 2) = 6 \times (135 + 2) = 822 \text{ mm}$$

$$a = \frac{d_1 + d_2}{2} = \frac{270 + 810}{2} = 540 \text{ mm}$$

答 $d_1 = 270$ mm，$d_2 = 810$ mm，$d_{a1} = 282$ mm，$d_{a2} = 822$ mm，$a = 540$ mm

例題 3 小歯車の歯数 $z_1 = 24$，中心距離 $a = 72$ mm，速度伝達比 $i = 2$ の 1 組の標準平歯車がある。大歯車の歯数 z_2，モジュール m，両歯車の基準円直径 d_1，d_2 を求めよ。

解答 大歯車の歯数 z_2 は，式 (9-9) より，

$$z_2 = iz_1 = 2 \times 24 = 48 \text{ 枚}$$

モジュールは式 (9-10) より，

$$a = \frac{m(z_1 + z_2)}{2}, \quad m = \frac{2a}{z_1 + z_2} = \frac{2 \times 72}{24 + 48} = 2 \text{ mm}$$

両歯車の基準円直径は，式 (9-7) より，

$$d_1 = mz_1 = 2 \times 24 = 48 \text{ mm}$$

$$d_2 = mz_2 = 2 \times 48 = 96 \text{ mm}$$

答 $z_2 = 48$ 枚，$m = 2$ mm，$d_1 = 48$ mm，$d_2 = 96$ mm

問 5 モジュール 4 mm，歯数 32 の標準平歯車の基準円直径と歯先円直径を求めよ。

問 6 中心距離 225 mm，速度伝達比 2，モジュール 5 mm の 1 組の標準平歯車を設計したい。各歯車の歯数，基準円直径，歯先円直径を求めよ。

2 転位歯車

歯の強さを増したい，歯数を 14 より少なくしたい，歯車の中心距離をわずかに変更したい，などの要求がしばしばある。このような要求にこたえることができる歯車が，**転位歯車**[1]である。

[1] profile shifted gear

●転位係数　標準歯車では，歯車の基準円にラック工具のデータム線が接して歯切りをするため，1組の歯車の中心距離の計算も容易である。また，モジュールが同一ならば，1組の歯車の歯数の和が等しい組み合わせは中心距離が等しくなるので，すべて同一軸に取りつけられる利点がある。

しかし，歯数の少ない標準歯車では，図 9-23(a)のように，歯の切下げのために強さやかみあい率などで適切な設計ができない欠点がある。このようなとき，図(b)のように，ラック工具のデータム線を歯車の基準円から外側にずらして（正の転位）歯切りすると，歯の切下げが起こらず，歯元の厚い歯車をつくることができる。このデータム線に平行な直線を**歯切りピッチ線**❶という。

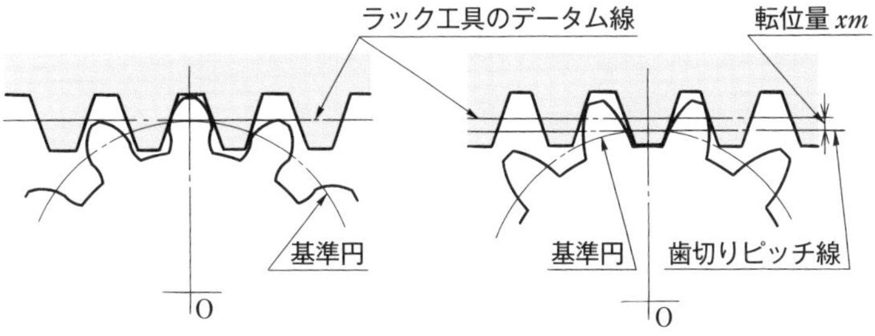

このように歯切りした歯車を**転位歯車**❷といい，工具をずらした量を**転位量**❸という（図 9-24）。

転位量は，モジュール m の x 倍で示し，この x を**転位係数**❹という。

❶ラック工具のデータム線と歯切ピッチ線が一致している場合は，**非転位歯車**（転位していない歯車）が得られる。
❷profile shifted gear
❸profile shift
❹addendum modification coefficient ; profile shift conﬀicient

ラック工具のデータム線　転位量 xm　基準円　基準円　歯切りピッチ線

(a) 転位しない歯切り　(b) 外側に転位した歯切り

▲図 9-23　転位歯切り

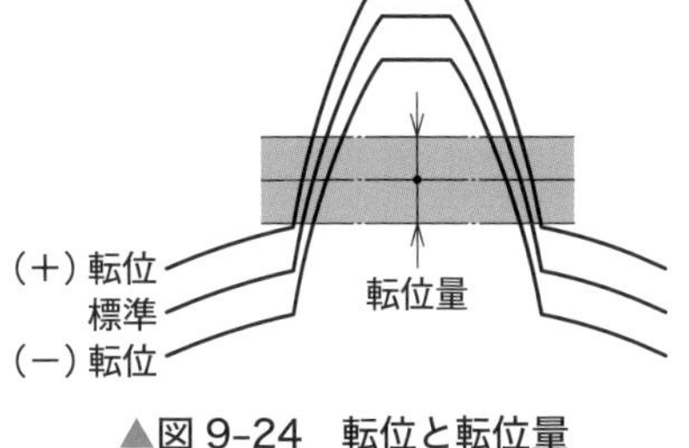

▲図 9-24　転位と転位量

●切下げ限界・歯先とがり限界　歯車の転位は，切下げを避けるだけではなく，中心距離の変更やかみあい率の向上などのために，内側に転位（負の転位）させる場合もある。

図 9-25 のように，ラック工具の歯先がちょうど切下げを起こさない限界の NS にあるときの転位係数 x_0 を**切下げ限界の転位係数**といい，次の式から求められる。

$$x_0 \fallingdotseq \frac{14 - z}{17} \ (\text{工具圧力角 } 20^\circ) \qquad (9\text{-}11)$$

したがって，切下げを避けるには，転位係数 x を x_0 より大きくとって歯切りすればよいが，あまり転位が大きいと，歯先がとがるので注意しなければならない。歯先がとがりはじめる限界を**歯先とがり限界**❺という。

❺p. 51　図 9-28 参照。

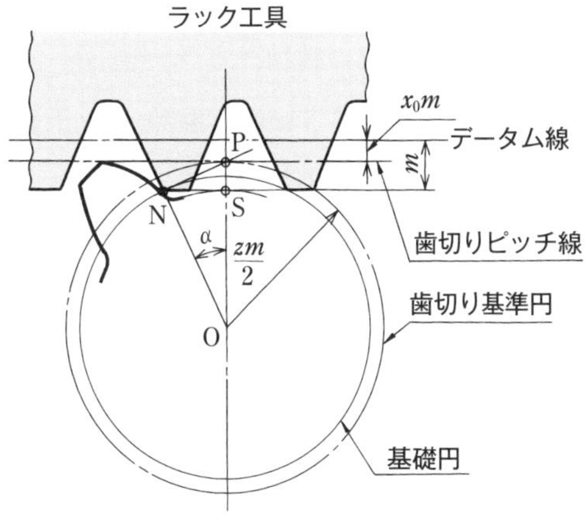

▲図 9-25　切下げ限界転位

第9章 歯車

中心距離　一般に，切下げを起こす歯車は小歯車であるので，小歯車を転位させて歯切りした場合，大歯車は転位しなくてもよい。しかし，中心距離は転位しない歯車（**非転位歯車**という）の中心距離と一致しない。中心距離が変化しないようにしたい場合は，小歯車に与えた正の転位量 $+xm$ に対して，大歯車に負の転位量 $-xm$ を与えればよい。

例題 4　モジュール $m=4$ mm，歯数 $z=12$，工具圧力角 $\alpha=20°$ の平歯車について，切下げ限界の転位係数 x_0 および転位量 x_0m を求めよ。

解答　転位係数 x_0 は，式(9-11)から，

$$x_0=\frac{14-z}{17}=\frac{14-12}{17}=0.118$$

転位量は，

$$x_0m=0.118\times4=0.472\text{ mm}$$

答 0.118，0.472 mm

節末問題

1　歯数 35，モジュール 4 mm の平歯車の基準円直径とピッチを求めよ。

2　歯数 80，基準円直径 480 mm の平歯車のモジュールとピッチを求めよ。

3　モジュール 3 mm，歯数 14，30 の 1 組の標準平歯車の歯先円直径と中心距離を求めよ。

4　破損した平歯車から次の測定値が得られた。外径が約 133 mm，歯先円周に沿った歯と歯の間隔が約 10 mm であった。この値から破損した歯車のモジュールと歯数を求めよ。

5　速度伝達比 2.5，中心距離 210 mm の 1 組の平歯車がある。モジュールを 4 mm として，各歯車の歯数，基準円直径，歯先円直径を求めよ。

6　モジュール 5 mm，歯数 10，工具圧力角 20° の平歯車について，切下げ限界の転位係数と歯切工具の転位量を求めよ。

7　モジュール 4 mm，速度伝達比 2 の 1 組の標準平歯車で，小歯車の歯数を 18 としたとき，大歯車の歯数，両歯車の基準円直径，歯先円直径と中心距離を求めよ。

Challenge

1　実際に使用されているさまざまな歯車について，測定値からモジュールを求めてみよう。

2　かみあい率が 1 より小さければ歯車はどうなるのか，グループで考えて発表してみよう。

4節 平歯車の設計

歯車で伝えることができる動力の大きさは，歯の強さと基準円の周速度によって決まる。歯車各部の寸法も，歯に働く荷重から計算される。

歯には，どのような荷重が働くか，歯の強さはどのようにして求めるか，歯車各部の寸法はどのようにして決めるかなど，歯車の基本的な設計のしかたを平歯車について調べてみよう。

手巻ウインチ▶

1 歯の強さ

歯車の歯が折れたり，歯面に摩耗や**ピッチング**[1]が生じたりすれば，歯車の役目を果たすことができない。歯車の歯がじゅうぶんに使用に耐えるために必要な強さについて調べてみよう。

1 歯に働く力

歯車のかみあいは，ふつう 2 ～ 3 枚の歯が同時にかみあって荷重を受けているが，設計では荷重が 1 枚の歯だけに働くものとし，力は**歯幅**[2]全体に一様に加わっているとみなして計算する。伝達動力を P [W]，基準円の周速度を v [m/s]，**回転力**[3]を F [N] とすると，次の式がなりたつ。

$$\left.\begin{aligned} P &= Fv \\ F &= \frac{P}{v} \end{aligned}\right\} \quad (9\text{-}12)$$

図 9-26 において，かみあいのはじめでは，歯の先端に働く力 F_n [N] は，歯の曲面に垂直に働き，しかも作用線上に作用している。したがって，回転力として働く円周力 F [N] は，圧力角を α [°] とすれば，次の式で表される。

[1] pitting；歯面上に小さな穴が生じる現象。接触応力を繰り返し受けることによる接触面の局部的な疲労破壊である（JIS B 0160：2015）。

[2] facewidth；歯の軸方向の長さ（幅）をいう。

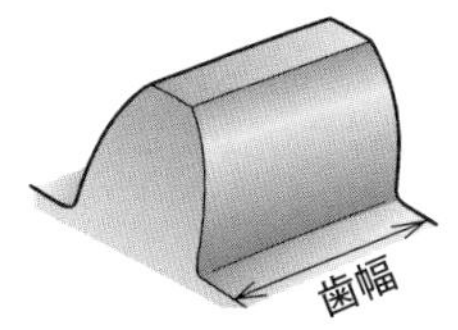

[3] 基準円の接線方向に働く力。

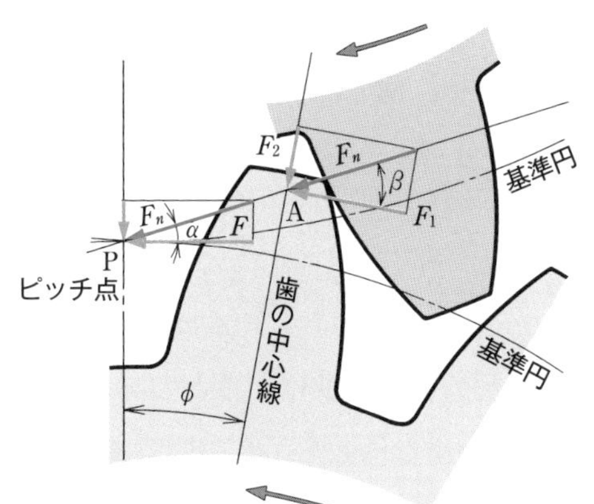

α：圧力角
β：$\alpha + \phi$
ϕ：$\dfrac{360°}{2z}$
F_n：歯先に加わる力
F_1：歯の中心に直角な分力（歯を曲げようとする力）
F_2：歯の中心線方向の分力（歯を圧縮しようとする力）

歯先に加わる力 F_n は，作用線上の力であるから，作用線と歯の中心線との交点 A に働くと考えることができる。いま，この力を図のように歯の中心線に直角な力 F_1 と，中心線方向の F_2 とに分解すると，F_1 は歯を曲げようとする働きをし，F_2 は歯を圧縮しようとする働きをする。

▲図 9-26　歯に加わる力

第9章 歯車

$$F = F_n \cos\alpha \qquad \text{(a)}$$

歯の先端に働く力 F_n は，歯を曲げようとする力 F_1 [N] と角度 β [°] をなしているので，

$$F_1 = F_n \cos\beta \qquad \text{(b)}$$

である。式(b)に式(a)を代入すると，円周力 F と F_1 との関係を求めることができる。

$$F_1 = F\frac{\cos\beta}{\cos\alpha} \qquad \text{(c)}$$

2 歯の曲げ強さ

歯の曲げ強さは，歯先に集中荷重を受ける片持ばりとみなして，求めることができる。図 9-27 において，歯先に全荷重 F_n [N] を受けるものとする。このとき，歯形の中心線と 30° をなす直線が歯元の歯形曲線に内接する点を B，C とすれば，BC と歯幅 b [mm] でつくる断面[❶]に最大曲げ応力 σ_F [MPa] が生じる。したがって，円周力によって生じる曲げモーメント M [N·mm]は，断面係数を Z [mm³] とすれば，次のようになる。

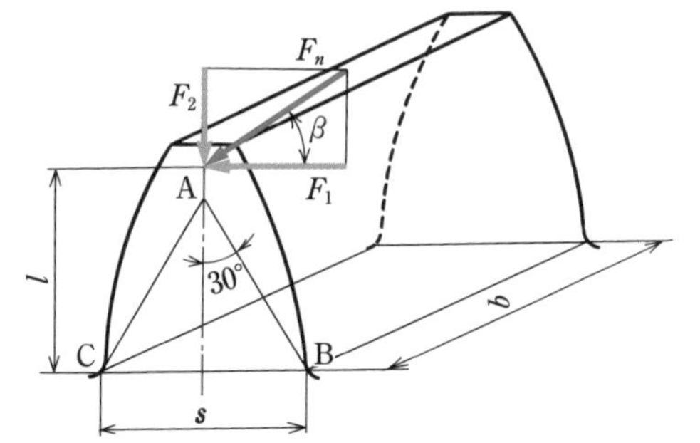

▲図 9-27　歯の曲げモーメント

❶これを歯の**危険断面**という。

$$M = F_1 l = \sigma_F Z \qquad \text{(d)}$$

式(d)に式(c)および長方形の断面係数の式を代入すれば，

$$\sigma_F = \frac{M}{Z} = \frac{F_1 l}{Z} = \frac{Fl}{Z}\left(\frac{\cos\beta}{\cos\alpha}\right) = F\frac{6l}{bs^2}\left(\frac{\cos\beta}{\cos\alpha}\right)$$

となる。この式をルイスの式といい，歯の曲げ強さを求める基本の式である。さらに，この式の分母・分子にモジュール m [mm] を導入して，式を整理すると，

$$\sigma_F = \frac{F}{bm}\cdot\frac{6(l/m)}{(s/m)^2}\cdot\frac{\cos\beta}{\cos\alpha} = \frac{F}{bm}Y \quad \left(Y = \frac{6(l/m)}{(s/m)^2}\cdot\frac{\cos\beta}{\cos\alpha}\right)$$

となる。Yを**歯形係数**[❷]といい，歯の形状と曲げ強さとの関連をつける量である。図 9-28 は標準平歯車の歯形係数を示す線図である。

❷tooth profile factor；JGMA（日本歯車工業会）の規格では，歯元すみ肉部の応力集中を考慮した複合歯形係数 Y_{FS} も規定されている。

歯車は回転中のトルクの変動や，加工・取りつけなどの誤差によって衝撃的な荷重が歯に加わることがある。したがって，歯の許容曲げ応力は，歯車の使用条件に応じて決めなければならない。そのために，使用係数 K_A，動荷重係数 K_V と歯元の曲げ破損に対する安全率 S_F を上の式に入れると，次のような式となる。

$$\sigma_F = \frac{F}{bm} Y K_A K_V S_F \leqq \sigma_{F\lim} \qquad (9\text{-}13)$$

❶K_A：使用係数（表 9-4）

❷K_V：動荷重係数

S_F：歯の曲げ破損に対する安全率 $S_F = \dfrac{\sigma_{F\lim}}{\sigma_F} \geqq 1.2$

❸$\sigma_{F\lim}$：歯の許容曲げ応力［MPa］（表 9-5）

❶歯車がその共振回転範囲内で運転しない場合にのみ有効とする。原動機から緩衝性のある軸継手，クラッチ，減速歯車装置などを介してその歯車に動力が伝わるような場合は，原動側からの衝撃が緩和されるので表 9-4 中一段低めの値を採用してよい。流体継手が用いられる場合は均一荷重となる。

❷歯形誤差や周速度による動的な力を考慮した係数。JGMA の規格では，K_V の算出は複雑な方法によっている。本書で扱う範囲の歯数や基準円周速度の標準平歯車では，K_V は 1.0～1.2 になるので，一般的に K_V＝1.2 とする。ただし，手巻ウインチのように，きわめて低速度の場合は K_V＝1.0 とする。

❸JGMA の規格では，許容歯元曲げ応力 σ_{FP} を使用している。σ_{FP} は $\sigma_{F\lim}$ にさまざまな条件の係数を考慮して求めるが，ひじょうに複雑であることから，本書では $\sigma_{F\lim}$ を使用することとした。

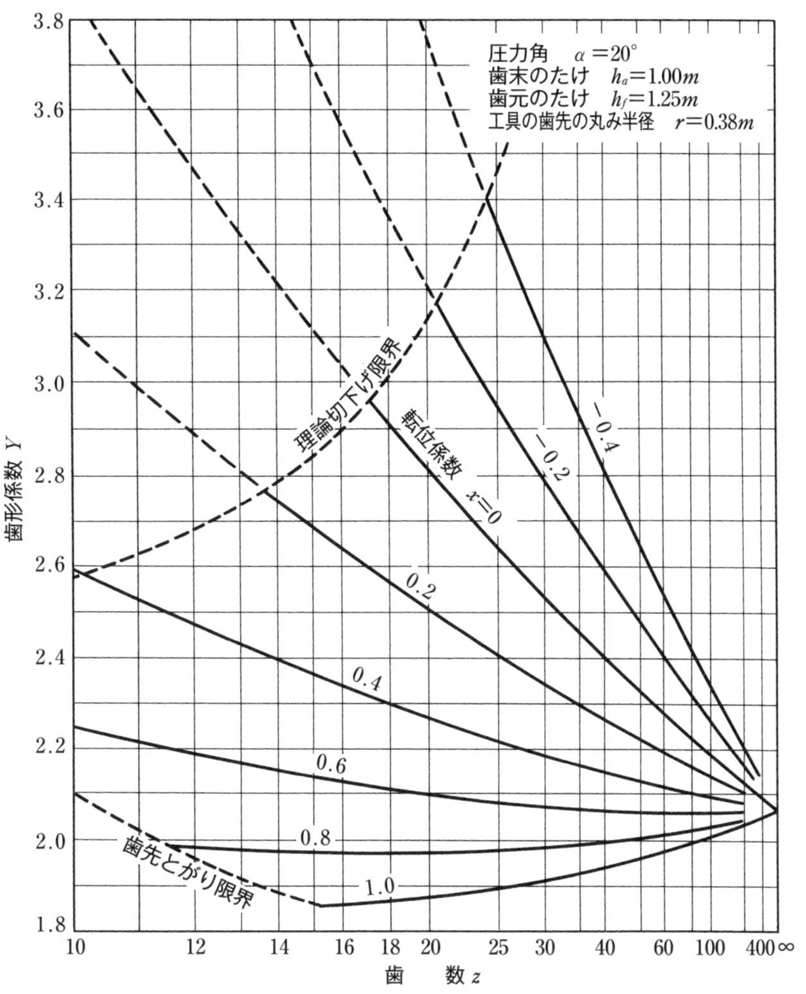

▲**図 9-28 歯形係数図表**（日本歯車工業会規格：JGMA 6101-02：2007 による）

また，加えることができる最大の円周力 F［N］は，次の式で求めることができる。

$$F = \frac{\sigma_{F\lim} bm}{Y K_A K_V S_F} \qquad (9\text{-}14)$$

▼表 9-4　使用係数 K_A

駆動機械		被動機械の運転特性			
運転特性	駆動機械の例	均一負荷	中程度の衝撃	かなりの衝撃	激しい衝撃
均一荷重	電動機，蒸気タービン，ガスタービン（発生する起動トルクが小さくてまれなもの）	1.00	1.25	1.50	1.75
軽度の衝撃	蒸気タービン，ガスタービン，油圧モータおよび電動機（発生する起動トルクがより大きく，しばしばあるもの）	1.10	1.35	1.60	1.85
中程度の衝撃	多気筒内燃機関	1.25	1.50	1.75	2.00
激しい衝撃	単気筒内燃機関	1.50	1.75	2.00	≧ 2.25

（JGMA 6101-02：2007 による）

▼表 9-5　表面硬化しない歯車の許容曲げ応力および許容接触応力

材　料（矢印は参考）		硬さ		引張強さ下限 [MPa]（参考）	許容曲げ応力❸ $\sigma_{F\lim}$ [MPa]	許容接触応力❹ $\sigma_{H\lim}$ [MPa]
		HB❶	HV❷			
鋳鋼	SC360			363 以上	71.2	335
鋳鋼	SC410			412 以上	82.4	345
鋳鋼	SC450			451 以上	90.6	355
鋳鋼	SC480			481 以上	97.5	365
鋳鋼	SCC3A	143以上	—	520 以上	108	390
鋳鋼	SCC3B	183 以上	—	618 以上	122	435
機械構造用炭素鋼焼ならし		120	126	382	135	405
機械構造用炭素鋼焼ならし		130	136	412	145	415
機械構造用炭素鋼焼ならし		140	147	441	155	430
機械構造用炭素鋼焼ならし	S25C	150	157	471	165	440
機械構造用炭素鋼焼ならし		160	167	500	173	455
機械構造用炭素鋼焼ならし		170	178	539	180	465
機械構造用炭素鋼焼ならし	S35C	180	189	569	186	480
機械構造用炭素鋼焼ならし		190	200	598	191	490
機械構造用炭素鋼焼ならし	S43C	200	210	628	196	505
機械構造用炭素鋼焼ならし	S48C　S53C	210	221	667	201	515
機械構造用炭素鋼焼ならし	S58C	220	231	696	206	530
機械構造用炭素鋼焼ならし		230	242	726	211	540
機械構造用炭素鋼焼ならし		240	253	755	216	555
機械構造用炭素鋼焼ならし		250	263	794	221	565
機械構造用合金鋼焼入れ焼戻し		230	242	726	255	700
機械構造用合金鋼焼入れ焼戻し		240	252	755	264	715
機械構造用合金鋼焼入れ焼戻し		250	263	794	274	730
機械構造用合金鋼焼入れ焼戻し		260	273	824	283	745
機械構造用合金鋼焼入れ焼戻し	SMn443	270	284	853	293	760
機械構造用合金鋼焼入れ焼戻し		280	295	883	302	775
機械構造用合金鋼焼入れ焼戻し	SNC836	290	305	912	312	795
機械構造用合金鋼焼入れ焼戻し	SCM435	300	316	951	321	810
機械構造用合金鋼焼入れ焼戻し	SCM440	310	327	981	331	825
機械構造用合金鋼焼入れ焼戻し	SNCM439	320	337	1 010	340	840
機械構造用合金鋼焼入れ焼戻し		330	347	1 040	350	855
機械構造用合金鋼焼入れ焼戻し		340	358	1 079	359	870
機械構造用合金鋼焼入れ焼戻し		350	369	1 108	369	885

（JGMA 6101-02：2007，JGMA 6102-02：2009 による）

❶HB はブリネル硬さを表す。現在では HBW で表されていることが多い。従来の規格では，鋼球を使用する場合に，HB または HBS と表記していた（JIS Z 2243-1～2：2018）。

❷HV はビッカース硬さを表す。表示は 200 HV のようにする。数値は硬さの程度を示す（JIS Z 2244：2009）。

❸歯の総かみあい回数が 3×10^6 を超えても歯元すみ肉部にクラックなどが生じない応力。

❹損傷確率が 1 % 以下の場合の応力。

式(9-14)から，伝える円周力が等しいときには，歯幅 b を大きくすれば，モジュール m を小さくできることがわかる。m を小さくすると，かみあい率が増して滑らかな回転が得られる。

しかし，歯幅が大きくなることは，工作誤差が大きくなり，さらに取りつけ誤差も加わるため，歯の全面にわたって一様な接触ができにくくなって，局部的に大きな荷重が加わるおそれがある。

歯幅 b とモジュール m との比 $\dfrac{b}{m}$ を**歯幅係数** ❶ $\boldsymbol{K}$ といい，その値は一般に表9-6のようにする。

▼表9-6　歯幅係数 K

種　類	$K=\dfrac{b}{m}$
荷役機械の鋳放し歯車	6～ 8
ふつうの伝動用歯車	6～10
大動力伝動用歯車	10～15

❶facewidth factor

3　歯面強さ

歯面の接触圧力が大きいと，長く使用するうちに著しい摩耗やピッチングなどで歯面に損傷を生じることがある。したがって，歯車の設計では歯面に加わる圧力の限界，すなわち，歯面強さも考えなければならない。また，歯面のピッチングは，多くの場合ピッチ点付近からはじまる。1組の歯がピッチ点で接触しているときの歯面の接触応力 σ_H [MPa] は，接触点における歯面の曲率半径を半径とする二つの接触円筒が，接触線に沿って一様に負荷されるものと考える。

さらに，曲げ強さのときと同様に，使用係数 K_A，動荷重係数 ❶ K_V，歯面強さに対する安全率 S_H，領域係数 Z_H，材料定数係数 Z_E を導入して，次の式で表される。

$$\sigma_H = \sqrt{\frac{F}{d_1 b}\cdot\frac{u+1}{u}}\,Z_H Z_E\sqrt{K_A}\sqrt{K_V}\,S_H \leqq \sigma_{H\lim} \qquad (9\text{-}15)$$

d_1：小歯車の基準円直径 (mz_1)　u：歯数比 $\left(\dfrac{z_2}{z_1}\quad z_1 \leqq z_2\right)$

Z_H：領域係数 $\left(\dfrac{2}{\sqrt{\sin 2\alpha}}\quad \alpha = 20°\text{ のとき } Z_H = 2.49\right)$

Z_E：材料定数係数 $\left(\sqrt{0.35\times\dfrac{E_1E_2}{E_1+E_2}}\ [\sqrt{\text{MPa}}]\right.$ $\left.E_1,\ E_2\text{；材料の縦弾性係数(表9-7)参照。}\right)$

$\sigma_{H\lim}$ ❷：許容接触応力(表9-5，表9-8) [MPa]

S_H：歯面強さに対する安全率 $S_H = 1.0$

したがって，この場合の加えることができる最大の円周力 F [N] は，式(9-15)から次の式で求められる。

$$F = \left(\frac{\sigma_{H\lim}}{Z_H Z_E}\right)^2 \frac{u}{u+1}\cdot\frac{d_1 b}{K_A K_V S_H{}^2} \qquad (9\text{-}16)$$

❶式(9-15)には，ほかに多くの係数が考慮されなければならないが，本書では省略した。また，この式は内歯車には適用しない。

❷JGMAの規格では，歯面の許容接触応力 σ_{HP} を使用している。σ_{HP} は $\sigma_{H\lim}$ にさまざまな条件の係数を考慮して求めるが，ひじょうに複雑であることから，本書では $\sigma_{H\lim}$ を使用することとした。

▼表 9-7　材料定数係数 Z_E

歯車		相手歯車		材料定数係数
材　料	縦弾性係数 E_1 [MPa]	材　料	縦弾性係数 E_2 [MPa]	Z_E [$\sqrt{\text{MPa}}$]
鋼	206×10^3	鋼	206×10^3	189.8
		鋳　鋼	202×10^3	188.9
		球状黒鉛鋳鉄	173×10^3	181.4
		ねずみ鋳鉄	118×10^3	162.0
鋳　鋼	202×10^3	鋳　鋼	202×10^3	186.0
		球状黒鉛鋳鉄	173×10^3	180.5
		ねずみ鋳鉄	118×10^3	161.5
球状黒鉛鋳鉄	173×10^3	球状黒鉛鋳鉄	173×10^3	173.9
		ねずみ鋳鉄	118×10^3	156.6
ねずみ鋳鉄	118×10^3	ねずみ鋳鉄	118×10^3	143.7

注　鋼は炭素鋼，合金鋼，窒化鋼およびステンレス鋼とする。

（JGMA 6102-02：2009 による）

▼表 9-8　高周波焼入れ歯車の許容接触応力

材　料		高周波焼入れ前の熱処理条件	歯面の硬さ HV（焼入れ後）	$\sigma_{H\lim}$ [MPa]
機械構造用炭素鋼	S 43 C S 48 C	焼ならし	420	750
			440	785
			460	805
			480	835
			500	855
			520	885
			540	900
			560	915
			580	930
			600 以上	940
		焼入れ焼戻し	500	940
			520	970
			540	990
			560	1 010
			580	1 030
			600	1 045
			620	1 055
			640	1 065
			660	1 070
			680 以上	1 075

材　料		高周波焼入れ前の熱処理条件	歯面の硬さ HV（焼入れ後）	$\sigma_{H\lim}$ [MPa]
機械構造用合金鋼	SMn 443 H SCM 435 H SCM 440 H SNCM 439 SNC 836	焼入れ焼戻し	500	1 070
			520	1 100
			540	1 130
			560	1 150
			580	1 170
			600	1 190
			620	1 210
			640	1 220
			660	1 230
			680 以上	1 240

（JGMA 6102-02：2009 による）

4 歯の強さの計算

歯の計算に当たっては，円周力 F [N] は，歯の曲げ強さと歯面強さの両方から計算する必要がある。しかし，歯車の材料や使用条件によっては，どちらか一方を考慮すればよい場合もある。

たとえば，歯車が全負荷で長時間連続回転するようなときは，摩耗に耐えなければならない。また，材料の硬さが比較的低いときは，曲げによる破損より，ピッチングによる破損が生じやすい。これらの場合は歯面強さから計算する。

逆に，硬さがきわめて高いときは，ピッチングによる破損より，曲げによって破損することがあるため，このような場合は曲げ強さから計算する。

一般には，表面硬化をしていない歯車では，歯面強さから計算した円周力 F [N] のほうが，歯の曲げ強さから計算した値より小さくなる。❶

❶熱処理を施した硬さの高い歯車では，逆に歯の曲げ強さのほうが小さくなることがある。

例題 5 次の表 9-9 のような標準平歯車で，伝達できる動力 P [kW] を求めよ。原動機側からの負荷は均一で，従動機側からの衝撃は中程度とする。

▼表 9-9

	材　料	歯数 z	回転速度 n
小歯車	S 25 C (HB 120) 焼ならし	20	600 min^{-1}
大歯車	SC 480	61	約 200 min^{-1}

モジュール $m = 4$ mm
圧力角 $\alpha = 20°$
歯幅 $b = 40$ mm

解答 曲げ強さと，歯面強さの両方から円周力を求め，小さいほうの動力をとることにする。

(1) 曲げ強さから求めた円周力

表 9-4 より，使用係数 $K_A = 1.25$

式 (9-13) の条件で，動荷重係数 $K_V = 1.2$

安全率 $S_F = 1.2$

(a) 小歯車

表 9-5 より，許容曲げ応力は，S25C(HB120) では，

$\sigma_{F\lim} = 135$ MPa,

図 9-28 より，歯形係数 $Y = 2.82$

式 (9-14) より，円周力 F は，

$$F = \frac{\sigma_{F\lim}bm}{YK_AK_VS_F} = \frac{135 \times 40 \times 4}{2.82 \times 1.25 \times 1.2 \times 1.2} = 4\,255\ \text{N}$$

(b) 大歯車

表9-5より，許容曲げ応力は，SC480では，

$\sigma_{F\lim} = 97.5\ \mathrm{MPa}$,

図9-28より，歯形係数 $Y = 2.28$

式(9-14)より，円周力 F は，

$$F = \frac{\sigma_{F\lim} bm}{YK_A K_V S_F} = \frac{97.5 \times 40 \times 4}{2.28 \times 1.25 \times 1.2 \times 1.2} = 3801\ \mathrm{N}$$

(2) 歯面強さから求めた円周力

表9-5より，許容接触応力は，S25C(HB120)では，$\sigma_{H\lim} = 405\ \mathrm{MPa}$，SC 480では $\sigma_{H\lim} = 365\ \mathrm{MPa}$ であるから，小さいほうの値365 MPaをとる。

式(9-15)の条件で，$Z_H = 2.49$

表9-7より，材料定数係数 $Z_E = 188.9\sqrt{\mathrm{MPa}}$

歯数比 $u = \dfrac{z_2}{z_1} = \dfrac{61}{20} = 3.05 \fallingdotseq 3$

小歯車の基準円直径 $d_1 = mz_1 = 4 \times 20 = 80\ \mathrm{mm}$

表9-4より，使用係数 $K_A = 1.25$

式(9-13)の条件で，動荷重係数 $K_V = 1.2$

式(9-15)の条件で，安全率 $S_H = 1.0$

式(9-16)より，円周力 F は，

$$F = \left(\frac{\sigma_{H\lim}}{Z_H Z_E}\right)^2 \frac{u}{u+1} \cdot \frac{d_1 b}{K_A K_V {S_H}^2}$$

$$= \left(\frac{365}{2.49 \times 188.9}\right)^2 \times \frac{3}{3+1} \times \frac{80 \times 40}{1.25 \times 1.2 \times 1.0^2}$$

$$= 963.5\ \mathrm{N}$$

(3) 以上の計算の結果，歯面強さから求めた円周力のほうが小さいので，これを用いて，式(9-12)より伝達動力 P を求める。周速度 v は，式(9-3)，式(9-7)より，

$$周速度\ v = \frac{\pi m z_1 n_1}{60 \times 10^3} = \frac{\pi \times 4 \times 20 \times 600}{60 \times 10^3}$$

$$= 2.513\ \mathrm{m/s}$$

となるから，

$$P = Fv = 963.5 \times 2.513 = 2.42\ \mathrm{kW}$$

(**答** 2.42 kW)

問 7 モジュール4 mm，圧力角20°，歯幅35 mmで，次のような条件の標準平歯車の伝達動力を求めよ。

歯車の材料はS43C (HB230)とし，小歯車は，$z_1 = 25$，$n_1 = 1200\ \mathrm{min}^{-1}$，大歯車は，$z_2 = 76$ で歯車の使用係数1.25とする。

2 歯車各部の設計

平歯車は，一般に，歯・リム❶・ウェブ❷・ハブ❸の各部からできていて，それらの寸法はモジュールや軸径を基準にしている。歯車の歯先円直径が 200 mm 以下のものでは，円板状にしたり，また，伝動軸と一体構造にしたりすることが多い。

❶rim
❷web
❸hub

図 9-29 に歯車の形状と構造を示す。

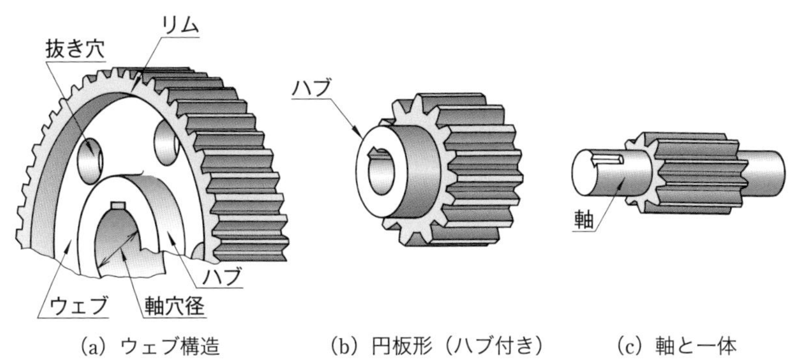

(a) ウェブ構造　(b) 円板形（ハブ付き）　(c) 軸と一体

▲図 9-29　歯車の形状と構造

1 各部の寸法

一般に，伝動用歯車は鋼製であるが，鋳鉄製のものもある。

鋼製のものは，機械構造用炭素鋼や合金鋼のうち，高張力鋼で，歯面に熱処理のできるものが使われる。

表 9-10 は，平歯車の各部の寸法割合の例❹を示す。寸法を計算値から決める場合には，軸径など規格のあるものはその中から選び，規格に定めのないものの寸法は付録 1 の標準数❺から選ぶとよい。

また，ハブを用いない平板状の小歯車のキー溝については，図 9-30 のようにする。

❹JGMA では，モジュール 0.2 mm，歯数 250 くらいの歯車から，モジュール 40 mm，歯数 250 くらいの歯車が使われることを考え，基準円直径の範囲を 20～8000 mmとしている。
❺付録 p. 244 参照。

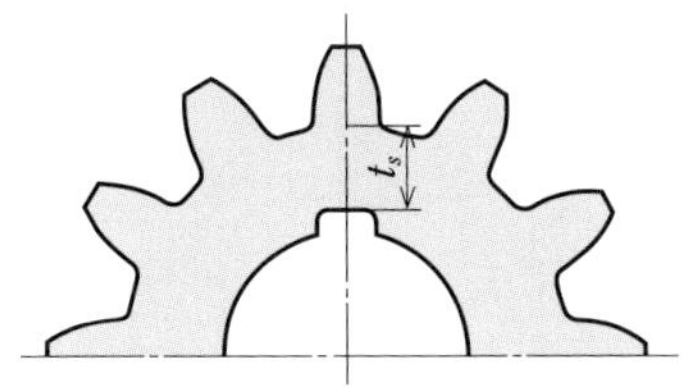

キー溝の底と歯底との間の厚さ t_s は次のようにする。m：モジュール
鋼・合成樹脂では　$t_s \geqq 2.2m$（ほぼ歯たけ）
鋳鉄では　$t_s \geqq 2.8m$

▲図 9-30　小歯車のキー溝

▼表 9-10　平歯車の各部の寸法割合の例

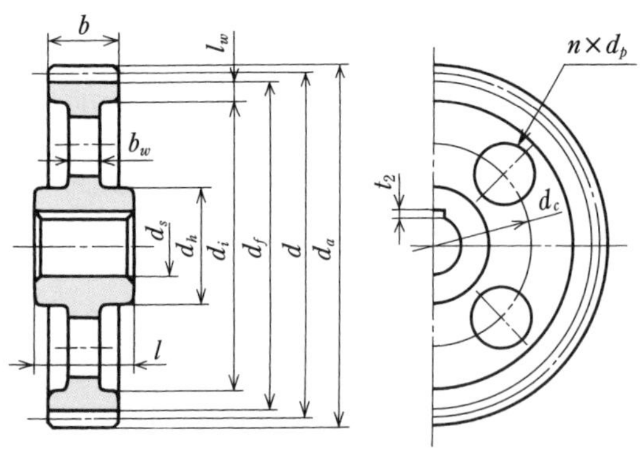

[単位 mm]

モジュール	m	
基準円直径	d	$d = mz$　（z は歯数）
歯先円直径	d_a	$d_a = m(z + 2)$
歯底円直径	d_f	$d_f = m(z - 2.5)$
歯幅	b	$b = (6 \sim 10)m$　（表 9-6 参照）
ハブの外径	d_h	鋼　製　　$d_h = d_s + 7t_2$（t_2：ハブのキー溝の深さ） 鋳鉄製　　$d_h = (1.8 \sim 2.0)d_s$
ハブの穴径	d_s	計算値に近い，軸径の規格の値から選ぶ。
ハブの長さ	l	$l = b + 2m + 0.04d$ d=250 mm くらいまでの軽荷重の場合には $l = b$ でもよい。
リムの厚さ	l_w	$l_w = (2.5 \sim 3.15)m$
リムの内径	d_i	$d_i = d_f - 2l_w$
ウェブの厚さ	b_w	$b_w = (2.4 \sim 3)m$
抜き穴の中心円の直径	d_c	$d_c = 0.5(d_i + d_h)$
抜き穴の直径	d_p	$d_p = 0.25(d_i - d_h)$ くらい，またはこれに近いドリルの直径でもよい。ϕ16 mm 以下はあけない。 鋳抜き穴とハブおよびリムとの間は 1.5m 以上にする。
抜き穴の数	n	$n = 4 \sim 6$

2　一般に用いられる平歯車

一般に用いられる平歯車には，モジュール 1.5～6 mm の標準平歯車が多い。モジュールや歯数が決まれば形状・寸法を表 9-10 に基づいて計算する。ウェブの有無やハブの形状は，図 9-31 のような 6 種類がある。

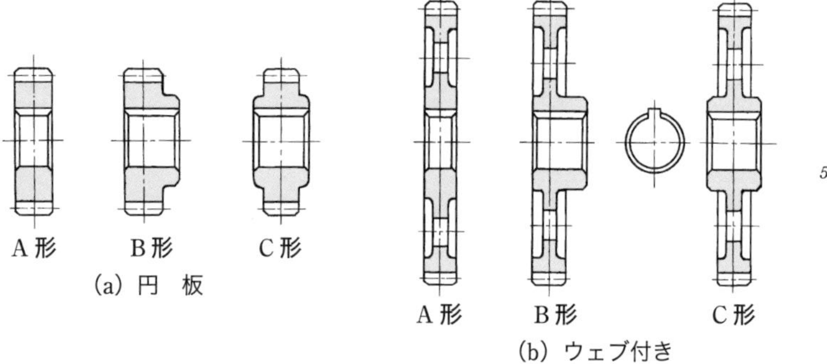

▲図 9-31　一般に用いられる平歯車の形状

3　鋳造歯車および溶接構造歯車

製鉄機械，鉱山機械や運搬機械など産業用機械の伝動用歯車は，モジュールが 3～25 mm で，基準円直径が 630～2 500 mm と大形のものが多い。このような歯車では，図 9-32 のような鋳造歯車や溶接構造歯車が用いられる。

鋳造歯車には，粘り強い炭素鋼鋳鋼品 (SC450) や低マンガン鋼鋳鋼品 (SCMn3) などが用いられる。とくに大形の歯車ではウェブを 2 枚にしている。溶接構造歯車は，リム・ウェブ・ハブを溶接して組み立てるが，大形のものは，図(b)のようにウェブを 2 枚にして，抜き穴のかわりにパイプを使って組み立てている。

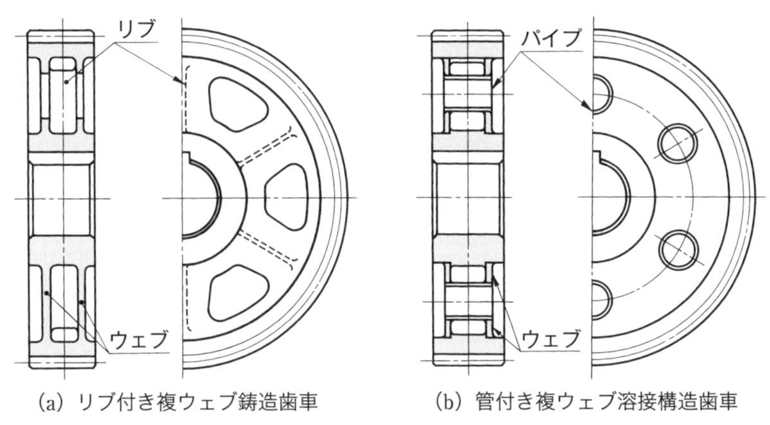

(a) リブ付き複ウェブ鋳造歯車　(b) 管付き複ウェブ溶接構造歯車

▲図 9-32　鋳造歯車と溶接構造歯車

3　設計例

動力伝達用の平歯車の設計にあたっては，動力の伝達が滑らかで，振動や騒音が少なく，寿命が長いなどの条件を満たす必要がある。

1　設計の要点

平歯車を設計する場合，伝達動力，原動軸の回転速度，および速度伝達比などが与えられる。これらに，原動車の基準円直径，2 軸の中心距離や歯車の材料などの条件が加えられることもある。

一般に行われる歯車の設計の手順と要点は，次のとおりである。

●伝達動力と回転速度から軸径を決める。

1)　軸径は，荷重の変動などを考慮して太めにするのがよい。

2)　両歯車の基準円直径が与えられていない場合には，小歯車の基準円直径を軸径や速度伝達比から考えて仮定する。

●使用条件から歯車の材料を決める。

1)　歯車の材料を決めるには，動力の加わりかた，歯車の大きさ，加工の容易さ，材料費などを考える。

2)　歯面の硬さと粘り強さが要求されるものについては，熱処理についても考えなければならない。

●歯の大きさ（モジュール，歯幅）を歯の曲げ強さおよび歯面強さから決める。

1)　歯の大きさを決めるさいは，同じ材料の1組の歯車では小歯車について求めるが，材料が異なる場合は両方で計算して決める。

2)　モジュールを決めるときには，歯幅係数についてもじゅうぶんに注意する。

3)　一般に，1組の歯車のうち小歯車の歯幅は大歯車の歯幅よりやや大きくする。

4)　モジュールまたは歯数を仮定して計算を進める場合があるが，そのときは，仮定値が設計条件に適切であるかどうかの検算を行って，決定値とする。

●歯数を決める。

1)　歯数を決定するさいは，歯車の速度伝達比を考慮する。速度伝達比の限界は，低速用で7，高速用で5くらいである。

2)　動力伝達用のように，速度伝達比を厳密にしなくてもよいものでは，1組の歯車の歯数はたがいに素(そ)❶にする。それは，歯に欠損などがあると相手の歯が摩耗しやすく，騒音も発しやすいため，特定の歯のかみあう機会を少なくし，摩耗や騒音を緩和するためである。

❶ 2つの整数が，1または−1以外の公約数をもたないこと。

●歯車各部の寸法を寸法割合の例などに基づいて決める。

1)　歯車各部の寸法を決定するさいは，質量の軽減のために，肉抜きや抜き穴を設けたり，リブやハブなどを薄くしたりすることが多いが，加工時の変形によって歯車の精度を悪くするので注意する。

2)　形状を考えるさいは，加工工程を少なくし，加工しやすい形状を考える。必要以上の精度を要求すると，加工が困難になり，製作費が高くなるので注意する。

2 動力伝達用歯車の設計

次の仕様により，動力伝達用歯車を設計してみよう。

〔仕　様〕 動力 7.5 kW，回転速度 1500 min^{-1} の原動機の回転を 1/4 にする減速平歯車を曲げ強さから設計せよ。ここで，小歯車の材料は S48C (HB230) 焼ならし，大歯車は S25C (HB150) とし，小歯車の基準円直径は約 60 mm とする。なお，歯形は標準歯形で，使用係数 K_A を 1.25 とする。

●軸の直径　小歯車の軸径を d_{S1}，大歯車の軸径を d_{S2}，伝動軸の許容ねじり応力 τ_a を 20 MPaとすれば，式 (6-5)❶ より，

$$d_{S1} = 36.5\sqrt[3]{\frac{P}{\tau_a n_1}} = 36.5 \times \sqrt[3]{\frac{7.5 \times 10^3}{20 \times 1500}} = 23.0\ \mathrm{mm}$$

大歯車の軸の回転速度 n_2 は，速度伝達比 $i = 4$ であるから，式 (9-9) より，

$$n_2 = \frac{n_1}{i} = \frac{1500}{4} = 375\ \mathrm{min}^{-1}$$

$$d_{S2} = 36.5\sqrt[3]{\frac{P}{\tau_a n_2}} = 36.5 \times \sqrt[3]{\frac{7.5 \times 10^3}{20 \times 375}} = 36.5\ \mathrm{mm}$$

付録 3 の軸の直径❷より，キー溝を考えて軸径を次のように決める。

$$d_{S1} = 32\ \mathrm{mm} \qquad d_{S2} = 45\ \mathrm{mm}$$

●モジュール　表 9-6 より，歯幅係数を 10 とし，小歯車についてモジュール m を求める。

周速度　$v = \dfrac{\pi d_1 n_1}{60 \times 10^3} = \dfrac{\pi \times 60 \times 1500}{60 \times 10^3} = 4.712\ \mathrm{m/s}$

円周力　$F = \dfrac{P}{v} = \dfrac{7.5 \times 10^3}{4.712} = 1592\ \mathrm{N}$

使用係数　$K_A = 1.25$

動荷重係数　$K_V = 1.2$

歯形係数　歯数が決まっていないが，小歯車の歯数は20くらいと考えられるから，20 と仮定すれば図 9-28 より，

$$Y = 2.82$$

許容曲げ応力　表 9-5 より，$\sigma_{F\lim} = 211\ \mathrm{MPa}$

安全率　$S_F = 1.2$

歯　幅　$b = Km = 10m$ とする。

以上の値を式 (9-13) に入れて，モジュール m を求めると，

❶「新訂機械要素設計入門 1」の p.181 参照。

❷付録 p.246 参照。

第 9 章 歯車

$$\sigma_{F\lim} = \frac{F}{bm}YK_AK_VS_F = \frac{F}{Km^2}YK_AK_VS_F$$

$$m = \sqrt{\frac{F}{K\sigma_{F\lim}}YK_AK_VS_F} = \sqrt{\frac{1592 \times 2.82 \times 1.25 \times 1.2 \times 1.2}{10 \times 211}}$$

$$= 1.957 \text{ mm}$$

ここで，余裕をみて近い値のモジュール $m = 2.5$ mm と仮定する。

●歯　数　小歯車の歯数を z_1，大歯車の歯数を z_2 とすれば，

$$z_1 = \frac{d_1}{m} = \frac{60}{2.5} = 24$$

$$z_2 = iz_1 = 4 \times 24 = 96$$

z_1 と z_2 をたがいに素にするために，大歯車の歯数 $z_2 = 97$ とする。速度伝達比は $i = \frac{z_2}{z_1} = \frac{97}{24} = 4.04 \fallingdotseq 4$ でほとんどかわらない。

この条件で歯の曲げ強さを検討する。$z_1 = 24$ のときの歯形係数は，図 9-28 より，$Y_1 = 2.65$ となり，式 (9-13) から，

$$\sigma_{F1} = \frac{F}{bm}Y_1K_AK_VS_F$$
$$= \frac{1592}{10 \times 2.5 \times 2.5} \times 2.65 \times 1.25 \times 1.2 \times 1.2$$
$$= 121.5 \text{ MPa} \quad (\leqq \sigma_{F\lim} = 211 \text{ MPa})$$

また，大歯車では，$\sigma_{F\lim} = 165$ MPa，$Y_2 = 2.18$ だから，

$$\sigma_{F2} = \frac{F}{bm}Y_2K_AK_VS_F$$
$$= \frac{1592}{10 \times 2.5 \times 2.5} \times 2.18 \times 1.25 \times 1.2 \times 1.2$$
$$= 99.95 \text{ MPa} \quad (\leqq \sigma_{F\lim} = 165 \text{ MPa})$$

いずれも $\sigma_{F\lim}$ の値より σ_F は小さいので，$m = 2.5$ mm，$z_1 = 24$，$z_2 = 97$ と決める。

●歯　幅　$b = 10m$ から b は 25 mm となるが，歯の両端の面取りと，一般に，小歯車の歯幅は，大歯車の歯幅よりやや大きくするので次のように決める。

$$b_1 = 30 \text{ mm} \qquad b_2 = 28 \text{ mm}$$

●各部の寸法　表 9-3，表 9-10 などより，各部の寸法を求める。

基準円直径　$d_1 = mz_1 = 2.5 \times 24 = 60$ mm

$d_2 = mz_2 = 2.5 \times 97 = 242.5$ mm

歯先円直径　$d_{a1} = m(z_1 + 2) = 2.5 \times (24 + 2) = 65$ mm

$d_{a2} = m(z_2 + 2) = 2.5 \times (97 + 2) = 247.5$ mm

歯底円直径

$$d_{f1} = m(z_1 - 2.5) = 2.5 \times (24 - 2.5) = 53.75\ \mathrm{mm}$$

$$d_{f2} = m(z_2 - 2.5) = 2.5 \times (97 - 2.5) = 236.3\ \mathrm{mm}$$

キーの寸法

キーの寸法は付録 5 のキーおよびキー溝の形状・寸法❶により，表 9-11 のようになる。

❶付録 p.248 参照。

▼表 9-11　キーの寸法

[単位 mm]

軸　径		キー（幅×高さ）	t_1（軸の溝）	t_2（ハブの溝）
d_{s1}	32	10 × 8	5.0	3.3
d_{s2}	45	14 × 9	5.5	3.8

小歯車は円板A形とする(図 9-31)。なお，キー溝の底と歯底の間の厚さt_sは，

$$t_s = \frac{d_{f1} - d_{s1}}{2} - t_2 = \frac{53.75 - 32}{2} - 3.3 = 7.575\ \mathrm{mm}$$

となり，$t_s \geqq 2.2m = 2.2 \times 2.5 = 5.5\ \mathrm{mm}$ をじゅうぶんに満足する。

大歯車はウェブ付きC形とする。

ハブの外径　$d_{h2} = d_{s2} + 7t_2 = 45 + 7 \times 3.8 = 71.6\ \mathrm{mm}$

付録 1 の標準数❷，R40 から $d_{h2} = 75\ \mathrm{mm}$ とする。

❷付録 p.244 参照。

ハブの長さ

$$l_2 = b_2 + 2m + 0.04d_2 = 28 + 2 \times 2.5 + 0.04 \times 242.5$$
$$= 42.7 \fallingdotseq 42.5\ \mathrm{mm}$$ (R40 から) とする。

リムの厚さ　表 9-10 より，

$$l_w = 3.15m = 3.15 \times 2.5 = 7.875 \fallingdotseq 7.9\ \mathrm{mm}$$

リムの内径

$$d_{i2} = d_{f2} - 2 \times l_w = 236.3 - 2 \times 7.9 = 220.5 \fallingdotseq 224\ \mathrm{mm}$$

(R20 から) とする。

ウェブの厚さ　$b_{w2} = 3m = 3 \times 2.5 = 7.5\ \mathrm{mm}$ とする。

抜き穴の中心円の直径　$d_{c2} = 0.5(d_{i2} + d_{h2}) = 0.5 \times (224 + 75)$
$= 149.5 \fallingdotseq 150\ \mathrm{mm}$ とする。

抜き穴の直径　$d_{p2} = 0.25(d_{i2} - d_{h2}) = 0.25 \times (224 - 75)$
$= 37.25 \fallingdotseq 35.5\ \mathrm{mm}$ (R20 から) とする。

抜き穴の数　4 個とする。

まとめ

以上の結果を図面で示すと，図 9-33 のようになる。

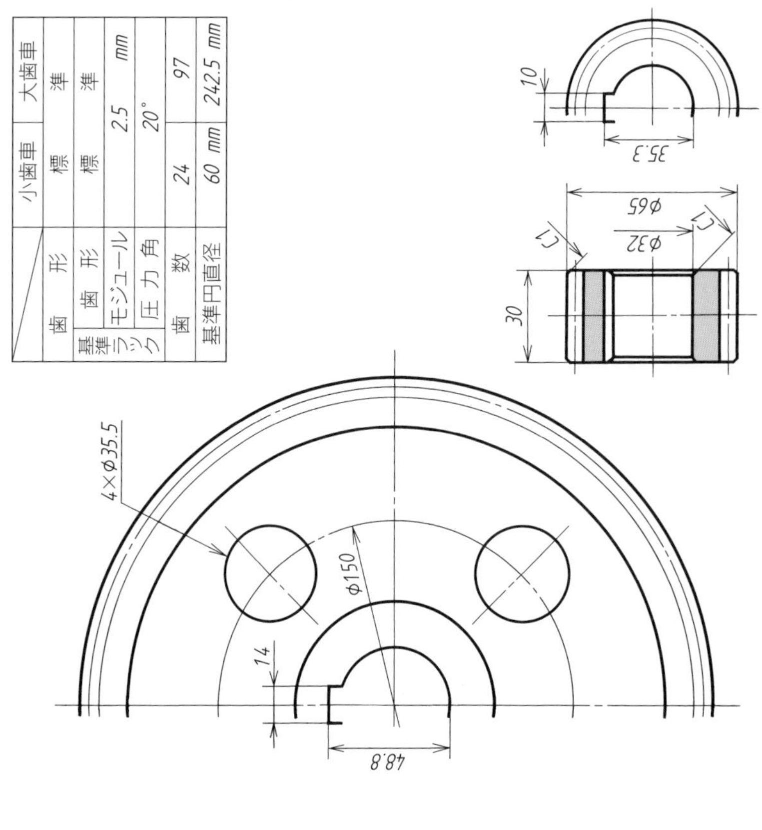

		小歯車	大歯車
歯形		標準	
基準ラック	歯形	標準	
	モジュール	2.5 mm	
	圧力角	20°	
歯数		24	97
基準円直径		60 mm	242.5 mm

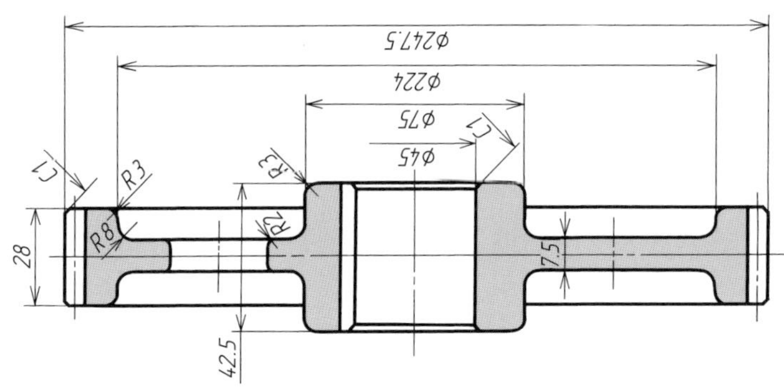

▲図 9-33　平歯車

問 8　7.5 kW の動力を 250 min^{-1} の回転速度で伝える鋳鋼 (SC450) 製歯車において，歯の曲げ強さから歯幅を求めよ。ただし，歯車の歯数 100，使用係数 1.25，基準円直径は約 300 mm とする。

問 9　8 kW，750 min^{-1} の電動機の回転速度を 120 min^{-1} に減速する歯車を曲げ強さから設計せよ。中心距離を約 400 mm，大歯車は炭素鋼 (S43C HB230) 製，小歯車は Ni-Cr 鋼 (SNC836 HB320) 製，使用係数 1.25 の歯車とし，荷重は変動が少ないものとする。なお，歯幅係数 $K = 10$，軸の許容ねじり応力 $\tau_a = 20$ MPa とする。

節末問題

1 モジュール 4 mm，圧力角 20° で，歯数 80 の標準平歯車がある。回転速度 400 min^{-1} で，7.5 kW の動力を伝えるとき，かみあいはじめのときの歯の先端に働く力はいくらか。また，歯に働く曲げ荷重を求めよ。

2 50 kW の電動機が 1500 min^{-1} で回転するものとして，この電動機軸に材料 S25C (HB140)，モジュール 4 mm で歯数 40 の標準平歯車をつけるとき，その歯幅はいくらになるか求めよ。

3 2.7 kW の動力を，800 min^{-1} で回転するモジュール 2 mm，歯数 25 の歯車において，許容曲げ応力 173 MPa とすれば，歯幅をいくらにすればよいか。ただし，使用係数 1.25，安全率を 1.2 とする。

4 モジュール 5 mm，圧力角 20°，歯幅 50 mm，速度伝達比 4 の，1 組の標準平歯車で伝達できる動力の大きさを求めよ。ただし，歯車の材料を小歯車はクロムモリブデン鋼 (SCM435 HB320)，大歯車は SC480 とし，小歯車の歯数を 20，回転速度を 240 min^{-1}，使用係数 1.25，動荷重係数を 1.2 とする。

5 18 kW を伝達する平歯車で，原動歯車の回転速度 400 min^{-1}，従動歯車の回転速度 100 min^{-1}，中心距離を 225 mm くらいとして，曲げ強さから平歯車を設計せよ。ただし，原動歯車ははだ焼鋼 (SNC836 HB280) 製，従動歯車は炭素鋼 (S48C HB220) 製，均一負荷で中程度の衝撃荷重が加わるものとする。なお，歯幅係数は 12，軸の許容ねじり応力は 20 MPa とする。

6 伝達動力が 15 kW で，450 min^{-1} から 150 min^{-1} に減速する平歯車の，モジュールと歯数を歯面強さから求めよ。ただし，中心距離は約 500 mm，原動歯車は炭素鋼 (S43C HB220) 製，従動歯車は鋳鋼 (SCC 3B) 製で，いずれも表面硬化しない歯車とし，使用係数 1.25，歯幅係数は 10 とする。

Challenge

1 与えられた減速比を満足する歯車の組み合わせはいろいろあるが，設計条件として要求されることを考えてみよう。

2 本書にある歯車の強さの計算手順は，一つの方法である。ほかにどのような手順があるのか考えてみよう。

3 歯車には，インボリュート歯形のほかに，どのような歯形があり，どのような特徴があるか調べてみよう。

5節 その他の歯車

歯車では，平歯車が多く使われているが，2軸の位置関係，伝達動力の大きさ，使用目的などに応じて，いろいろな種類の歯車が利用されている。

ここでは，それらのうちで比較的多く使われている，はすば歯車・かさ歯車・ウォームギヤについて，その機能や特徴などを調べてみよう。

まがりばかさ歯車▶

1 はすば歯車

平歯車で動力を伝達するとき，かみあいは1枚の歯の全歯幅にわたって同時に行われ，かみあいがはずれるときもまた同時である。このため1枚の歯に加わる力は，断続的になって，衝撃や騒音・振動の原因となる。

いま，図9-34のように，平歯車(図(a))を，軸に直角に歯幅を等分に分割して，少しずつずらし，段をつけた状態にすると，比較的滑らかに動力の伝達が行われる。このような歯車を**段付き歯車**❶という(図(b))。この段を無限に多くしたと考えると，歯すじはつる巻線状になる。これが**はすば歯車**❷である(図(c))。

❶stepped gear

❷helical gear

はすば歯車は，かみあい率が大きくなるので，回転音が小さく，運転性能もよく，大きな動力を円滑に伝えることができるから，減速装置などに使われる。しかし，平歯車より製作には手数がかかる。

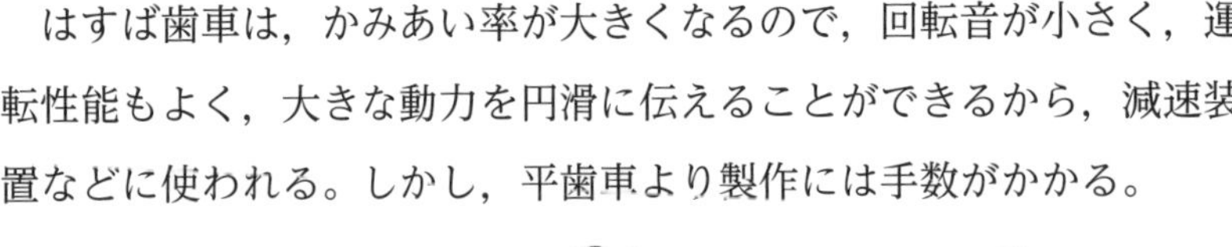

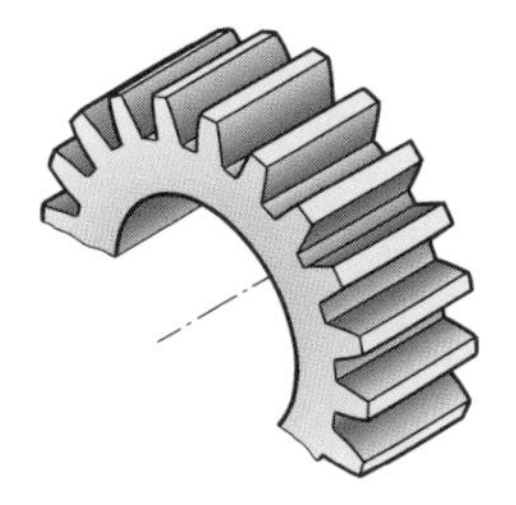

(a) 平 歯 車

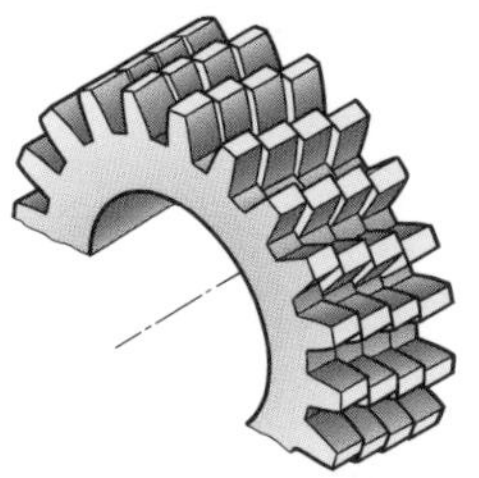

(b) 段付き歯車

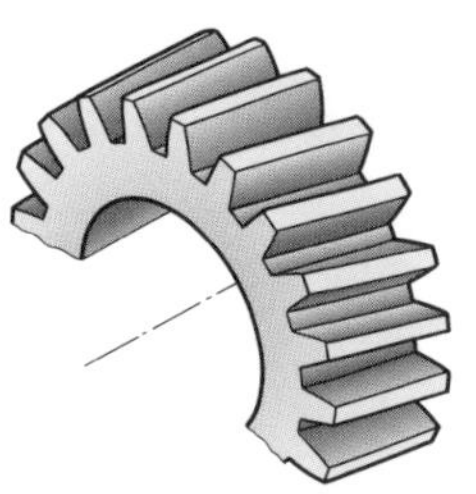

(c) はすば歯車

▲図9-34 はすば歯車

はすば歯車は，図9-35(a)のように，歯が軸に対して傾いている。その角度βを**ねじれ角**❸といい，歯の大きさを表すときや歯切りするときに重要な角度である。一般には10〜30°くらいが用いられる。

❸helix angle

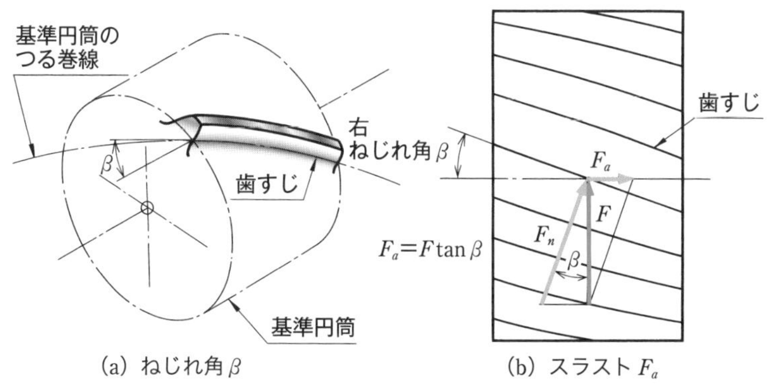

(a) ねじれ角 β　　(b) スラスト F_a

▲図 9-35　はすば歯車のねじれ角とスラスト

また，図 9-35(b)のように，歯車の歯に働く力 F_n は，回転力 F と軸方向の力 F_a とに分けられる。F_a は歯車を軸方向に押すスラスト荷重[1]で，トルクが大きければ大きいほど，歯車のスラスト荷重は大きくなる。このため，軸受の設計にもじゅうぶん注意しなければならない。

スラスト荷重を除くには，歯の傾きを対称にした 2 個のはすば歯車を組み合わせるか，または，図 9-36 のような山形の歯をつけた**やまば歯車**[2]を用いる。やまば歯車は，大動力の伝達用に使われる。

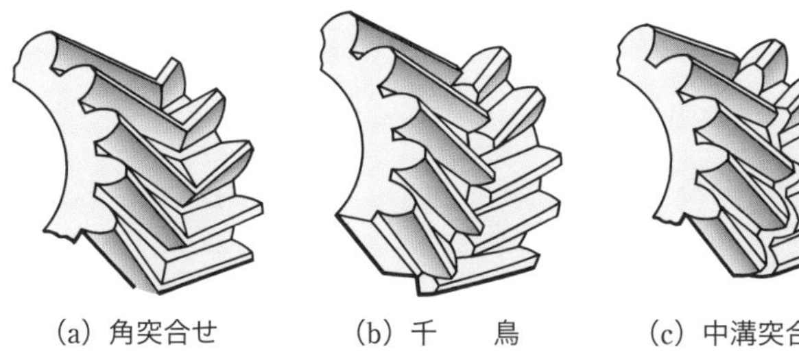

(a) 角突合せ　　(b) 千　鳥　　(c) 中溝突合せ

▲図 9-36　やまば歯車

はすば歯車の歯形基準平面には，歯直角と軸直角の二つの方式がある。表 9-12 は，歯直角方式のはすば歯車の計算式と，その歯車の軸直角平面における寸法を求める式である。

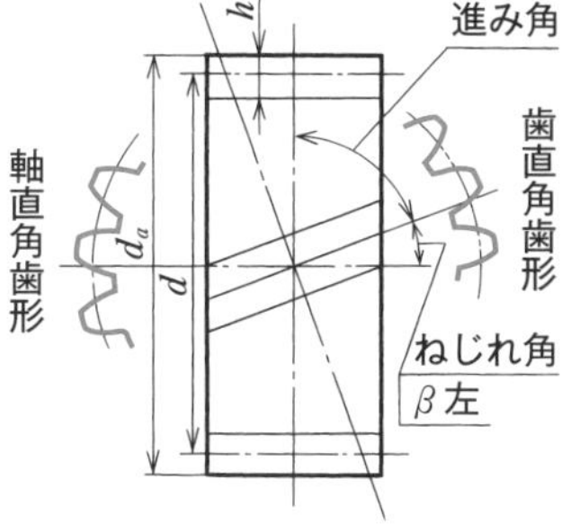

図では左ねじれの場合を示すが，これにかみあう歯車は右ねじれとなる。

▼表 9-12　はすば歯車の計算式

歯形基準平面		歯直角[3]	軸直角（正面）[4]
工具	歯たけ	$h = 2.25m_n$	
	モジュール	m_n	$m_t = \dfrac{m_n}{\cos\beta}$
	圧力角	α_n	$\tan\alpha_t = \dfrac{\tan\alpha_n}{\cos\beta}$
基準円直径		$d = \dfrac{m_n z}{\cos\beta}$ 〔$= m_t z$〕	
歯先円直径		$d_a = d + 2m_n = m_n\left(\dfrac{z}{\cos\beta} + 2\right)$ 〔$= m_t(z + 2\cos\beta)$〕	
中心距離		$a = \dfrac{d_1 + d_2}{2} = \dfrac{m_n(z_1 + z_2)}{2\cos\beta}$ $\left(= \dfrac{m_t(z_1 + z_2)}{2}\right)$	
歯たけ		$h = 2.25m_n$	

❶「新訂機械要素設計入門 1」の p. 203 参照。

❷double helical gear

❸歯直角歯形とは，歯すじに垂直な断面の歯形のこと。

❹軸直角歯形とは，歯車の軸に垂直な断面の歯形のこと。

2 かさ歯車

たがいに交わる2軸の動力伝達には，**かさ歯車**❶が使われる。かさ歯車は，円すい摩擦車の表面を基準面として歯をつけたもので，この基準面を**基準円すい**❷という。図9-37に，かさ歯車の各部の名称を示す。

❶bevel gear

❷reference cone

かさ歯車は，一般に2軸が直交する場合が多いが，このうち，歯数の等しい1組のものを**マイタ歯車**❸という。また，ピッチ角が90°のものを**冠**（かんむり）**歯車**❹という。

かさ歯車は，図9-38のように，歯すじの形によって，**すぐばかさ歯車**❺，**まがりばかさ歯車**❻，**はすばかさ歯車**❼などに分類される。

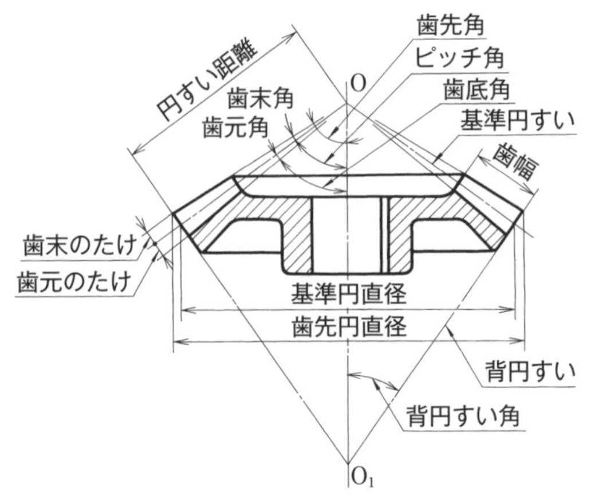

▲図9-37　かさ歯車の各部の名称

かさ歯車の歯の大きさは，背円すい面での大きさで表す。かさ歯車の速度伝達比 i は，平歯車と同様で，次のようになる。

$$i=\frac{n_1}{n_2}=\frac{d_2}{d_1}=\frac{z_2}{z_1}=\frac{\sin\theta_2}{\sin\theta_1}$$

n：回転速度 [min^{-1}]　d：基準円直径 [mm]　z：歯数

θ：ピッチ角 [°]

❸miter gear

❹crown gear, crown wheel

❺straight bevel gear

❻spiral bevel gear

❼helical bevel gear, skew bevel gear

❽p.66 図9-34(c)参照。

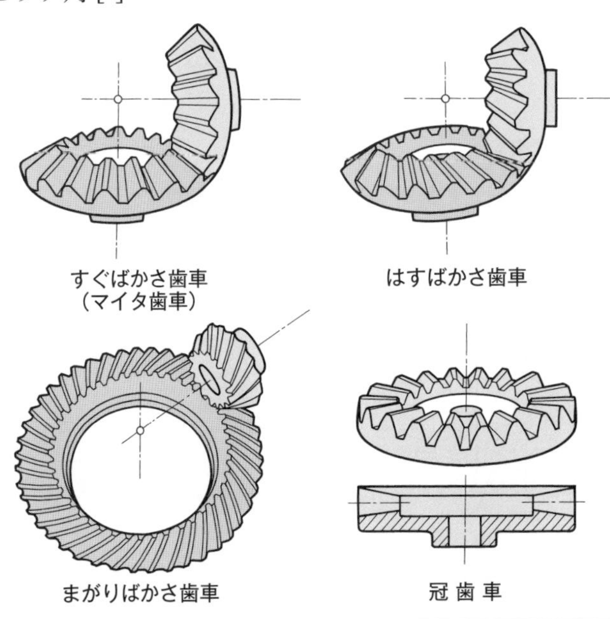

はすばかさ歯車の歯すじは，はすば歯車の歯すじ❽と同様につる巻状になっている。まがりばかさ歯車は，歯すじが曲線になっている。

▲図9-38　かさ歯車のいろいろ

3 ウォームギヤ

図 9-39 のような歯車の組み合わせを**ウォームギヤ**[1]といい，おねじ状の歯車を**ウォーム**[2]，これとかみあう歯車を**ウォームホイール**[3]という。ウォームホイールの歯は，接触部分を大きくするため，ふつうはウォームを包むような形をしている。

[1] worm gear, worm gear pair
[2] worm
[3] worm wheel

ウォームギヤの速度伝達比 i は，次の式で表される。

$$i = \frac{n_1}{n_2} = \frac{z_2}{z_1}$$

n_1：ウォームの回転速度 [min^{-1}]

n_2：ウォームホイールの回転速度 [min^{-1}]

z_1：ウォームの条数　z_2：ウォームホイールの歯数

ウォームの条数は 1, 2, 4 条などであるから，100 くらいの速度伝達比を得ることも容易である。比較的小形の装置で大きな減速をすることができるので，減速装置によく使われる。

一般に，ウォームギヤでは，ウォームを駆動してウォームホイールを回転させ，減速用に用いる。逆に，ウォームホイールを駆動してウォームを回転させようとしても，ウォームの進み角[4]が小さいときは，歯面の摩擦が大きくてウォームを回転させることができない[5]。しかし，ウォームの進み角が大きいとき（条数を多くした場合）は，ウォームホイールを駆動してウォームを高速回転させることができるので，増速装置に利用することができる。

[4] 軸に直角な面と歯すじとのなす角。
[5] この現象を，セルフロックという。ウォームギヤのこの性質は，逆転防止のために使われる。

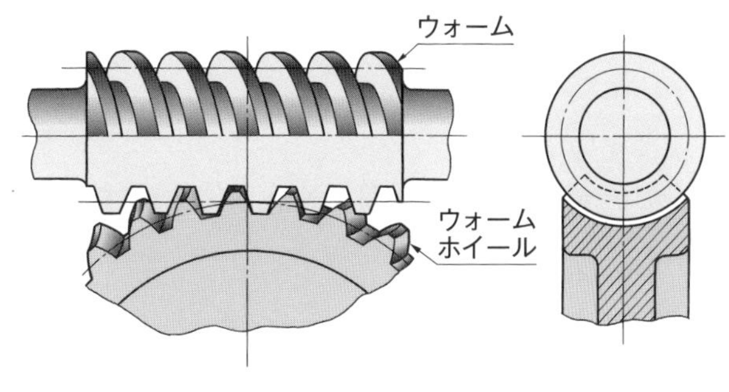

▲図 9-39　ウォームギヤ

節末問題

1　歯数が 40 と 60 で，歯直角モジュール 3 mm の 1 組のはすば歯車がある。各歯車の基準円直径と中心距離を求めよ。なお，ねじれ角を 20° とする。

2　軸が直交するすぐばかさ歯車で，歯数がそれぞれ 30 と 60 であるときのピッチ角を求めよ。

Challenge

各自ではすば歯車の条件を設定して，表 9-12 の計算式により，各部の計算をしてみよう。

6節 歯車伝動装置

歯車を用いて動力を伝達するためには，歯車を1組だけでなく，数個の歯車を順次かみあわせて用いることがある。また，原動軸の一定回転速度に対し，かみあう歯車の切り換えで従動軸の回転速度を何種類にも変換できる歯車装置もある。

ここでは，工作機械や自動車などに用いられている歯車伝動装置のおもなものについて調べてみよう。

歯車列▶

1 歯車列の速度伝達比

歯車伝動では，1組の歯車だけでなく，数個の歯車を順次かみあわせて用いることがあり，これを**歯車列**❶という。

❶gear train, train of gears

図9-40は，歯車[1]，[3]の間に歯車[2]を入れたもので，[1]，[2]，[3]の歯数をそれぞれ z_1，z_2，z_3，軸の回転速度を n_{I}，n_{II}，n_{III} とすれば，軸Ⅰと軸Ⅱの速度伝達比 i_1 は，

$$i_1 = \frac{n_{\mathrm{I}}}{n_{\mathrm{II}}} = \frac{z_2}{z_1} \qquad \text{(a)}$$

同様にして，軸Ⅱと軸Ⅲの速度伝達比 i_2 は，

$$i_2 = \frac{n_{\mathrm{II}}}{n_{\mathrm{III}}} = \frac{z_3}{z_2} \qquad \text{(b)}$$

したがって，軸Ⅰと軸Ⅲの速度伝達比 i は，式(a)，(b)から，

$$i = \frac{n_{\mathrm{I}}}{n_{\mathrm{III}}} = \frac{n_{\mathrm{I}}}{n_{\mathrm{II}}} \cdot \frac{n_{\mathrm{II}}}{n_{\mathrm{III}}} = \frac{z_2}{z_1} \cdot \frac{z_3}{z_2} = \frac{z_3}{z_1}$$

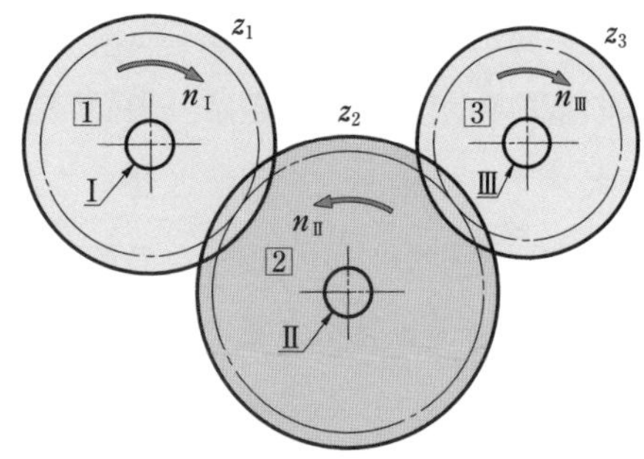

▲図9-40 歯車列(1)

これは，[1]，[3]両歯車が直接かみあっている場合の速度伝達比と等しく，中間の歯車[2]の歯数には関係がない。[2]のような歯車を**遊び歯車**❷という。

❷idle gear；**中間歯車** (idler gear) ともいう。

遊び歯車が中間にいくつはいっても，両端の歯車の速度伝達比はかわらない。しかし，両端の歯車の回転方向は，外かみあいの場合には，中間歯車が奇数個のときは同方向，偶数個のときは逆方向となる。

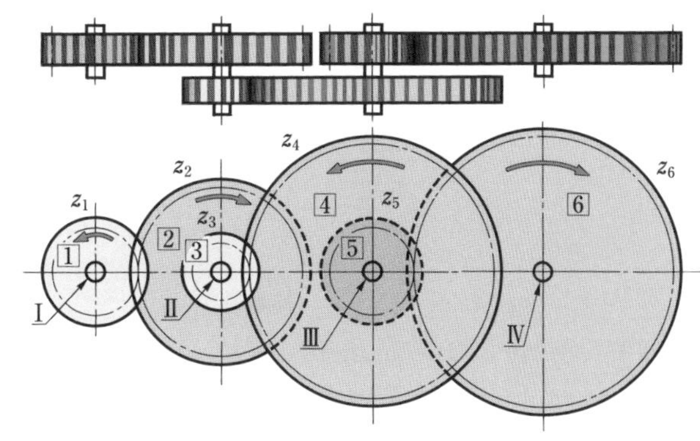

▲図 9-41　歯車列(2)

図 9-41 では，中間の歯車[2]と[3]，および[4]と[5]は，それぞれ歯数の違う二つの歯車を一つの軸に固定したもので，[1]の回転を順次，[6]まで伝えている。

この歯車列で，z_1，z_3，z_5 をそれぞれ相手の歯車を駆動する歯車（原動歯車）の歯数とし，z_2，z_4，z_6 を駆動される歯車（従動歯車）の歯数とすれば，各軸の間の速度伝達比は次のようになる。

軸Ⅰと軸Ⅱ　$$i_1 = \frac{n_{\text{I}}}{n_{\text{II}}} = \frac{z_2}{z_1} \qquad \text{(c)}$$

軸Ⅱと軸Ⅲ　$$i_2 = \frac{n_{\text{II}}}{n_{\text{III}}} = \frac{z_4}{z_3} \qquad \text{(d)}$$

軸Ⅲと軸Ⅳ　$$i_3 = \frac{n_{\text{III}}}{n_{\text{IV}}} = \frac{z_6}{z_5} \qquad \text{(e)}$$

したがって，軸Ⅰと軸Ⅳの速度伝達比 i は，式(c)，(d)，(e)から，次のようになる。

$$i = \frac{n_{\text{I}}}{n_{\text{IV}}} = \frac{n_{\text{I}}}{n_{\text{II}}} \cdot \frac{n_{\text{II}}}{n_{\text{III}}} \cdot \frac{n_{\text{III}}}{n_{\text{IV}}} = \frac{z_2}{z_1} \cdot \frac{z_4}{z_3} \cdot \frac{z_6}{z_5} \qquad \text{(9-17)}$$

一般に，歯車列の速度伝達比は，次のように表すことができる。

$$\text{歯車列の速度伝達比} = \frac{\text{従動歯車の歯数の積}}{\text{原動歯車の歯数の積}}$$

図のように，中間軸に従動歯車と原動歯車を一体に取りつけた歯車列は，歯車の組み合わせによって広い範囲の速度伝達比を選ぶことができる。このような歯車列は，工作機械の主軸と送り軸の間の変速などに用いられている。

問 10　図 9-41 で，$z_1 = 45$，$z_2 = 64$，$z_3 = 32$，$z_4 = 75$，$z_5 = 15$，$z_6 = 72$ である。歯車[1]の回転速度が 1 600 min^{-1} のとき，歯車[6]の回転速度を求めよ。

図 9-42 の歯車列では，歯数 20 から 5 とびに 100 までの歯車が各 1 個ずつある。図の歯車列で速度伝達比を 18 としたときの各歯車の歯数を求めよ。

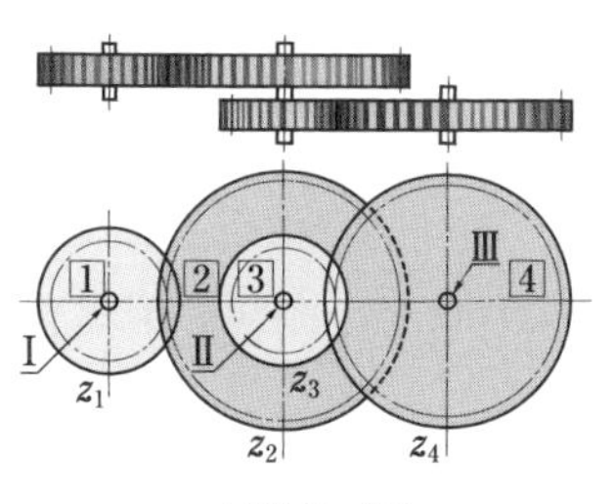

▲図 9-42

第9章 歯車

解答　$i = 18 = \dfrac{z_2}{z_1} \cdot \dfrac{z_4}{z_3}$ から，$\dfrac{z_2}{z_1}$ と $\dfrac{z_4}{z_3}$ を近い値にとり，用意された歯数をあてはめればよい。$\dfrac{z_2}{z_1} = 4.5$，$\dfrac{z_4}{z_3} = 4$ とすれば，たとえば，$\dfrac{z_2}{z_1} = \dfrac{90}{20}$，$\dfrac{z_4}{z_3} = \dfrac{100}{25}$ となる。

答 $z_1 = 20$，$z_2 = 90$，$z_3 = 25$，$z_4 = 100$

問 11　例題 6 において，速度伝達比が 15 のときの各歯車の歯数を求めよ。

例題 7　図 9-43 で，歯車[1]の歯数 $z_1 = 18$ のとき速度伝達比 $i = 20$ とするためには，歯車[2]，[3]，[4]の歯数 z_2，z_3，z_4 をいくらにすればよいか。ただし，各歯車のモジュールは等しいものとする。

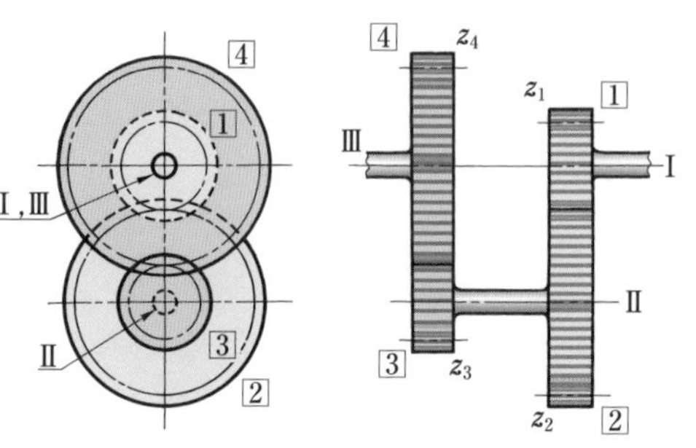

▲図 9-43　歯車列(3)

解答　$i = \dfrac{z_2}{z_1} \cdot \dfrac{z_4}{z_3} = 20$ から，$\dfrac{z_2}{z_1}$ と $\dfrac{z_4}{z_3}$ をなるべく近い二つの値に分けて次のようにする。

$$\frac{z_2}{z_1} = 4 \qquad \frac{z_4}{z_3} = 5 \tag{a}$$

また，モジュールが等しいので，式 (9-10) より，

$$z_1 + z_2 = z_3 + z_4 \tag{b}$$

$$z_1 = 18 \tag{c}$$

式(a)，式(b)，式(c)から，z_2，z_3，z_4 を求めると，

$$z_2 = 18 \times 4 = 72$$

$$z_3 = (z_1 + z_2) - z_4 = (18 + 72) - 5z_3$$

$$= 15$$

$$z_4 = 15 \times 5 = 75$$

答 $z_2 = 72$，$z_3 = 15$，$z_4 = 75$

問 12　図 9-43 で，各歯車のモジュールは等しく，$z_1 = 25$，$z_2 = 75$，$z_3 = 30$ のとき，歯車[1]と[4]の速度伝達比を求めよ。

図 9-43 では，歯車[1]，[4]の軸は同一直線上にあり，歯車[2]，[3]は一体になって回転する。歯車列としては例題 6 と同じ形であるが，このようにすれば歯車列が短くなり，場所をとらない特徴がある。

歯車列の軸が交わるときには，かさ歯車を用いる。また，大きな減速を必要とするときには，ウォームギヤを使うことがある。

例題 8

図 9-44 で [1], [2] は平歯車, [3], [4] はかさ歯車, [5] はウォーム, [6] はウォームホイールである。$z_1 = 20$, $z_2 = 36$, $z_3 = 16$, $z_4 = 32$, $z_5 = 3$ 条, $z_6 = 80$ のとき, この歯車列の速度伝達比 i を求めよ。

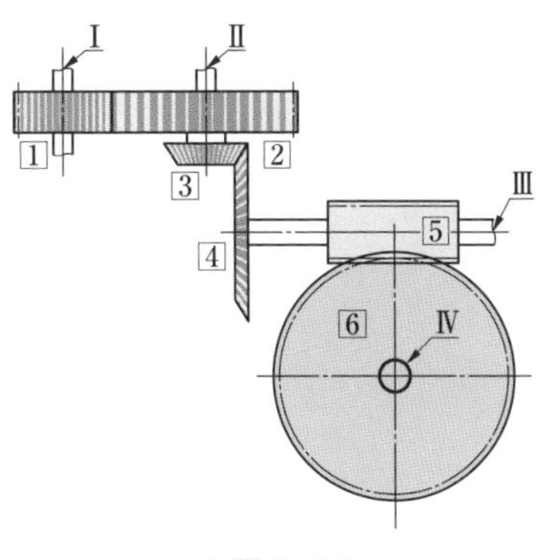

▲図 9-44

解答

$$i = \frac{n_{\mathrm{I}}}{n_{\mathrm{IV}}} = \frac{z_2}{z_1} \times \frac{z_4}{z_3} \times \frac{z_6}{z_5}$$

$$= \frac{36}{20} \times \frac{32}{16} \times \frac{80}{3} = 96$$

答 96

問 13 図 9-44 で, ウォーム[5]の回転速度が $120\ \mathrm{min}^{-1}$ のとき, ウォームホイール[6]と平歯車[1]の回転速度を求めよ。

問 14 図 9-44 で, 平歯車[1]が $1\,200\ \mathrm{min}^{-1}$ で回転をするとき, ウォームホイール[6]の回転速度を求めよ。

2 平行軸歯車装置

工作機械や産業機械の動力源である電動機の回転速度は, 一般に決まっている。一方, 原動機で回される機械類は, 使用条件によって回転速度が異なるため, 原動機との間に速度伝達比をかえることができる変速装置が必要である。

変速装置には, 歯車式のほかに, 電気式, 油圧式, ベルト・チェーンなどの巻掛け式などもある。

1 減速歯車装置

原動機から一定の速度伝達比で減速して機械に動力を伝える装置を減速装置といい, 簡単で確実なものに**減速歯車装置**❶がある。

平歯車式❷は, 最も簡単な装置で大動力用に適する。1 組の平歯車の減速は低速用で 7 程度, 高速用で 5 程度くらいまでであるから, 大きい減速には 2 段・3 段の減速とすることもある。

一般には, **はすば歯車式**❸が多く使われている。図 9-45 は, はすば歯車を用いた減速装置の例である。

ウォームギヤ式❹は, 小形でしかも大幅な減速ができる特徴があり,

❶reduction gears
❷spur gear type
❸helical gear type
❹worm gear type

減速装置によく使われる。しかし，機械効率が悪く，強力な伝動には不適当である。

▲図 9-45　減速歯車装置

2 変速歯車装置

原動軸の一定な回転速度を，歯車の切り換えによって，従動軸を複数の回転速度にかえる装置を**変速歯車装置**❶という。

従動軸の複数の回転速度の数列を**速度列**❷といい，工作機械・自動車などの速度列は等比数列になっている。

図 9-46，図 9-47 は変速歯車装置の例である。

❶speed change gears

❷speed train

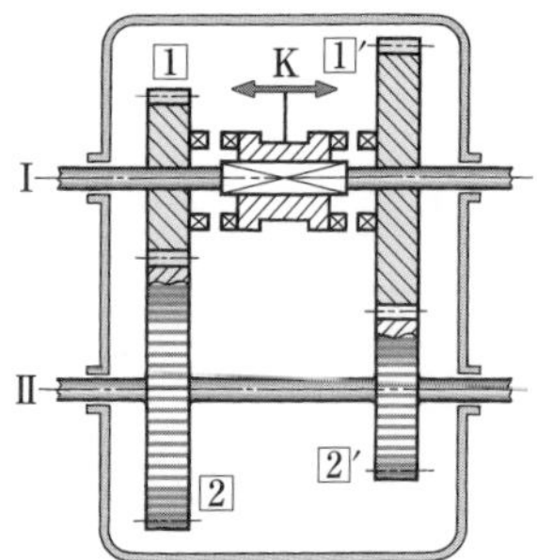

原動軸 I および従動軸 II に速度伝達比の違う 2 組の歯車 1，2 および 1′，2′を取りつける。1 と 1′は I 上で空転できるようにし，2 と 2′は II に固定する。滑りキーによって，I に取りつけられたクラッチ K を 1 にかみあわせると 1 と 2 の伝動になり，1′にかみあわせると 1′と 2′の伝動になる。

▲図 9-46　クラッチによる変速歯車装置

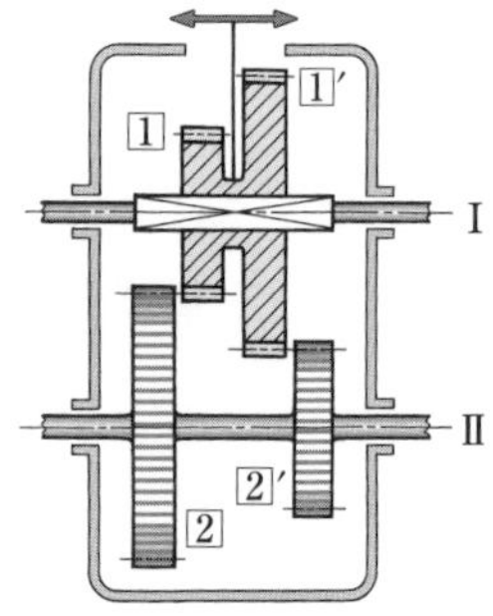

歯数の違う歯車 1，1′を一体にして，滑りキーによって原動軸 I に取りつけ，これらとかみあう歯車 2，2′を従動軸 II に固定する。I 上の歯車を滑らせて，1 と 2，または 1′と 2′をかみあわせることによって，II に 2 通りの回転速度が与えられる。

▲図 9-47　滑り歯車による変速歯車装置

3 遊星歯車装置

図 9-48 で，歯車[1]と腕Aは固定軸 I を軸としてたがいに自由に回転できる。この腕Aの先端に歯車[2]を取りつけ，歯車[1]とかみあうようにする。

いま，歯車[1]を固定し，腕Aを軸 I のまわりに回転させると，歯車[2]は軸 II を中心として自転しながら，歯車[1]のまわりを公転する。このような機構を**遊星歯車装置**❶といい，歯車[1]を**太陽歯車**❷，歯車[2]を**遊星歯車**❸という。この歯車装置は，小形で大きな減速比が得られ，入出力軸が同心になるなどの特徴がある。

❶planetary gears
❷sun gear
❸planet gear

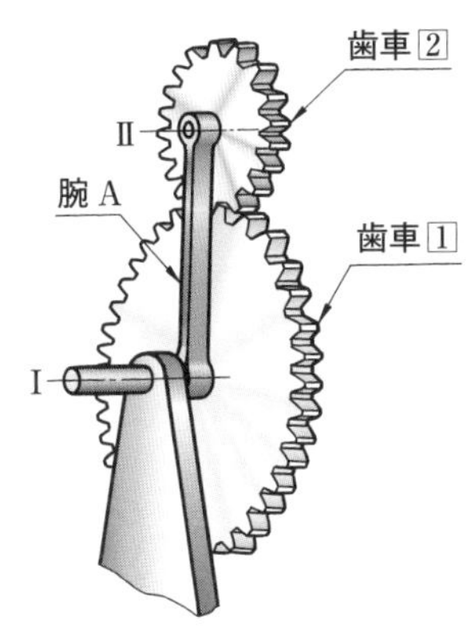

▲図 9-48　遊星歯車装置

▼表 9-13　のりづけ法による解法

	腕A	[1]	[2]
1)　全体のりづけ	＋1	＋1	＋1
2)　腕固定	0	－1	＋4
3)　正味回転数	＋1	0	＋5

この図で歯車[1]，[2]の歯数をそれぞれ 80，20 とし，[1]を固定して腕Aを左まわりに 1 回転させたとき，[2]の回転方向と回転数を求めるには，表 9-13 にしたがって，左まわりを(＋)，右まわりを(－)として，次のように考えるとよい。

1)　[1]，[2]，腕A全体をのりづけして，たがいの動きを止め，全体を軸 I を中心に ＋1 回転する。

2)　次に，のりづけを解き，腕Aを固定して[1]を －1 回転させる。[1]，[2]は外かみあいなので，[2]の回転方向は[1]と逆になり，[1]の －1 回転に対し，[2]の回転数は，$-(-1)\times\dfrac{80}{20}=+4$ となる。

3)　腕A，歯車[1]，[2]の正味回転数は，1)，2)の回転数の和であるから，[2]の回転数は，$+1+4=+5$ となる。

このように回転方向と回転した数を求める方法を**のりづけ法**という。

問 15　図 9-48 で，歯車[1]，[2]の歯数が，それぞれ 60，12 のとき，[1]を固定して腕Aを ＋5 回転すると，[2]は何回転するかを求めよ。

問 16　図 9-49 で，歯車[1]，[2]，[2′]，[3]の歯数が，それぞれ 51，50，51，50 のとき，[1]を固定して腕Aを ＋ 1 回転すると，[3]は何回転するかを求めよ。

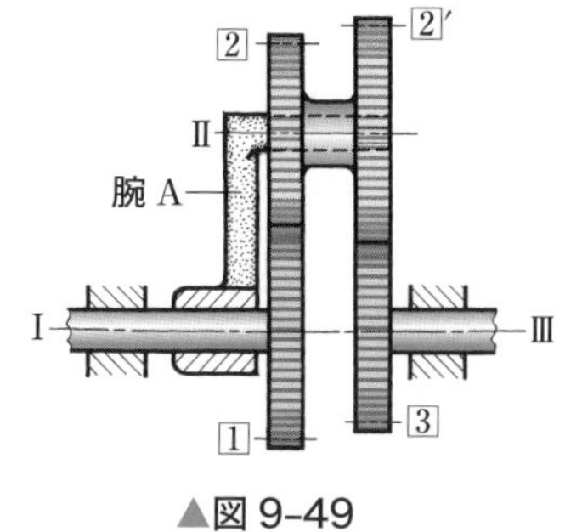

▲図 9-49

例題 8

図 9-50 は，自転車の変速機構などに使われている遊星歯車装置の例である。固定軸 I を中心として回転する腕Aに取りつけられた歯車[2]と，I を軸としてこれに外かみあいする歯車[1]および内かみあいする歯車[3]がある。歯車[1]，[2]，[3]の歯数をそれぞれ 40，20，80 として，腕Aが ＋ 3 回転，歯車[1]が ＋ 1 回転するとき，歯車[2]，[3]はそれぞれ何回転するかを求めよ。

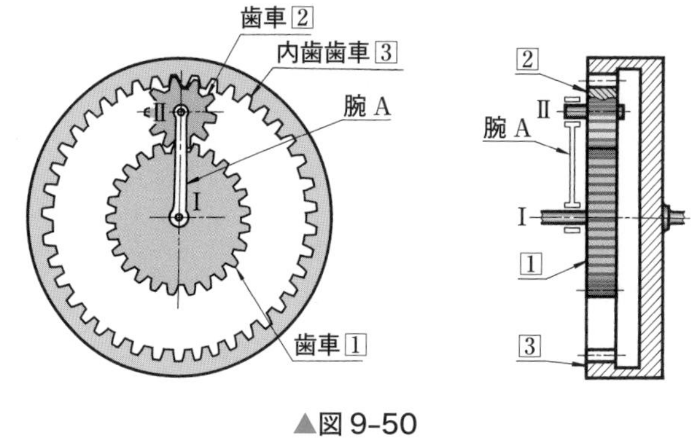

▲図 9-50

解答　1)　全体をのりづけして ＋ 3 回転する。

2)　腕Aを固定し，[1]を － 2 回転させたときの歯車[2]，[3]の回転数を算出する。

3)　1)と2)を合計する。

以上をまとめると，次の表 9-14 のようになる。

▼表 9-14

	腕A	[1]	[2]	[3]
1)　全体のりづけ	＋ 3	＋ 3	＋ 3	＋ 3
2)　腕固定	0	－ 2	$-(-2) \times \frac{40}{20} = +4$	$+4 \times \frac{20}{80} = +1$
3)　正味回転数	＋ 3	＋ 1	＋ 7	＋ 4

答 [2]は ＋ 7 回転，[3]は ＋ 4 回転

問 17 図 9-50 で，歯車[1]，[2]，[3]の歯数をそれぞれ 60，20，100 とし，[1]を − 1 回転すると同時に腕Aを − 6 回転するとき，歯車[2]，[3]はそれぞれ何回転するかを求めよ。

3 かさ歯車装置

四輪自動車の左右の駆動輪は自動車が直進するときは同じ回転速度であるが，旋回するときは外側の車輪は内側の車輪よりも速く回転しなければ，滑りを生じる。図 9-51 は自動車の**終減速装置**❶で，減速小歯車[1]，減速大歯車[2]で構成される減速歯車装置と，外側の車輪を速くする分だけ内側の車輪を遅くする**差動歯車装置**❷で構成されている。

減速大歯車[2]に固定された差動歯車箱Hは，差動小歯車[4]，[4]′ の軸を支えており，左右の車輪に連結する差動大歯車[3]，[3]′ がこれにかみあっている。推進軸の回転は，減速小歯車[1]から[2]に伝わり[2]を回す。H は[2]と一体になって回り，H の中の[3]，[4]，[3]′，[4]′ も一体となって回るので，左右の車輪は同一回転をする。いま，100 の回転が伝えられているとき，左旋回によって左車輪に抵抗が加わり，回転が 10 だけ落ちると，その分だけ[3]′ から[4]，[4]′ を経て[3]を逆向きに (速く) 回すため，左車輪は 90，右車輪は 110 の回転をすることになる。

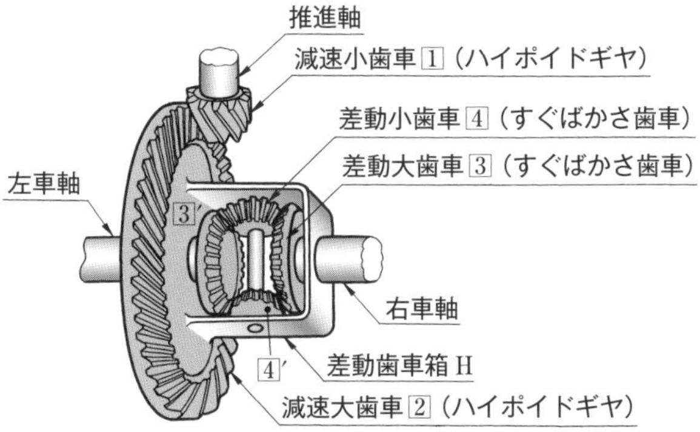

❶final reduction gears；図 9-51 は，後輪駆動車の例。一般的な前輪駆動車では，はすば歯車を減速歯車として用いる。

❷differential gears

▲図 9-51　自動車の終減速装置

問 18 図 9-51 において，左車輪がまったく回転できない状態になったときは，右車輪の回転はどうなるか。

節末問題

1 図 9-43 の歯車装置で，$z_1 : z_2 = 2 : 3$，$z_3 : z_4 = 1 : 2$，中心距離を 150 mm，モジュールを 4 mm とするとき，それぞれの歯数を求めよ。

2 図 9-41 のような歯車列で，速度伝達比を 45 としたときの各歯車の歯数を求めよ。なお，歯車は，歯数 20 から 5 とびに 120 まで，各 1 個ずつあるものとする。

3 図 9-52 は，3 個の同じ歯車[2]が腕Aによって連結され，内歯車[1]および外歯車[3]とかみあっている。[1]を固定し，腕Aを $+ 50\ \mathrm{min^{-1}}$ で回転するとき，歯車[3]の回転速度を求めよ。

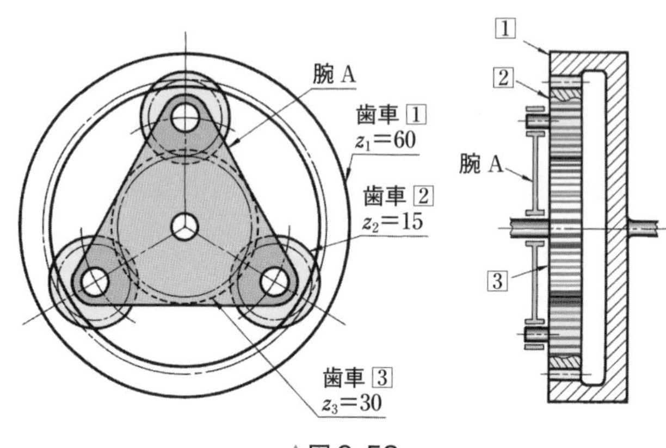

▲図 9-52

4 節末問題 3 で，腕Aが $50\ \mathrm{min^{-1}}$ で左回転すると同時に[1]が腕Aと逆向きに $50\ \mathrm{min^{-1}}$ で回転するとき，[3]の回転速度を求めよ。

Challenge

歯車変速装置の実例を調べて，なぜその組み合わせが用いられているのかを考えてみよう。

第10章

ベルト・チェーン

離れた軸に回転や動力を伝える最も簡単な機械要素が，ベルトやチェーンである。ベルトやチェーンは，回転や動力を伝えるだけではなく，品物の搬送にも利用される。また，ベルトなどは，機械式の無段変速装置にも使われている。

この章では，ベルトやチェーン伝動にはどのような種類がありどのような特徴があるのだろうか，ベルトやチェーンはどのように使えばよいだろうか，ベルトなどを利用した機械式無段変速装置にはどのようなものがあるだろうか，などについて調べる。

図は，18世紀後期のヨーロッパの旋盤工場である。弟子が大きな車輪を回し，綱によって旋盤の主軸に回転を伝える。綱を途中で交差（たすき掛け）させて綱の摩擦力を増やすくふうをしている。旋盤師が刃物の長い柄の端を肩にあてて刃物にかかる力を受ける姿も興味深い。こんにちのベルト駆動のもとになっている。

ベルト（ディデロ百科事典）

1 節

ベルトによる伝動

ベルト伝動▶

2 軸間で動力を伝達する場合，軸間の中心距離が大きくなると，歯車や摩擦車の直接接触による方法は不可能となるため，2 軸に取りつけた車にベルトやチェーンなどを巻きかけて伝動する方法が用いられる。

ここでは，ベルトとプーリにより動力を伝達するベルト伝動について調べてみよう。

1 ベルト伝動の種類

古くから用いられている**ベルト伝動**[1]は，図 10-1 のように，皮やゴムなどでつくられた**平ベルト**[2]によるものであった。しかし，ベルト伝動は，ベルトと**プーリ**[3]の間の摩擦力によって動力を伝えるものであるから，平ベルトでは滑りがかなり大きく，大動力を伝えるためには，幅の広いベルトをつくらなければならない。

そのために，大きな動力を伝えたいときには，平ベルトより滑りが少なく，ベルトの本数を増すことができる図 10-2 のような**V ベルト**[4]伝動が考え出された。

その後，屈曲性にすぐれている平ベルトと，接触面積が大きく伝動能力にすぐれているVベルトの特徴をあわせもった**Vリブドベルト**[5]伝動が考え出された。近年，V リブドベルト伝動は，自動車補機駆動用をはじめ，さまざまな分野で普及している。

しかし，V ベルト伝動やVリブドベルト伝動も摩擦力による伝動のために滑りをともなうので，回転を正確に伝えることはできない。

❶belt drive
❷flat belt
❸pulley；ベルト伝動に使われるベルト車をプーリという。直径の大きいほうのプーリを大プーリ，小さいほうのプーリを小プーリという。
❹V-belt
❺V-ribbed belt；p.81 表 10-1 参照。

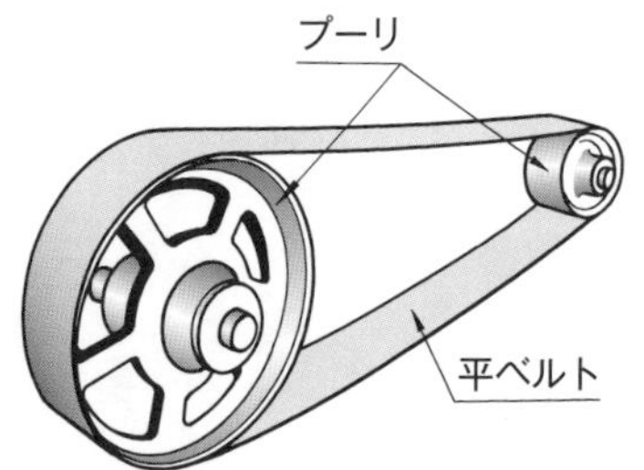

▲図 10-1　平ベルト伝動

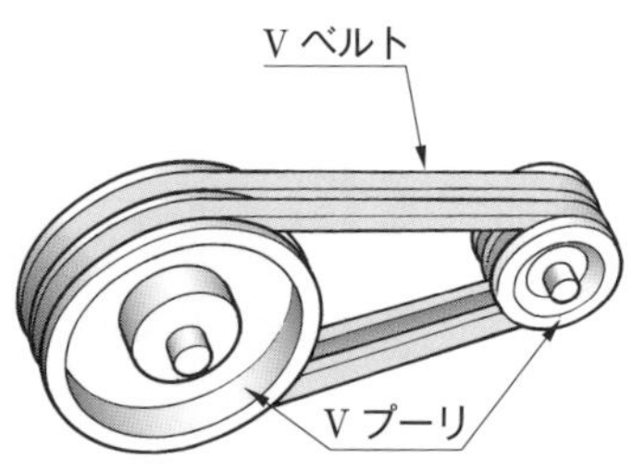

▲図 10-2　Vベルト伝動

図 10-3 はベルトの裏側に歯をつけた**歯付ベルト**❶である。かみあう歯付プーリによる伝動になるので，滑りがなく，回転を正確に伝えることができる。また，回転は滑らかで，高速でも騒音や振動も少なく，事務機械・通信用機器・家電機器・自動車などに広く使われている。

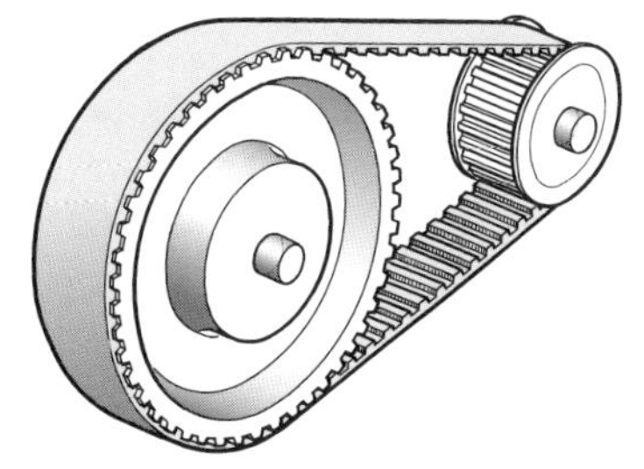

▲図 10-3　歯付ベルト伝動

❶synchronous belt, toothed belt, timing belt

2 Vベルト伝動

1 Vベルト伝動の特徴

図 10-2 に示したVベルト伝動は，次のような特徴がある。

① 回転速度の範囲が大きくとれる。

② 回転比❷を任意に決めることができる。

③ 歯車に比べて軸間距離の精度が低くてもよい。

④ 騒音が小さい。

⑤ ベルト交換などのメンテナンス❸が容易である。

⑥ 潤滑の必要がない。

⑦ 安価で入手しやすい。

Vベルト伝動に使われるVベルト車は，**Vプーリ**❹とよばれる。

表 10-1 におもなVベルトの種類を示す。

❷速度伝達比と同義である。

❸保守・点検など。

❹V-grooved pulley

❺classical V-belt

❻narrow V-belt

❼variable speed V-belt

▼表 10-1　おもなVベルトの種類

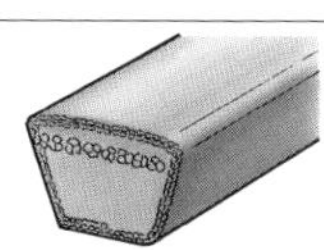 一般用Vベルト❺	従来，最も多く使用されてきたが，最近は細幅Vベルトの採用が増えている。入手，交換が容易である。伝動時のベルト速度は最高 30 m/s 程度である。
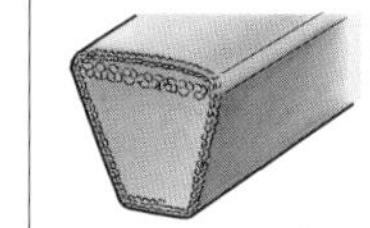 細幅Vベルト❻	一般用Vベルトと比較して，厚さが厚く，幅が狭い。一般用Vベルトに比べて性能が大幅に向上し，寿命も長く，同一の伝動条件ならば，装置を小形にでき，高速伝動にも適するなどの特徴をもつため，普及が拡大している。伝動時のベルト速度は最高 40 m/s 程度である。
 変速用Vベルト❼	ベルト式の無段変速装置に使用される。変速範囲を大きくするため，ベルトの幅が広く厚さが薄い。ベルトの底面は波形構造で屈曲性が高く，小径のプーリの溝にもよくなじむ特徴がある。
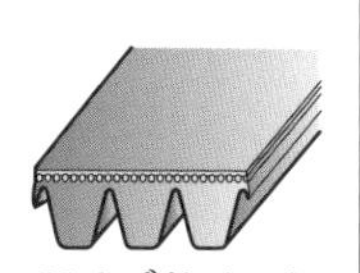 Vリブドベルト	複数の溝があるプーリとかみあって動力伝達を行うため，プーリの溝部に似た形状のリブを設けたベルト。プーリとの接触面積が大きく，高速で高効率の伝動が可能である。ベルトの背面を使用することができるため，Vベルトに比べて装置自体を小さくすることができ，多軸伝動でも使用できる特徴がある。伝動時のベルトの速度は最高 50 m/s 程度である。

表 10-1 のような特徴から，Vベルト伝動では，細幅Vベルト❶・Vプーリが広く用いられている。

図 10-4 に示すVベルト伝動装置は，V字の溝幅を狭めたり広げたりできる可変プーリで，Vベルトの接触位置を変えることによって，回転速度を無段階に変速することができる。このような装置をベルト式の**無段変速装置**という。

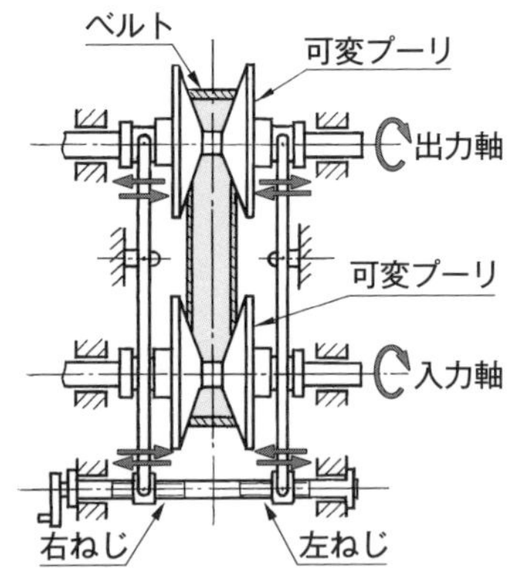

▲図 10-4　ベルト式無段変速装置

❶ベルトの上側の幅が広いと，図のようにベルトの側面に作用する圧縮力によってベルトの断面形状が中凹に変形し，ベルトの寿命が短くなる。中凹の変形をおさえるため，ベルトの厚みを一般用Vベルトより 30 %ほど大きくしたものが細幅Vベルトである。

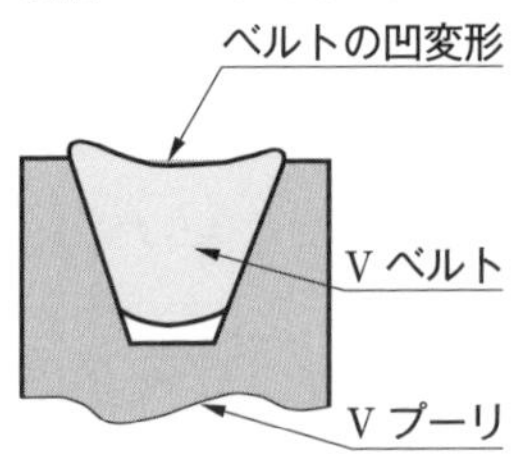

2　Vベルト

Vベルトは，ゴムを主材料として継ぎ目のない環状に製造される。大きな張力に耐えるように，ポリエステルコードなどを心線(しんせん)❷として用いる。

細幅Vベルトは，断面形状の小さなものから順に 3V，5V，8V の 3 種類が JIS に規定されている。表 10-2 に細幅Vベルトと一般用Vベルトの形状と引張強さを，表 10-3 に細幅Vベルトの**呼び番号**❸と長さを示す。

❷ベルトの張力に耐えるように，ベルト内に入れる糸などをいう。

❸細幅Vベルトの呼び番号は，長さをインチ（1インチ ≒ 25.4 mm）で表した数の 10 倍の数値で表される。

▼表 10-2　細幅Vベルトと一般用Vベルトの形状と引張強さ

細幅Vベルト				一般用Vベルト			
種類	b_t [mm]	h [mm]	引張強さ* [kN]	種類	b_t [mm]	h [mm]	引張強さ* [kN]
3V	9.5	8.0	2.3 以上	M	10.0	5.5	1.2 以上
5V	16.0	13.5	5.4 〃	A	12.5	9.0	2.4 〃
8V	25.5	23.0	12.7 〃	B	16.5	11.0	3.5 〃
				C	22.0	14.0	5.9 〃
				D	31.5	19.0	10.8 〃

注　＊Vベルト 1 本あたりの引張強さ。（JIS K 6323：2008，JIS K 6368：1999 による）

▼表 10-3　細幅Vベルトの呼び番号と長さ

呼び番号	長さ [mm] 3V	5V	8V	呼び番号	長さ [mm] 3V	5V	8V
425	1 080	−	−	670	1 702	1 702	−
450	1 143	−	−	710	1 803	1 803	−
475	1 207	−	−	750	1 905	1 905	−
500	1 270	1 270	−	800	2 032	2 032	−
530	1 346	1 346	−	850	2 159	2 159	−
560	1 422	1 422	−	900	2 286	2 286	−
600	1 524	1 524	−	950	2 413	2 413	−
630	1 600	1 600	−	1 000	2 540	2 540	2 540

（JIS K 6368：1999 による）

3 Vプーリ

Vプーリは，一般に鋳鉄製であるが，高速用には鋳鋼製のものもある。表 10-4 に，細幅Vプーリの溝部の形状と寸法を示す。

Vプーリの溝部の形状はVベルトの形状に合わせるが，Vベルトは，曲げられると図 10-5 に示すように外側の幅は狭まり内側は広がり，Vベルトの角度 α_{b1} は 40° より小さくなる。

また，細幅Vベルトは，一般用Vベルトに比べると，厚さが幅に対して大きい。そのために，ベルトがプーリの溝にくい込みすぎて，プーリの溝の傾斜面との摩擦が大きくなりすぎることがある。これに対応するために，大きな呼び外径のVプーリの溝の角度は，Vベルトの角度を 40° より大きくする。

以上のことから，Vプーリの溝の角度 α は，表 10-4 に示すように，Vプーリの**呼び外径**に応じて異なる。

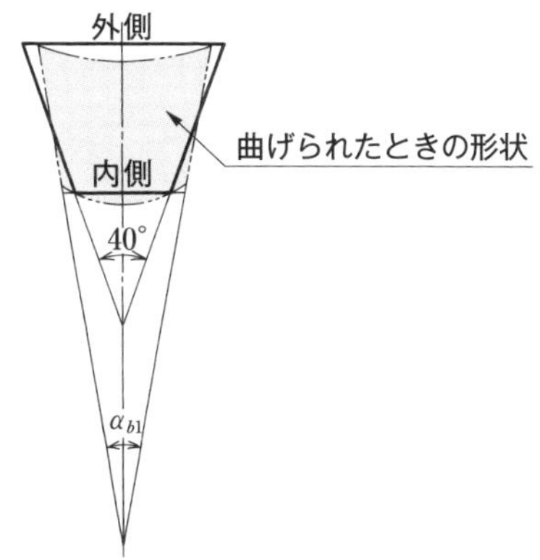

▲図 10-5　Vベルトの変形

▼表 10-4　細幅Vプーリの溝部の形状と寸法

[単位 mm]

細幅Vベルトの種類	呼び外径 d_e	α [°]	b_e	h_g	k (標準寸法)	f (最小寸法)
3V	67 以上　90 以下	36±0.5	8.9 ±0.13	$9^{+0.5}_{0}$	0.6	8.7
	90 を超え 150 以下	38±0.5				
	150 を超え 300 以下	40±0.5				
	300 を超えるもの	42±0.5				
5V	180 以上 250 以下	38±0.5	15.2 ±0.13	$15^{+0.5}_{0}$	1.3	12.7
	250 を超え 400 以下	40±0.5				
	400 を超えるもの	42±0.5				
8V	315 以上 400 以下	38±0.5	25.4 ±0.13	$25^{+0.5}_{0}$	2.5	19
	400 を超え 560 以下	40±0.5				
	560 を超えるもの	42±0.5				

(JIS B 1855：1991 による)

表 10-5 に細幅 V プーリの呼び外径 d_e と直径 d_m❶ を示す。V プーリの溝の角度と表面性状❷は，V ベルトの寿命や伝動効率に大きく影響するので，角度の精度と表面仕上げに注意する必要がある。

❶ $d_m = d_e - 2k$ である。本書の計算では，d_e を用いる。

❷表面の微細な凹凸や加工によるすじ目などを総称して表面性状という。粗さのパラメータ（表面粗さ）によって規制することが多い。

▼表 10-5　細幅Ｖプーリの呼び外径

［単位 mm］

呼び外径 d_e	直径 d_m	呼び外径 d_e	直径 d_m	呼び外径 d_e	直径 d_m
3V		5V		8V	
67	65.8	180	177.4	315	310
71	69.8	190	187.4	335	330
75	73.8	200	197.4	355	350
80	78.8	212	209.4	375	370
90	88.8	224	221.4	400	395
100	98.8	236	233.4	425	420
112	110.8	250	247.4	450	445
125	123.8	280	277.4	475	470
140	138.8	315	312.4	500	495
160	158.8	355	352.4	560	555
180	178.8	400	397.4	630	625
200	198.8	450	447.4	710	705
250	248.8	500	497.4	800	795
315	313.8	630	627.4	1000	995
400	398.8	800	797.4	1250	1245

（JIS B 1855：1991 による）

問 1　歯車伝動を採用しないで，ベルト伝動にするのはどのような場合であるか調べよ。

4　Ｖベルト使用上の留意事項

Ｖベルトの着脱　Ｖベルトは，継ぎ目のない環状であるので，図 10-6 のテンションプーリなどを緩めてＶベルトの着脱を行う。V プーリの一方の軸が移動できる場合は，軸間距離が短くなるように操作してＶベルトを着脱する。

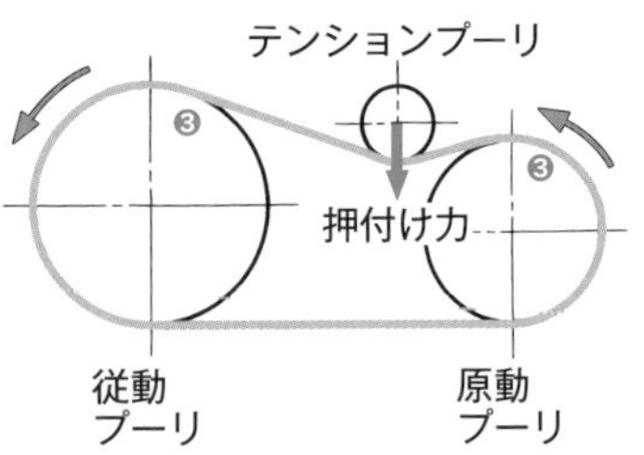

▲図 10-6　テンションプーリ

Ｖベルトの張力調整　ベルトとプーリの摩擦力を利用するＶベルト伝動では，ベルトに適正な張力を与える必要がある。この張力を**初張力**（しょちょうりょく）❹といい，大きすぎれば軸受の負担や摩擦が大きくなり，小さすぎれば滑りが生じ振動も発生しやすくなる。また，V ベルトは使用していると伸びるため，張力の再調整も必要となる。

Ｖベルトの張力は，図 10-6 に示すテンションプーリを使用して調整するか，プーリ軸が移動できる場合は，軸の位置を変えて調整する。

Ｖベルトを多数並べて使用するときは，各ベルトにできるかぎり均一の張力が働くようにする。そのために，ベルトを交換するときは，全部を新しいベルトに換える。

❸駆動する側のプーリを原動プーリ，駆動される側のプーリを従動プーリという。なお，たんにプーリの大小をもって，小さいほうを**小プーリ**，大きいほうを**大プーリ**ともいう。一般に，原動プーリが小プーリ，従動プーリが大プーリとなることが多い。

❹initial tension

5 Vベルト伝動装置

Vベルトは Vプーリの溝にくさび状にくい込むため，プーリの両側面に大きな摩擦力が生じ，滑りが少ない。

図 10-7 には，原動プーリ[1]の回転を従動プーリ[2]へ伝えるVベルト伝動のしくみを表している。それぞれのVプーリの呼び外径を d_{e1} [mm]，d_{e2} [mm]，回転速度を n_1 [min^{-1}]，n_2 [min^{-1}] とする。このとき，V ベルトとVプーリ間に滑りがないものとすると，**回転比** i は，次のようになる。

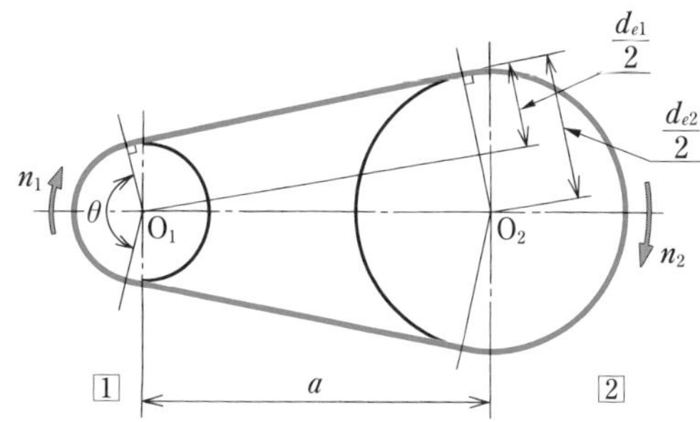

d_{e1}：原動プーリ[1]の呼び外径　a：軸間距離
d_{e2}：従動プーリ[2]の呼び外径　θ：接触角

▲図 10-7　Vベルト伝動のしくみ

$$i = \frac{d_{e2}}{d_{e1}} = \frac{n_1}{n_2} \tag{10-1}$$

動力の伝達はVベルトとVプーリの摩擦力によって行われるので，摩擦力を大きくし滑りを少なくする必要がある。そのために，図に示す原動プーリの接触角❶ θ をできるかぎり大きくする。

図において，軸間距離がプーリの直径に比べてじゅうぶん大きい場合，あるいは回転比が 1 に近い場合，**軸間距離**を❷ a [mm]，原動プーリと従動プーリの呼び外径を d_{e1} [mm]，d_{e2} [mm] とすれば，**ベルトの長さ** L [mm] は，近似的に次の式で与えられる。

$$L = 2a + \frac{\pi}{2}(d_{e2} + d_{e1}) + \frac{(d_{e2} - d_{e1})^2}{4a} \tag{10-2}$$

ベルトの速度 v [m/s] は，n_1 の単位が min^{-1} であるので，

$$v = \frac{\pi d_{e1} n_1}{60 \times 10^3} \tag{10-3}$$

となる。

❶angle of contact；JIS K 6323：2008。ベルトがプーリに巻きついている部分の中心角であり，**巻掛け角**ともいう。

❷JIS K 6323：2008 では，軸間距離の記号はCであるが，本書では混乱を避けるために歯車で用いた記号 a を用いる。

図 10-7 のVベルト伝動装置で原動プーリの呼び外径 $d_{e1} = 160$ mm，従動プーリの呼び外径 $d_{e2} = 250$ mm である。

原動プーリの回転速度 $n_1 = 950$ min^{-1} のとき，従動プーリの回転速度 n_2 はいくらか。また，このときのベルトの速度 v はいくらか。

解答　式 (10-1) より，

$$n_2 = n_1 \frac{d_{e1}}{d_{e2}} = 950 \times \frac{160}{250} = 608 \text{ min}^{-1}$$

ベルトの速度 v は，式 (10-3) より，

$$v = \frac{\pi d_{e1} n_1}{60 \times 10^3} = \frac{\pi \times 160 \times 950}{60 \times 10^3} = 7.96\ \mathrm{m/s}$$

答 608 min^{-1}，7.96 m/s

問 2 図10-7のVベルト伝動装置において，原動プーリの呼び外径 $d_{e1} = 125$ mm，従動プーリの呼び外径 $d_{e2} = 200$ mm，軸間距離 $a = 645$ mm とする。この場合のベルトの長さを求めよ。また，原動プーリの回転速度 n_1 が 1400 min^{-1} のとき，従動プーリの回転速度 n_2 を求めよ。

6 細幅Vベルト伝動装置の設計

Vベルト伝動装置の設計では，一般に，負荷変動，伝達動力，原動軸の回転速度，回転比，おおよその軸間距離などが与えられる。ここでは，これらの条件にもとづいて，次のような手順で適正な細幅Vベルトと細幅Vプーリを選定し，軸間距離を決定する。

●設計動力　伝達動力 P [kW] が同じであっても，使用条件によって設計動力は異なる。そのために，**設計動力** P_d [kW] は，表10-6に示す**負荷補正係数** K_0 を用いて次の式から求める。

$$P_d = K_0 P \tag{10-4}$$

伝達動力とは，一般に電動機の定格出力❶をいう。また，負荷補正係数は，電動機が使用される条件と使用機械の負荷変動の大きさを考慮したものである。

❶安定して長時間運転できる出力をいう。

▼表 10-6　使用機械と負荷補正係数 K_0

負荷変動	使用機械（被動機）	原動機					
		最大出力が定格の 300 % 以下のもの			最大出力が定格の 300 % を超えるもの		
		交流電動機・直流電動機（分巻） 2 気筒以上の内燃機関			直流電動機（直巻） 単気筒内燃機関 クラッチによる運転		
		運転時間			運転時間		
		断続使用（1日 3～5時間使用）	普通使用（1日 8～10時間使用）	連続使用（1日 16～24時間使用）	断続使用（1日 3～5時間使用）	普通使用（1日 8～10時間使用）	連続使用（1日 16～24時間使用）
微小	送風機（7.5 kW 以下），遠心ポンプ，遠心圧縮機，軽荷重用コンベヤなど	1.0	1.1	1.2	1.1	1.2	1.3
小	送風機（7.5 kW を超えるもの），発電機，工作機械，プレス，せん断機，回転ポンプなど	1.1	1.2	1.3	1.2	1.3	1.4
中	往復圧縮機，粉砕機，木工機械など	1.2	1.3	1.4	1.4	1.5	1.6
大	クラッシャ，ミル，ホイストなど	1.3	1.4	1.5	1.5	1.6	1.8

（JIS K 6368：1999 より作成）

◉Vベルトの種類　式 10-4 で求めた設計動力 P_d と原動プーリの回転速度 n_1 を用いて，図 10-8 からVベルトの種類を決める。

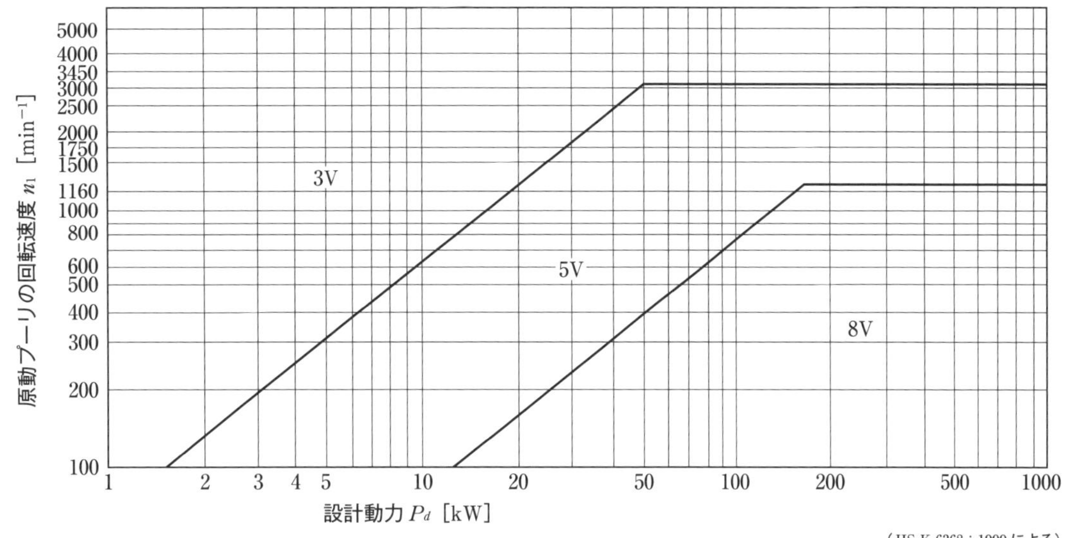

▲図 10-8　細幅Vベルトの種類

◉Vプーリの呼び外径　Vプーリの呼び外径は自由に決められるが，あまり小さいVプーリでは滑りが生じて伝達効率が低下し，Vベルトの寿命も短くなる。表 10-7 にプーリの最小呼び外径を示す。

▼表 10-7　プーリの最小呼び外径

ベルトの種類	プーリの最小呼び外径 [mm]
3V	67
5V	180
8V	315

(JIS B 1855 : 1991 による)

原動プーリの呼び外径 d_{e1} を表 10-5 から決めれば，回転比 i と式 (10-1) より従動プーリの呼び外径 d_{e2} が求められる。この値より大きめで，かつ仕様を満たす呼び外径 d_e を表 10-5 から選定し，従動プーリの呼び外径 d_{e2} を決定する。

◉Vベルトの長さと軸間距離　Vベルトの長さ L [mm] は，式 (10-2) より求めた L に近いものを表 10-3 から選び，呼び番号によって表す。式 (10-2) で使用した軸間距離 a [mm] は仮の値だから，Vベルトの長さ L を用い，次式[❶]によって軸間距離 a を求めなおす。

$$a = \frac{B + \sqrt{B^2 - 2(d_{e2} - d_{e1})^2}}{4} \qquad (10\text{-}5)$$

ただし，$B = L - \dfrac{\pi}{2}(d_{e2} + d_{e1})$

❶式 (10-2) を変形して a を求めるようにした式である。

◉Vベルトの本数　表 10-8 から $\dfrac{d_{e2} - d_{e1}}{a}$ によって**接触角補正係数** K_θ を求め，表 10-9 からVベルトの**長さ補正係数** K_L，表 10-10 から原動プーリの回転速度による**基準伝動容量** P_S と回転比による**付加伝動**

容量 P_a を求め，Ｖベルト１本あたりの**補正伝動容量** P_C を次の式より求める。

$$P_c = (P_s + P_a)K_\theta K_L \qquad (10\text{-}6)$$

▼表 10-8　細幅Ｖベルトの接触角補正係数 K_θ

$\frac{d_{e2}-d_{e1}}{a}$	原動Ｖプーリでの接触角 θ [°]	接触角補正係数 K_θ
0.00	180	1.00
0.10	174	0.99
0.20	169	0.97
0.30	163	0.96
0.40	157	0.94
0.50	151	0.93
0.60	145	0.91
0.70	139	0.89
0.80	133	0.87
0.90	127	0.85
1.00	120	0.82
1.10	113	0.80
1.20	106	0.77
1.30	99	0.73
1.40	91	0.70
1.50	83	0.65

（JIS K 6368：1999 による）

▼表 10-9　細幅Ｖベルトの長さ補正係数 K_L

ベルトの呼び番号	種類			ベルトの呼び番号	種類			ベルトの呼び番号	種類		
	3V	5V	8V		3V	5V	8V		3V	5V	8V
250	0.83	—	—	800	1.04	0.93		2500	—	1.11	1.00
265	0.84			850	1.06	0.94		2650		1.12	1.01
280	0.85			900	1.07	0.95		2800		1.13	1.02
300	0.86			950	1.08	0.96		3000		1.14	1.03
315	0.87			1000	1.09	0.96	0.87	3150		1.15	1.03
335	0.88	—	—	1060	1.10	0.97	0.88	3350	—	1.16	1.04
355	0.89			1120	1.11	0.98	0.88	3550		1.17	1.05
375	0.90			1180	1.12	0.99	0.89	3750			1.06
400	0.92			1250	1.13	1.00	0.90	4000			1.07
425	0.93			1320	1.14	1.01	0.91	4250			1.08
450	0.94		—	1400	1.15	1.02	0.92	4500	—	—	1.09
475	0.95			1500		1.03	0.93	4750			1.09
500	0.96	0.85		1600		1.04	0.94	5000			1.10
530	0.97	0.86		1700		1.05	0.94				
560	0.98	0.87		1800		1.06	0.95				
600	0.99	0.88	—	1900	—	1.07	0.96				
630	1.00	0.89		2000		1.08	0.97				
670	1.01	0.90		2120		1.09	0.98				
710	1.02	0.91		2240		1.09	0.98				
750	1.03	0.92		2360		1.10	0.99				

（JIS K 6368：1999 による）

▼表 10-10　細幅Ｖベルトの基準伝動容量 P_s と付加伝動容量 P_a

［単位 kW/本］

種類	原動プーリの回転速度 [min⁻¹]	P_s 原動プーリの有効直径 [mm]					P_a 回転比		
		80	90	100	112	125	1.58 〜 1.94	1.95 〜 3.38	3.39 以上
3V	575	0.78	0.97	1.16	1.39	1.64	0.09	0.09	0.10
	690	0.91	1.14	1.37	1.64	1.93	0.10	0.11	0.12
	725	0.95	1.19	1.43	1.71	2.02	0.11	0.12	0.13
	870	1.10	1.39	1.67	2.01	2.37	0.13	0.14	0.15
	950	1.19	1.50	1.80	2.17	2.56	0.14	0.16	0.17
	1 160	1.40	1.77	2.14	2.58	3.05	0.17	0.19	0.20
	1 425	1.66	2.11	2.55	3.08	3.63	0.21	0.23	0.25
	1 750	1.96	2.50	3.03	3.66	4.32	0.26	0.29	0.30
	2 850	2.86	3.67	4.47	5.39	6.35	0.43	0.47	0.50
	3 450	3.28	4.22	5.12	6.17	7.24	0.52	0.57	0.60

種類	原動プーリの回転速度 [min⁻¹]	P_s 原動プーリの有効直径 [mm]					P_a 回転比		
		180	190	200	212	224	1.58 〜 1.94	1.95 〜 3.38	3.39 以上
5V	485	4.63	5.09	5.55	6.10	6.65	0.41	0.45	0.48
	575	5.36	5.90	6.44	7.08	7.71	0.49	0.53	0.57
	690	6.26	6.90	7.53	8.28	9.03	0.59	0.64	0.68
	725	6.53	7.20	7.86	8.64	9.43	0.62	0.67	0.71
	870	7.61	8.39	9.17	10.09	11.00	0.74	0.81	0.86
	950	8.19	9.03	9.87	10.86	11.85	0.81	0.88	0.93
	1 160	9.63	10.63	11.62	12.79	13.95	0.99	1.08	1.14
	1 425	11.31	12.49	13.65	15.02	16.37	1.21	1.32	1.40
	1 750	13.15	14.52	15.86	17.43	18.97	1.49	1.62	1.72
	2 850	17.31	19.00	20.60	22.40	24.06	2.43	2.65	2.80

（JIS K 6368：1999 による）

設計動力 P_d と補正伝動容量 P_C から，Vベルトの本数 Z を，次の式より求める。

$$Z = \frac{P_d}{P_C} \tag{10-7}$$

Z の値の小数部を切り上げ，本数を決定する。

7 設計例

次の仕様を満たす細幅Vベルト・Vプーリを選定せよ。

〔仕　様〕
定格出力 $P = 0.75$ kW，原動プーリの回転速度 $n_1 = 1750\ \text{min}^{-1}$ のモータを用い，従動プーリの回転速度 $n_2 \fallingdotseq 450\ \text{min}^{-1}$，1日18時間，定格の300％以下の最大出力で往復圧縮機を運転する。ただし，軸間距離を $a \fallingdotseq 380$ mm とする。

設計動力　表10-6から負荷補正係数を $K_0 = 1.4$ とする。式(10-4)より，

$$P_d = K_0 P = 1.4 \times 0.75 = 1.05\ \text{kW}$$

Vベルトの種類　設計動力1.05 kW，原動プーリの回転速度 $n_1 = 1750\ \text{min}^{-1}$ なので，図10-8から3V形を選ぶ。

Vプーリの呼び外径　3V形のプーリの最小呼び外径は，表10-7より67 mmなので，原動プーリの d_{e1} は，これより大きめにし，表10-5から $d_{e1} = 80$ mmとする。従動プーリの d_{e2} は，式(10-1)より，

$$d_{e2} = \frac{n_1}{n_2} d_{e1} = \frac{1750}{450} \times 80 = 311.1\ \text{mm}$$

表10-5から，これに近い呼び外径 $d_{e2} = 315$ mmのプーリとする。

Vベルトの長さと軸間距離　軸間距離 $a \fallingdotseq 380$ mm，$d_{e1} = 80$ mm，$d_{e2} = 315$ mmだから，式(10-2)より，

$$L = 2a + \frac{\pi}{2}(d_{e2} + d_{e1}) + \frac{(d_{e2} - d_{e1})^2}{4a}$$

$$= 2 \times 380 + \frac{\pi}{2} \times (315 + 80) + \frac{(315 - 80)^2}{4 \times 380} = 1417\ \text{mm}$$

となり，表10-3から，Vベルトは呼び番号560，長さ1422 mmとする。式(10-5)において，

$$B = L - \frac{\pi}{2}(d_{e2} + d_{e1}) = 1422 - \frac{\pi}{2} \times (315 + 80) = 801.5\ \text{mm}$$

となるので，

$$a = \frac{B + \sqrt{B^2 - 2(d_{e2} - d_{e1})^2}}{4}$$

$$= \frac{801.5 + \sqrt{801.5^2 - 2 \times (315 - 80)^2}}{4} = 382.7 \fallingdotseq 383\ \mathrm{mm}$$

●Vベルトの本数　表 10-8 から，$\dfrac{d_{e2} - d_{e1}}{a} = \dfrac{315 - 80}{382.7} = 0.6141$ より，接触角補正係数 $K_\theta = 0.91$ である。表 10-9 から，ベルトの呼び番号を 560 としたので，ベルトの長さ補正係数 $K_L = 0.98$ である。表 10-10 から，原動プーリの回転速度 $1750\ \mathrm{min}^{-1}$ では，基準伝動容量 $P_S = 1.96\ \mathrm{kW}$，回転比は式 (10-1) より，$i = \dfrac{315}{80} = 3.94$ だから，付加伝動容量 $P_a = 0.30\ \mathrm{kW}$ である。Vベルト 1 本あたりの補正伝動容量 P_C は，式 (10-6) より，

$$P_C = (P_S + P_a)K_\theta K_L$$

$$= (1.96 + 0.30) \times 0.91 \times 0.98 = 2.015\ \mathrm{kW}$$

となる。Vベルトの本数 Z は，式 (10-7) より，

$$Z = \frac{P_d}{P_C} = \frac{1.05}{2.015} = 0.521$$

となるので，Vベルトの本数は，1 本とする。

●まとめ

細幅Vベルト：3V 形，呼び番号 560，本数 1

細幅Vプーリ：呼び外径 $d_{e1} = 80\ \mathrm{mm}$，$d_{e2} = 315\ \mathrm{mm}$

軸間距離：$a = 383\ \mathrm{mm}$

3 歯付ベルト伝動

1 歯付ベルト伝動の特徴

図 10-9 に示すようなベルトとプーリの歯のかみあいによって行われる歯付ベルト伝動には，次のような特徴がある。

① 同期伝動[❶]が可能である。

② 滑りがないため効率がよい。

③ 高速伝動にも適している。

④ 装置が小形にできる。

⑤ 初張力は小さくてよい。

このような特徴から，歯付ベルト伝動は，一般産業用機械をはじめ，事務機械や自動車など各分野で広く使われている。

❶原動プーリの回転が従動プーリに，遅れや進み（滑り）がなく伝えられること。

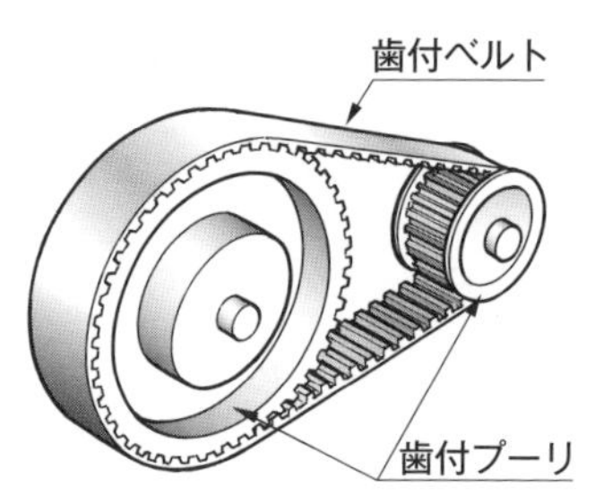

▲図 10-9　歯付ベルトと歯付プーリ

2 歯付ベルトの種類と長さ

一般用台形歯形歯付ベルトは，心線に鋼線や合成繊維などを使用したゴム製で，継ぎ目のない環状につくられている。ベルトの歯形は，表 10-11 に示すように MXL，XXL，XL，L，H，XH，XXHの 7 種類で，片面歯付と両面歯付がある。表 10-12 に，おもな一般用台形歯形歯付ベルトの基準寸法などを示す。

なお，両面歯付ベルトには，ベルトの背面を利用した多軸伝動や，ギヤのような逆回転駆動が可能などの特徴がある。

▼表 10-11　一般用台形歯形歯付ベルトの種類

歯　形	基準歯ピッチ (mm)	種　類	
		片面歯付ベルト	両面歯付ベルト
MXL	2.032	MXL	DMXL
XXL	3.175	XXL	—
XL	5.080	XL	DXL
L	9.525	L	DL
H	12.700	H	DH
XH	22.225	XH	—
XXH	31.750	XXH	—

(JIS B 1856：2018 による)

▼表 10-12　おもな一般用台形歯形歯付ベルトの基準寸法と許容張力

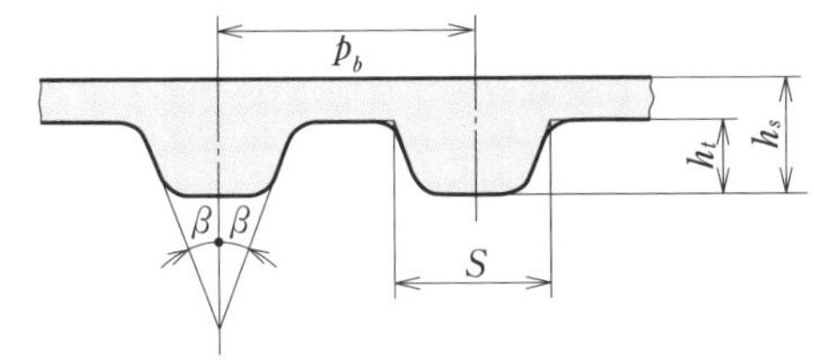

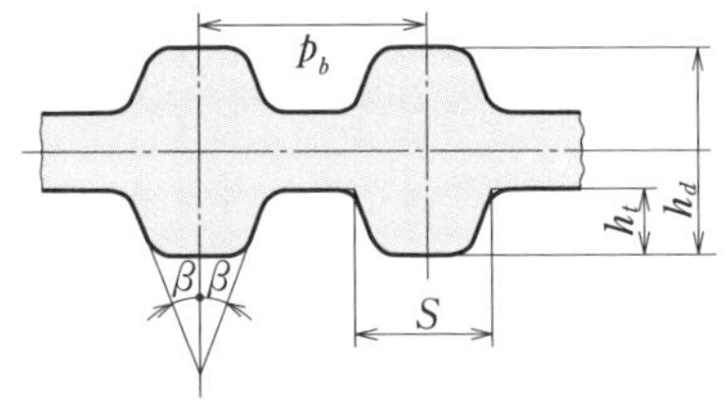

	記　号	片面歯付ベルトの種類					両面歯付ベルトの種類		
		XL	L	H	XH	XXH	DXL	DL	DH
寸法	p_b [mm]	5.080	9.525	12.700	22.225	31.750	5.080	9.525	12.700
	2β [°]	50	40	40	40	40	50	40	40
	S [mm]	2.57	4.65	6.12	12.57	19.05	2.57	4.65	6.12
	h_t [mm]	1.27	1.91	2.29	6.35	9.53	1.27	1.91	2.29
	h_s [mm]	2.3	3.6	4.3	11.2	15.7			
	h_d [mm]						3.05	4.58	5.95
引張試験	引張強さ [kN/25.4 mm]	2.0 以上	2.7 以上	6.8 以上	9.4 以上	10.8 以上	2.0 以上	2.7 以上	6.8 以上
	許容張力 F_a [N]	182	244	623	849	1 040	182	244	623

(JIS B 1856：2018 より作成)

歯付ベルト伝動装置の設計では，一般に，伝達動力，原動プーリの回転速度，回転比，およその軸間距離などをもとに，細幅Vベルトとほぼ同様の進めかたで設計を行う。

まず，負荷補正係数 K_0 を用いて，式 (10-4) より設計動力 P_d を求める。次に，設計動力と原動プーリの回転速度を用いて，図 10-10 からベルトの種類を選ぶ。

原動プーリは，ベルトの寿命に影響するので，あまり小さい直径のものは選ばないようにする。従動プーリの歯数 z_2 は，原動プーリの歯数 z_1 と回転比 i から次式により求める。

$$z_2 = iz_1 \qquad (10\text{-}8)$$

歯付ベルトの長さLは式(10-2)から求め❶，最も近いものを表10-13❷から選ぶ。軸間距離aは，式(10-5)から求める。

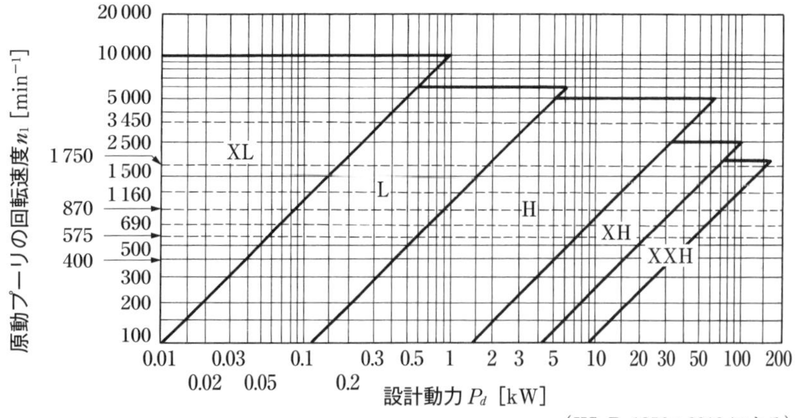

(JIS B 1856：2018による)

▲図10-10　おもな一般用台形歯形歯付ベルトの種類の選定

▼表10-13　おもな一般用台形歯形歯付ベルトの長さと歯数

呼び長さ	ベルト長さ [mm]	種類					長さの許容差 [mm]
		XL	L	H	XH	XXH	
		歯数	歯数	歯数	歯数	歯数	
210	533.40	105	56	—	—	—	±0.61
220	558.80	110	—	—	—	—	
225	571.50	—	60	—	—	—	
230	584.20	115	—	—	—	—	
240	609.60	120	64	48	—	—	
250	635.00	125	—	—	—	—	
255	647.70	—	68	—	—	—	
260	660.40	130	—	—	—	—	
270	685.80	—	72	54	—	—	
285	723.90	—	76	—	—	—	
300	762.00	—	80	60	—	—	

(JIS B 1856：2018による)

3　歯付ベルトの幅

細幅Vベルトでは，設計動力に合うベルト本数を決めたが，歯付ベルトでは，設計動力に合うベルト幅を決める。

ベルト幅b [mm]は，一般に，式(10-4)の設計動力P_d [kW]を用いて，次式により与えられる。

$$b \geqq \frac{P_d}{\left(\dfrac{P_r}{25.4}\right)} \qquad (10\text{-}9)$$

P_rは，基準寸法のベルトが標準状態で一定時間伝動できる動力で，

❶ 式(10-2)，式(10-5)のd_{e1}を原動プーリのピッチ円直径d_1，d_{e2}を従動プーリのピッチ円直径d_2として求める。p.93図10-11参照。

❷呼び長さは，60(長さ152.4 mm)から1800(4572.0mm)まである。

基準伝動容量という。基準伝動容量 P_r [kW] は，高速回転による遠心力の影響がないものとし，原動プーリのピッチ円直径❶を d [mm]，原動プーリの回転速度を n [min^{-1}]，表 10-12 に示す規定ベルト幅❷の許容張力を F_a [N] とすれば，次式より求められる。

$$P_r = 0.5236 \times 10^{-7} dnF_a \qquad (10\text{-}10)$$

式 (10-9) より求めたベルト幅 b を満足するように，表 10-14 からベルト呼び幅❸を決める。

❶図 10-11 参照。

❷規定ベルト幅は，25.4 mm。ただし，MXL，DMXL，XXL は，6.4 mm。
(JIS B 1856：2018)

❸ベルト呼び幅の番号は，幅の寸法をインチで表した数の 100 倍の数で表される。

▼表 10-14　おもな一般用台形歯形歯付ベルトの幅

種類	ベルト呼び幅	ベルト幅 [mm]
XL	025	6.4
	031	7.9
	037	9.5
L	050	12.7
	075	19.1
	100	25.4
H	075	19.1
	100	25.4
	150	38.1
	200	50.8
	300	76.2

種類	ベルト呼び幅	ベルト幅 [mm]
XH	200	50.8
	300	76.2
	400	101.6
XXH	200	50.8
	300	76.2
	400	101.6
	500	127.0

(JIS B 1856：2018 による)

問 3　歯付ベルト伝動において，原動・従動プーリのピッチ円直径を $d_1 = 22.64$ mm，$d_2 = 45.28$ mm，軸間距離 $a \fallingdotseq 250$ mm としたときのベルトの長さを決めよ。

4　歯付プーリ

一般用台形歯形歯付プーリは，その歯形および基準歯ピッチによって，ベルト同様，MXL から XXH の 7 種類ある。また，歯形には，インボリュート歯形と直線歯形がある。図 10-11 にかみあい部のおもな名称，表 10-15 におもな一般用台形歯形歯付プーリの基準寸法を示す。

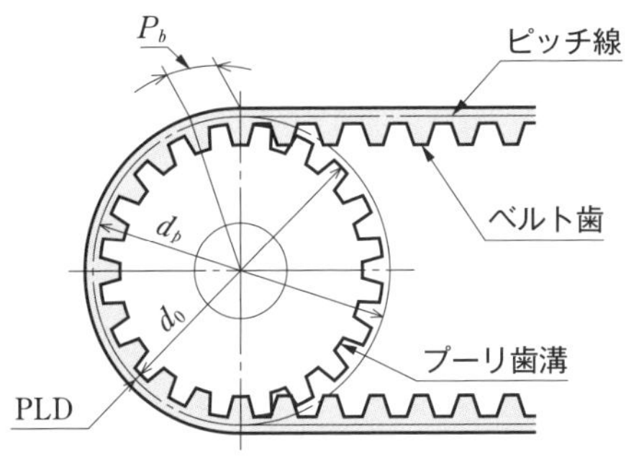

P_b：歯ピッチ（円ピッチ）
d_p：ピッチ円直径
d_0：歯先円直径

PLD：Pitch Line Differential の略で，ピッチ円直径と歯先円直径との差の 1/2 である。

(JIS B 1856：2018 による)

▲図 10-11　歯付ベルト伝動のかみあい部のおもな名称

▼表 10-15　おもな一般用台形歯形歯付プーリの基準寸法

[単位 mm]

種類 歯数＼直径	XL		L		H		XH		XXH	
	d_p	d_0	d_p	d_0	d_p	d_0	d_p	d_0	d_p	d_0
20	32.34	31.83	60.64	59.88	80.85	79.48				
(21)	33.96	33.45	63.67	62.91	84.89	83.52				
22	35.57	35.07	66.70	65.94	88.94	87.56	155.64	152.84	222.34	219.29
(23)	37.19	36.63	69.73	68.97	92.98	91.61	162.71	159.92	232.45	229.40
24	38.81	38.30	72.77	72.00	97.02	95.65	169.79	166.99	242.55	239.50
25	40.43	39.92	75.80	75.04	101.06	99.69	176.86	174.07	252.66	249.61
26	42.04	41.53	78.83	78.07	105.11	103.73	183.94	181.14	262.76	259.72
(27)	43.66	43.15	81.86	81.10	109.15	107.78	191.01	188.22	272.87	269.82
28	45.28	44.77	84.89	84.13	113.19	111.82	198.08	195.29	282.98	279.93
30	48.51	48.00	90.96	90.20	121.28	119.90	212.23	209.44	303.19	300.14
32	51.74	51.24	97.02	96.26	129.36	127.99	226.38	223.59	323.40	320.35
36	58.21	57.70	109.15	108.39	145.53	144.16	254.68	251.89	363.83	360.78
40	64.68	64.17	121.28	120.51	161.70	160.33	282.98	280.18	404.25	401.21
48	77.62	77.11	145.53	144.77	194.04	192.67	339.57	336.78	485.10	482.06
60	97.02	96.51	181.91	181.15	242.55	241.18	424.47	421.67	606.38	603.33

備考.（　）内の歯数は，なるべく用いないことが望ましい。　(JIS B 1856：2018 による)

節末問題

1　原動プーリの呼び外径を 125 mm，回転速度 1450 $\mathrm{min^{-1}}$ で，1 日の運転時間を 8 時間とした伝達動力 5.5 kW の工作機械の細幅Vベルトを設計せよ。回転比を 2，中心距離を約 450 mm とする。

2　定格出力 1.5 kW，回転速度 1400 $\mathrm{min^{-1}}$ のモータで，ある機械の軸を約 600 $\mathrm{min^{-1}}$ で回転させるときの細幅Vベルト・Vプーリを決めよ。ただし，軸間距離を約 550 mm，原動プーリの呼び外径を 112 mm とし，負荷補正係数を 1.1 とする。

3　細幅Vベルトを用いて，回転速度 1100 $\mathrm{min^{-1}}$ で 1 日 24 時間運転される遠心圧縮機がある。モータの定格出力は 1.5 kW，回転速度 1750 $\mathrm{min^{-1}}$ である。軸間距離が約 500 mm のとき，細幅Vベルト・Vプーリを決めよ。ただし，原動プーリは呼び外径 90 mm を使用し，ベルトの本数は 1 とする。

4　定格出力 2.2 kW，回転速度 1425 $\mathrm{min^{-1}}$ のモータに，ピッチ円直径 105.11 mm の歯付プーリを取りつけて工作機械に動力を伝えている。負荷補正係数は 1.3 として，一般台形歯形歯付ベルトの種類と幅を決めよ。

Challenge

1　ベルト式以外の無段変速装置について調べ，特徴を比較し，表を作成してわかりやすくまとめてみよう。

2　台形歯形以外の歯付ベルトの歯形形状を調べてみよう。また，より伝動効率の高い歯形形状を考えてみよう。

2
節

チェーンによる伝動

チェーン伝動は，チェーンをスプロケットの歯に巻きかけて動力を伝達するので，回転を確実に伝えることができる。

また，チェーン伝動は，摩擦によらないので，初張力は必要ではなく，伝達効率もベルト伝動よりよい。

しかし，高速度の伝動では，振動や騒音を発生しやすい。

ここでは，チェーン伝動について調べてみよう。

自転車のチェーン伝動▶

1 チェーン伝動の種類

チェーン伝動❶は，図 10-12 のようにチェーンをスプロケットに巻掛けて動力を伝達する。一般に**ローラチェーン**❷が使われるが，振動や騒音をきらう場合には，**サイレントチェーン**❸が使われる。自転車に使われるチェーンもある。

❶chain drive
❷roller chain
❸silent chain

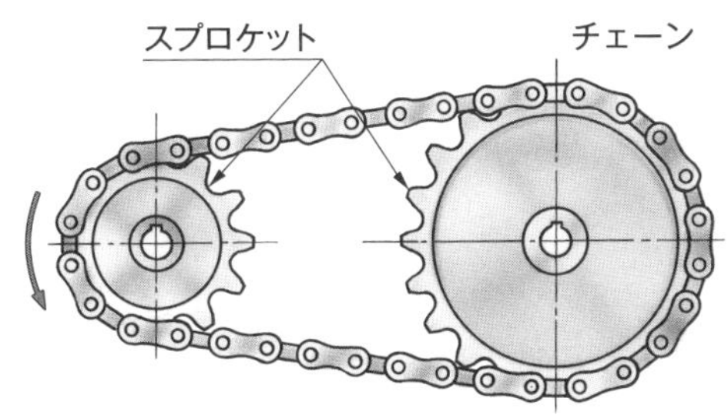

▲図 10-12　チェーン伝動

1 ローラチェーン

ローラチェーンは，図 10-13 のように，ローラをはめた 2 本のブシュで固定したローラリンク (内リンク) と，2 本のピンで固定したピンリンク (外リンク) とを，交互につないでつくられている。

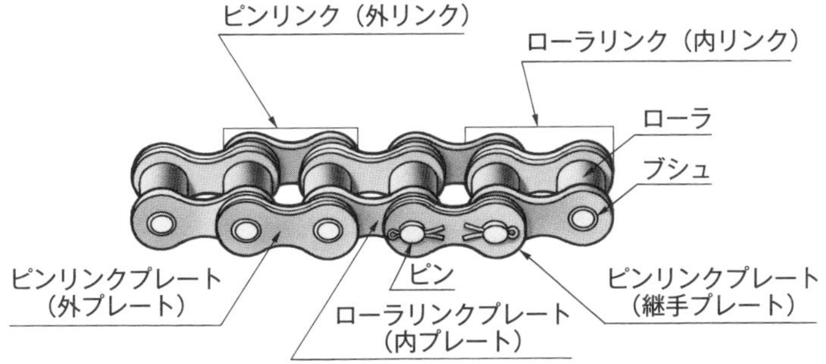

▲図 10-13　ローラチェーン

チェーンを結合するには，図 10-14 のような継手リンクを用いる。なお，リンクの総数は，偶数にする。奇数が避けられないときは，図 10-15 のようなオフセットリンクを用いて結合する。

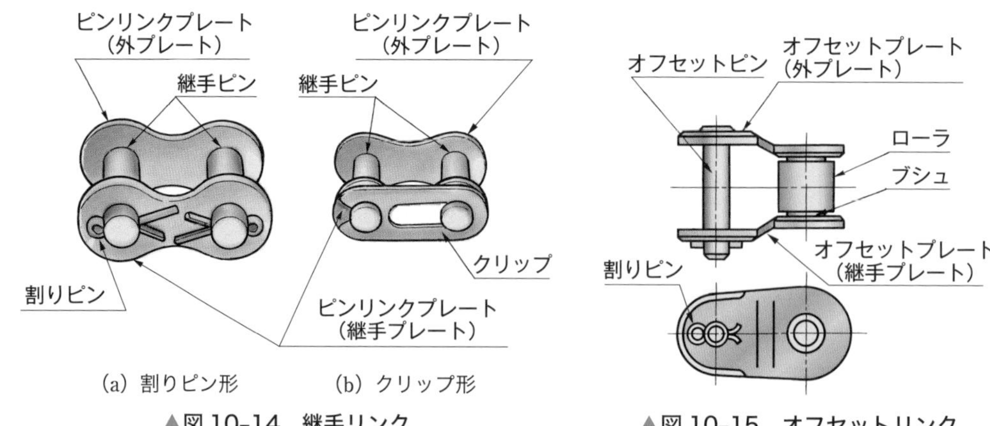

▲図 10-14　継手リンク

▲図 10-15　オフセットリンク

2　サイレントチェーン

ローラチェーンは，スプロケットとかみあうときローラとスプロケットの歯が当たって騒音を発し，高速になるほど騒音は大きくなる。

サイレントチェーンは，図 10-16 (a)，(b)に示すように，スプロケットの歯が角度 β の斜面になっており，リンクプレートの接触面の面角も β になっているから，かみあうときはスプロケットの歯とリンクプレートが密着するので，騒音が少ない。

また，チェーンが伸びてピッチがくるうと，ローラチェーンではスプロケットと滑らかにかみあわず，騒音や振動が激しくなる。サイレントチェーンでは，伸びてピッチが少しくるっても，図(c)のようにスプロケットの歯先で接触するので，各リンクの片方の斜面はつねにスプロケットの歯に密着し，滑らかな伝動状態が得られ，騒音も少ない。

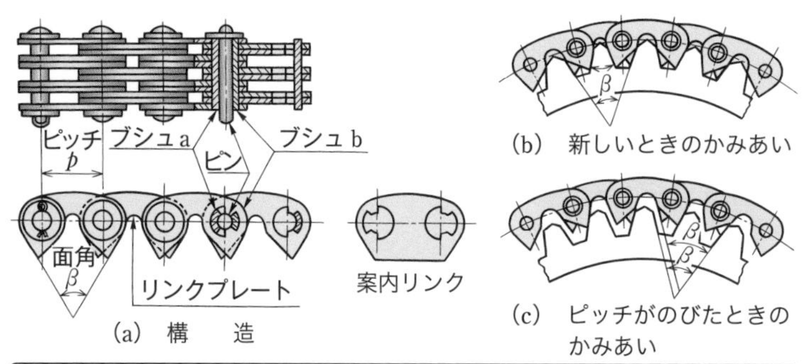

案内リンクは，多列の場合にリンクの列の間に入れたり外側につけたりして，横ずれのないようにするために用いる。

▲図 10-16　サイレントチェーン

2 ローラチェーン伝動

1 ローラチェーン伝動の特徴

最も一般的に用いられているチェーンは，ローラチェーンである。ローラチェーン伝動は，次のような特徴がある。

① 滑りがなく，運動や力を確実に伝えることができる。

② 比較的長い軸間距離の場合にも使用できる。

③ 初張力を必要としないので，ベルト伝動に比べて軸受部の負担が軽くなる。

2 スプロケット

ローラチェーンの**スプロケット**❶は，図 10-17 のように，歯底はローラが納まるようにローラの半径よりやや大きな円弧とし，歯形は，チェーンがスプロケットに出入りするとき，ローラの運動のじゃまにならないようにつくられている。

歯形には，一般的に図 10-18 に示すものが使われ，歯形の各寸法は表 10-16 のようになる。

❶sprocket

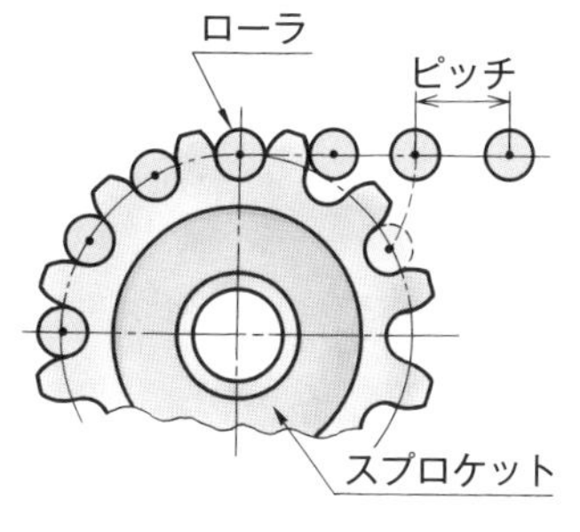

▲図 10-17　ローラチェーン用スプロケット

❷歯形には，S 歯形のほかに U 歯形と ISO 歯形がある。

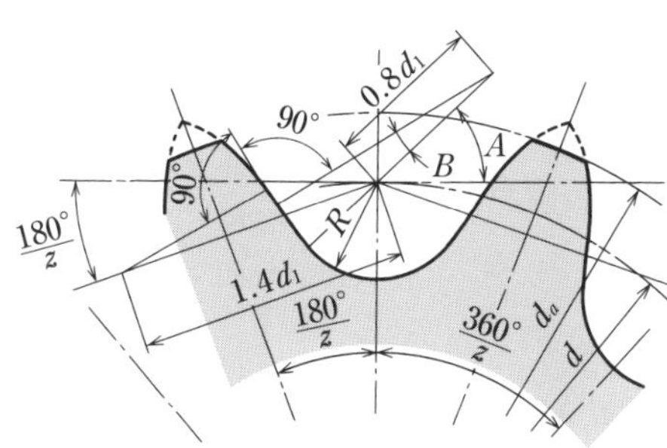

$R = 0.5025d_1 + 0.038$ [mm]

$A = 35° + \dfrac{60°}{z}$

$B = 18° - \dfrac{56°}{z}$

z：歯数

d_1：ローラ外径 [mm]

d：ピッチ円直径 [mm]

d_a：外径 [mm]

▲図 10-18　スプロケットの歯形（S 歯形❷）

▼表 10-16　スプロケットの歯(単列)の基準寸法

[単位 mm]

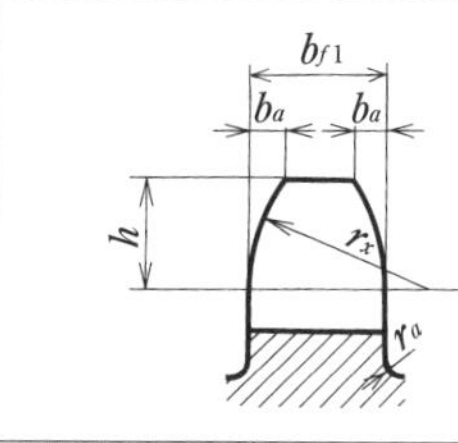

r_x は，一般には表に示す最小値を用いるが，この値以上無限大（この場合円弧は直線となる）になってもよい。

呼び番号	面取り幅(約) b_a	面取り深さ(約) h	面取り半径(参考) r_x	丸み(最大) r_a	歯幅(最大) b_{f1}
41 (085)	0.8	6.4	12.7	0.5	5.8
40 (08A)	1.7	6.4	12.7	0.5	7.5
50 (10A)	2.1	7.9	15.9	0.6	8.9
60 (12A)	2.5	9.5	19.1	0.8	11.9
80 (16A)	3.3	12.7	25.4	1.0	15.0
100 (20A)	4.1	15.9	31.8	1.3	18.0
120 (24A)	5.0	19.1	38.1	1.5	24.0
140 (28A)	5.8	22.2	44.5	1.8	24.0
160 (32A)	6.6	25.4	50.8	2.0	30.0

(　　) 内の呼び番号は ISO 606 で規定している呼び番号を示す。

(JIS B 1801：2014 より作成)

スプロケットは，鋼または鋳鉄等を用いて製作されるため，その歯数は，あまり少ないと摩耗が多く，かつ，運動が円滑にならないので，最低 17 から最高 114 までの間で選定することが望ましい[1]。

なお，図 10-19 (a) のように，スプロケットをせん断ピンで軸に連結し，荷重が急激に増大したとき安全のためにピンがせん断されるようにしたり，図(b) のように，衝撃を吸収するためにスプロケットにばねを入れたりしている。

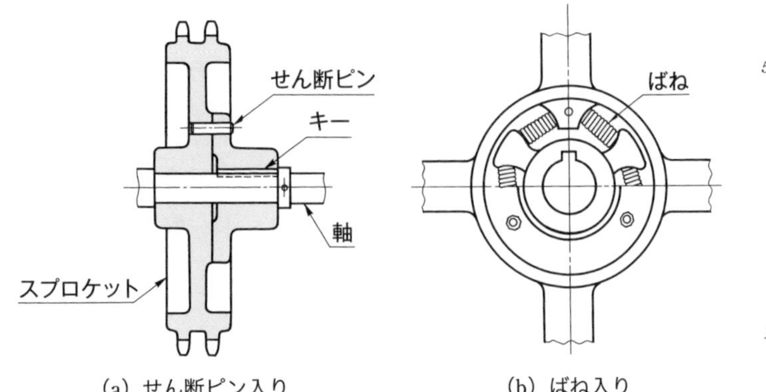

(a) せん断ピン入り　(b) ばね入り

▲図 10-19　スプロケットの安全対策

3 チェーン使用上の留意事項

チェーンを使う場合には，次の事項に留意する。

① 図 10-20 (a) のように，チェーンができるかぎり水平になるようにする。斜めにしなければならない場合は，図(b)のように 60° 以内に収める。垂直にしなければならない場合は，チェーンの伸びにより下側のスプロケットとのかみあいが悪くなるので，図(c)のようにシュー[2]やアイドラ[3]をつけて緩みを除く。

② チェーンは，張り側を上に，緩み側を下にする。逆にすると，チェーンがスプロケットから離れにくくなる。

③ 低速の場合は滴下潤滑[4]でもよいが，一般には，図(b)のような油浴潤滑[5]や潤滑ポンプによる強制潤滑を行う。

④ 危険防止および，ほこりやごみの付着防止のために，装置全体をカバーでおおう。

❶JIS B 1810：2018 参照。通常は奇数にする。

❷shoe

❸idler；図 10-20 (c) のシューのかわりに，回転できるスプロケットをチェーンに押し付ける装置で，図 10-6 のテンションプーリと同じ働きをする。

❹drip-feed lubrication；潤滑油を滴下して潤滑する方法の総称。

❺dip-feed lubrication

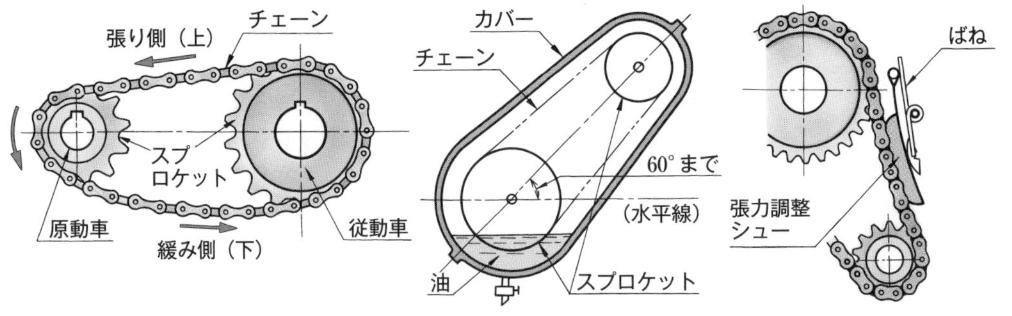

(a) チェーンの掛けかた　(b) 油浴潤滑　(c) 張力調整シュー

▲図 10-20　チェーン使用上の留意事項

4 ローラチェーン伝動装置の設計

一般に，負荷変動，伝達動力，原動スプロケットの回転速度，チェーンの平均速度，回転比，軸間距離，安全率などが与えられる。チェーンの種類は，チェーン各部の寸法によって，A 系，A系H級および B系があり，表 10-17 は一般に用いられているA系である。チェーンは，伝達動力に応じた大きさのものを選び，スプロケットの歯数や軸の中心距離からチェーンのリンク数を求める。

▼表 10-17　A系ローラチェーンの寸法と引張強さ

[単位 mm]

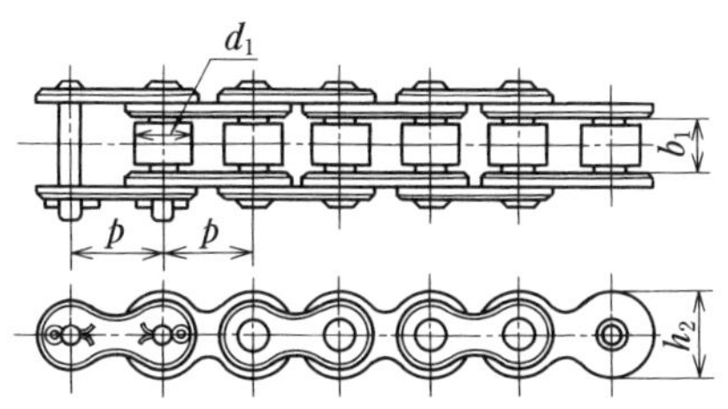

強力伝動には，これを何列も並べて，長いピンを通した多列ローラチェーンが用いられる。呼び番号 41 は 1 列にのみ用いられる。

呼び番号	ピッチ	ローラ外径（最大）	内リンク内幅（最小）	内リンクプレート高さ（最大）	引張強さ（最小）[kN]
	p	d_1	b_1	h_2	
41 (085)	12.70	7.77	6.25	9.91	6.7
40 (08A)	12.70	7.92	7.85	12.07	13.9
50 (10A)	15.875	10.16	9.40	15.09	21.8
60 (12A)	19.05	11.91	12.57	18.10	31.3
80 (16A)	25.40	15.88	15.75	24.13	55.6
100 (20A)	31.75	19.05	18.90	30.17	87.0
120 (24A)	38.10	22.23	25.22	36.20	125.0
140 (28A)	44.45	25.40	25.22	42.23	170.0
160 (32A)	50.80	28.58	31.55	48.26	223.0

(　) 内の呼び番号は ISO 606 で規定している呼び番号を示す。　(JIS B 1801：2014 による)

●設計動力　使用機械と原動機の組み合わせによって，表 10-18 から**使用係数** f_1 を決める。f_1 と伝達動力 P [kW] から，設計動力 P_d❶ [kW] を次式により求める。

$$P_d = f_1 P \qquad (10\text{-}11)$$

❶JIS B 1810 では，補正伝達動力として P_c としているが，V ベルトの式 (10-4) にならって，設計動力 P_d とした。

▼表 10-18　使用係数 f_1

負荷変動	使用機械の例　／　原動機の種類	モータまたはタービン	6 気筒未満の内燃機関
平滑な伝動	遠心ポンプおよびコンプレッサ，エスカレータ，印刷機，一定負荷のベルトコンベヤ，送風機	1.0	1.3
中程度の衝撃をともなう伝動	3 気筒以上のレシプロ式ポンプおよびコンプレッサ，コンクリートミキサ，負荷が一定していないコンベヤ	1.4	1.7
大きな衝撃をともなう伝動	平削盤，プレス，せん断機，2 気筒以下のポンプおよびコンプレッサ，掘削機，ロールミル	1.8	2.1

(JIS B 1810：2018 から作成)

●チェーンの呼び番号とスプロケットの歯数　チェーンの平均速度 v_m [m/s] は，チェーンのピッチを p [mm]，スプロケットの歯数を z，スプロケットの回転速度を n[min^{-1}] とすれば，次式で表される。

$$v_m = \frac{pzn}{60 \times 10^3} \tag{10-12}$$

チェーンの緩み側に張力がないものとすれば，張り側の張力 F [N] は，遠心力とチェーンの自重が無視できるものとして，次式より求める。

$$F = \frac{P_d \times 10^3}{v_m} \tag{10-13}$$

一般に，ローラチェーンの引張強さは，チェーンの常用荷重（張り側の張力 F）の 7 倍以上にとるので，式 (10-13) で求めた F の 7 倍以上の引張強さに耐えるローラチェーンを表 10-17 から選ぶ。

呼び番号の最後のけたは，ローラがあるものが 0，ないものが 5 で表される。その前の 1 けたまたは 2 けたの数字はピッチを示し，3.175 mm $\left(\frac{1}{8}\text{インチ}\right)$ の何倍であるかを表す。

原動スプロケットの歯数 z_1 が決まり，原動スプロケットの回転速度を n_1 : [min^{-1}]，従動スプロケットの回転速度を n_2 [min^{-1}] とすれば，回転比 i と，従動スプロケットの歯数 z_2 は，次式から求められる。

$$i = \frac{z_2}{z_1} = \frac{n_1}{n_2},\quad z_2 = iz_1 \tag{10-14}$$

ただし，回転比は，安全をみて 7 以下が用いられる。

●スプロケットのピッチ円直径・外径　図 10-21 に示すスプロケットのピッチ円直径 d，外径 d_a は，ローラチェーンのピッチを p [mm]，歯数を z とすれば，次式で表される。❶

$$\left.\begin{aligned} d &= \frac{p}{\sin\dfrac{180^\circ}{z}} \\ d_a &= p\left(0.6 + \cot\frac{180^\circ}{z}\right) \end{aligned}\right\} \tag{10-15}$$

（❷ は式中の cot に付く）

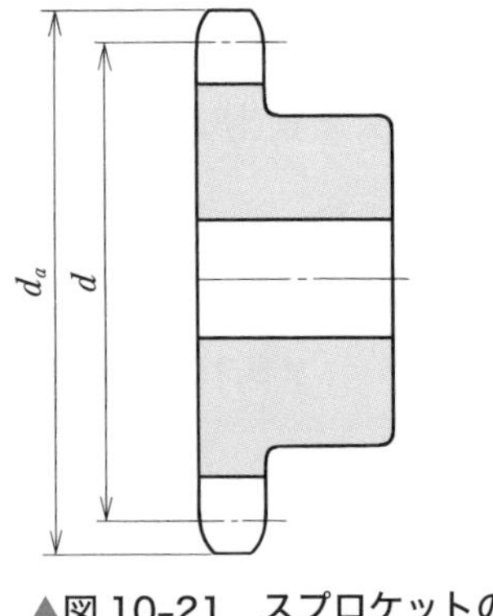

▲図 10-21　スプロケットのおもな寸法

❶スプロケットの歯形は，S 歯形，U 歯形，ISO 歯形の 3 種類が JIS に規定されているが，S 歯形が一般的に用いられる (JIS B 1801 : 2014)。

❷ $\cot\frac{180^\circ}{z}$ は $\tan\frac{180^\circ}{z}$ の逆数。

すなわち，$\dfrac{1}{\tan\dfrac{180^\circ}{z}}$

cot はコタンジェントと読む。

●チェーンのリンク数と軸間距離　チェーンの長さは，ピッチ p [mm] とリンク数 L_p とで決まる。リンク数 L_p は，次の式❶より求める。

$$L_p = \frac{2a}{p} + \frac{1}{2}(z_1 + z_2) + \frac{p(z_2 - z_1)^2}{4\pi^2 a} \qquad (10\text{-}16)$$

a[mm] は軸間距離であり，チェーンのピッチの 30〜50 倍が適当とされている。また，リンクの総数は，図 10-15 のオフセットリンクの使用を避けるために，スプロケットの歯数か軸間距離を変更して，偶数のリンク数になるようにする。

仕様の条件で与えられる軸間距離 a は仮のものであるため，次式を用いてチェーンの長さに合わせた軸間距離に修正する。

$$a = \frac{p}{4}\left(B + \sqrt{B^2 - \frac{2(z_2 - z_1)^2}{\pi^2}}\right) \qquad (10\text{-}17)$$

$$B = L_p - \frac{1}{2}(z_1 + z_2)$$

❶式 (10-2) において，$\pi d_{e1} \fallingdotseq p z_1$，$\pi d_{e2} \fallingdotseq p z_2$ である。この関係を $L_p = \frac{L}{p}$ に代入すれば式 (10-16) になる。

例題 2　歯数 $z_1 = 21$ のスプロケットとピッチ $p = 15.875$ mm のローラチェーンによって，動力を伝えている。スプロケットの回転速度を $n = 500\ \text{min}^{-1}$，チェーンの張り側の張力を $F = 300$ N とするとき，このチェーンによって伝達される動力 P_d は何キロワットか。ただし，チェーンの緩み側には張力がないものとする。

解答　式 (10-12) より，

$$v_m = \frac{pzn}{60 \times 10^3} = \frac{15.875 \times 21 \times 500}{60 \times 10^3} = 2.778\ \text{m/s}$$

したがって，式 (10-13) から伝達される動力 P_d は，

$$P_d = \frac{F v_m}{1 \times 10^3} = \frac{300 \times 2.778}{1 \times 10^3} = 0.833\ \text{kW}$$

答 0.833 kW

問 4　チェーン伝動で，チェーンのピッチを 12.70 mm，原動スプロケットの歯数を 18，回転比を 1.5，軸間距離を約 400 mm とするとき，ローラチェーンのリンク数を求めよ。

5 設計例

次の仕様を満たすローラチェーンとスプロケットを選定せよ。

〔仕　様〕 伝達動力 $P = 2\,\mathrm{kW}$，原動スプロケットの回転速度 $n_1 = 300\,\mathrm{min}^{-1}$，回転比 $i = 2$，2 軸の軸間距離 $a \fallingdotseq 600\,\mathrm{mm}$ とし，多少負荷変動のあるコンベヤを駆動するものとする。

設計動力　表 10-18 から使用係数 f_1 を 1.4 とすると，式 (10-11) より設計動力 P_d は，

$$P_d = f_1 P = 1.4 \times 2 = 2.8\,\mathrm{kW}$$

チェーンの呼び番号とスプロケットの歯数　呼び番号 50，ピッチ $p = 15.875$ [mm] のチェーンを用いることとし，原動スプロケットの歯数 $z_1 = 17$ とすれば，チェーンの平均速度 v_m は式 (10-12) より，

$$v_m = \frac{p z_1 n_1}{60 \times 10^3} = \frac{15.875 \times 17 \times 300}{60 \times 10^3} = 1.349\,\mathrm{m/s}$$

チェーンに作用する荷重 F は，式 (10-13) より次のようになる。

$$F = \frac{P_d \times 10^3}{v_m} = \frac{2.8 \times 10^3}{1.349} = 2076\,\mathrm{N}$$

このチェーンの最小引張強さは，表 10-17 から 21.8 kN だから，安全率は，$\dfrac{21800}{2076} = 10.5 > 7$ となって，チェーンに作用する荷重の 7 倍以上あるので，安全である。

従動スプロケットの歯数 z_2 は，式 (10-14) より，

$$z_2 = i z_1 = 2 \times 17 = 34$$

スプロケットのピッチ円直径・外径❶　式 (10-15) からピッチ円直径 d [mm]，外径 d_a [mm] は，原動スプロケットでは，

$$d_1 = \frac{p}{\sin\dfrac{180^\circ}{z_1}} = \frac{15.875}{\sin\dfrac{180^\circ}{17}} = 86.39\,\mathrm{mm}$$

$$d_{a1} = p\left(0.6 + \cot\frac{180^\circ}{z_1}\right) = 15.875 \times \left(0.6 + \cot\frac{180^\circ}{17}\right)$$
$$= 94.45\,\mathrm{mm}$$

従動スプロケットでは，

$$d_2 = \frac{p}{\sin\dfrac{180^\circ}{z_2}} = \frac{15.875}{\sin\dfrac{180^\circ}{34}} = 172.05\,\mathrm{mm}$$

❶寸法は，0.01 mm オーダまで指示するとよい。

$$d_{a2} = p\left(0.6 + \cot\frac{180°}{z_2}\right) = 15.875 \times \left(0.6 + \cot\frac{180°}{34}\right)$$
$$= 180.84\ \mathrm{mm}$$

チェーンのリンク数と軸間距離　式 (10-16) に $a = 600$ mm, $p = 15.875$ mm, $z_1 = 17$, $z_2 = 34$ を代入すると，リンク数 L_p は,

$$L_p = \frac{2a}{p} + \frac{1}{2}(z_1 + z_2) + \frac{p(z_2 - z_1)^2}{4\pi^2 a}$$
$$= \frac{2 \times 600}{15.875} + \frac{1}{2} \times (17 + 34) + \frac{15.875 \times (34 - 17)^2}{4 \times \pi^2 \times 600}$$
$$= 101.3$$

リンク数が偶数になるように，$L_p = 102$ を採用する。

式 (10-17) にL_p=102 を代入して，軸間距離を修正する。

$$B = L_p - \frac{1}{2}(z_1 + z_2) = 102 - \frac{1}{2} \times (17 + 34) = 76.5\ \mathrm{mm}$$

$$a = \frac{p}{4}\left(B + \sqrt{B^2 - \frac{2(z_2 - z_1)^2}{\pi^2}}\right)$$
$$= \frac{15.875}{4} \times \left(76.5 + \sqrt{76.5^2 - \frac{2 \times (34 - 17)^2}{\pi^2}}\right)$$
$$= 605.7 \fallingdotseq 606\ \mathrm{mm}$$

まとめ

ローラチェーン：呼び番号 50，単列ローラチェーン

原動スプロケット：ピッチ円直径 $d_1 = 86.39$ mm，外径 $d_{a1} = 94.45$ mm

従動スプロケット：ピッチ円直径 $d_2 = 172.05$ mm，外径 $d_{a2} = 180.84$ mm

リンク数：$L_p = 102$

軸間距離：$a = 606$ mm

節末問題

1 伝達動力 3.5 kW で原動スプロケットの回転速度 250 min^{-1}，回転比 3，軸間距離が約 800 mm であるローラチェーン伝動装置を設計せよ。ただし，使用係数は 1.4 とし，原動スプロケットは歯数 21 を用いる。

2 歯数 23，ピッチ 12.70 mm のローラチェーン用スプロケットがある。このスプロケットが 300 min^{-1} で 1.5 kW の動力を伝達しているとき，チェーンに作用する荷重と，この場合の安全率を求めよ。ただし，使用係数は 1.4 とする。

3 問題 2 において，回転比を 2，軸間距離を約 450 mm としたとき，チェーンのリンク数を求めよ。

4 横方向に張ったベルトでは，張り側が下に，緩み側が上になるようにするが，チェーン伝動では逆に張り側を上にする理由を考えてみよ。

Challenge

1 身のまわりにあるチェーン伝動の用途例を調べ，その内容を 200 文字以内でまとめてみよう。

2 自動車用のタイミングベルトとタイミングチェーンについて，それぞれのメリットとデメリットを調べてみよう。また,「自動車はすべてタイミングチェーンにすべき」をテーマに話しあってみよう。

第11章

節
1 クラッチ
2 ブレーキ

クラッチ・ブレーキ

原動軸と従動軸をつないで回転や動力を伝えたり，原動軸と従動軸を切り離して回転や動力をとめる機械要素がクラッチである。また，機械の運動部分のエネルギーを吸収して熱などに変え，減速させたり停止させる装置がブレーキである。最もよく用いられているクラッチやブレーキは，摩擦力を利用した摩擦クラッチと摩擦ブレーキである。

この章では，クラッチやブレーキはどのようなしくみになっているのだろうか。どのような種類のものがあるのだろうか。どのようなところに使われているのだろうか。クラッチやブレーキの設計はどのようにすればよいのだろうか，などについて調べる。

図は，緩急車とよばれ，初期の鉄道において使用された車両のひとつである。昔は，現在とは違いブレーキをかけることができる車両は限られており，機関士が合図を出し，複数人の乗務員が手作業でブレーキをかけていた。このブレーキをかける車両を緩急車とよぶ。現在では，ブレーキをかけることができる車両が増え，機関士ひとりでブレーキをかけることができるため，緩急車はしだいに姿を消していった。

高速で物を動かすしくみを考えることは重要であるが，速度を制御し，安全に速度を落とすしくみも考えることも重要である。

小樽市総合博物館に展示されている緩急車（北海道）

1節 クラッチ

機械では，動力を伝えるときは原動軸と従動軸を連結し，動力を遮断する時は両軸を切り離す。このようなときに使用されるものが，クラッチ❶である。

ここでは，クラッチの種類や特徴などについて調べてみよう。

自動車に用いられているクラッチ▶

❶clutch

1 クラッチの種類

しくみの違いによって，かみあいクラッチ・摩擦クラッチ・自動クラッチなどがあり，作動方式により表 11-1 のように分類される。

▼表 11-1　作動方式によるクラッチの分類と特徴

名　称	特　　徴
機　械 クラッチ	カム・レバー・リンクなどで人の手や足による力を拡大し作動させる。したがって，力の大きさ，断続の回数，連結時間などが限定される。最も安価である。
油　圧 クラッチ	油圧を利用して押付け力を大きくすることができるので，クラッチの単位容積あたりの伝達トルクは最大で，連結時間も短い。油圧ポンプ・配管・制御弁などが必要である。
電　磁 クラッチ	制御が簡単で遠隔操作に最も有利である。連結時間は最小で，断続回数も多くとることができる。爆発の危険のあるところでは注意が必要である。
空気圧 クラッチ	空気圧によりクラッチの断続を行うもので，産業用機械に広く用いられる。大きなトルクを伝達できる。爆発の危険のあるところでも使用できる。

1 かみあいクラッチ

かみあいクラッチ❷は，図 11-1 のようにつめをかみあわせて 2 軸の連結と切り離しを行い，動力の伝達・遮断を行う。このクラッチは，滑りがないので，確実に回転を伝えたい場合に用いる。図では，原動側のクラッチ本体を軸に固定し，従動側は滑りキーあるいはスプライン❸の上を移動させて，つめをかみあわせる。

❷claw clutch

❸「新訂機械要素設計入門 1」の p.192 参照。

かみあったときは，両方のつめは一体となって回転するので，両者のつめの回転軸がよく一致している必要がある。回転軸がずれていると，つめが摩耗したり，かみあいがはずれたりするからである。また，回転中の急激なかみあわせは，衝撃がともなうので，かみあわせは停止中か低速回転のときに行う。

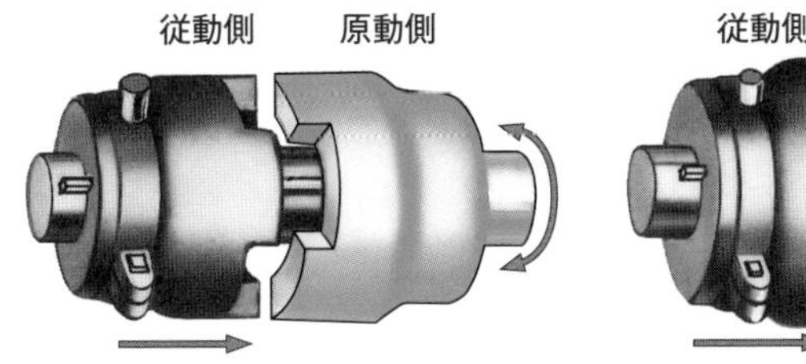

(a) 角形　　(b) スパイラル形

▲図 11-1　かみあいクラッチの例

2 摩擦クラッチ

摩擦クラッチ[1]は，原動側と従動側に取りつけた摩擦板を押し付けて接触させ，摩擦力によって動力を伝えるクラッチである。摩擦クラッチは，摩擦板を押し付ける力を加減することができるので，原動側が回転していても，衝撃の少ない滑らかな連結ができる。また，過大な負荷に対しては，摩擦面が滑って安全装置にもなる。

なお，必要に応じて押し付ける力を調節し，摩擦面で滑りを生じさせて，滑らかな伝達をさせるための操作のことを**半クラッチ**という。

図 11-2 に電磁クラッチの例を示す。電磁クラッチは，コイルに通電することにより発生する電磁力を利用して動力や回転運動を制御する装置である。原動側の回転を止めることなく，従動側の動力の連結や切り離しができる。図(a)のように摩擦面が 1 枚のものを**単板クラッチ**[2]，図(b)のように 2 枚以上のものを**多板クラッチ**[3]という。

単板クラッチは，摩擦面を乾燥状態で使う乾式で用いる。連結や遮断にかかる時間が短い，熱の放散がよいなどの長所がある。一方，

[1] friction clutch
[2] single disc clutch
[3] multi disc clutch

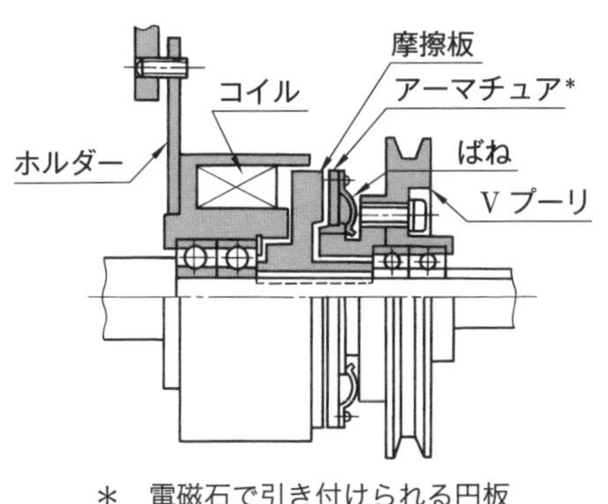

(a) 単板クラッチ

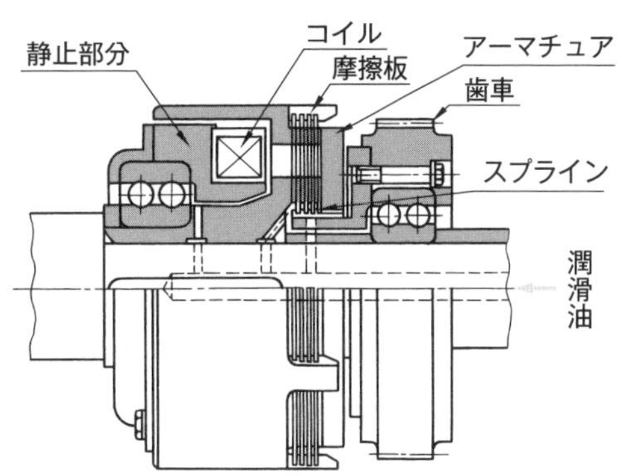

(b) 湿式多板クラッチ

▲図 11-2　電磁クラッチの例

第 11 章 クラッチ・ブレーキ

摩擦部分の摩耗が大きいという短所がある。エンジンの回転を利用している，自動車用エアコンディショナのコンプレッサに多く使用されている。

多板クラッチには，乾式と摩擦面を潤滑する湿式がある。湿式のものは，連結や遮断が滑らか，コンパクトで伝達トルクが大きい，摩耗が少なく寿命が長いなどの長所がある。短所として，熱の放散対策が必要であること，連結・遮断時間が長いことなどがあげられる。

3 自動クラッチ

自動クラッチは，回転状態があらかじめ定められた条件を満たしたとき，自動的に動力の連結・遮断を行うものである。自動クラッチには，表 11-2 のような**定トルククラッチ，一方向クラッチ，遠心クラッチ**などがある。

▼表 11-2　自動クラッチの種類

種　類	しくみ
定トルククラッチ	あらかじめ定めたトルクを維持するため，自動的にかみあいがはずれたり，摩擦面で滑る構造になっている。
一方向クラッチ	1 方向だけに動力を伝達する構造になっている。
遠心クラッチ	ある速度を超えると遠心力の作用で原動側と従動側が連結するようになっている。

よく使われている図 11-3 に示す遠心クラッチを例に，そのしくみを調べてみる。回転が速くなると，遠心ごまに大きな遠心力が加わり，遠心力がこまを引いているコイルばねの力にうちかつと，摩擦板が摩擦面に接触してトルクが伝達される。

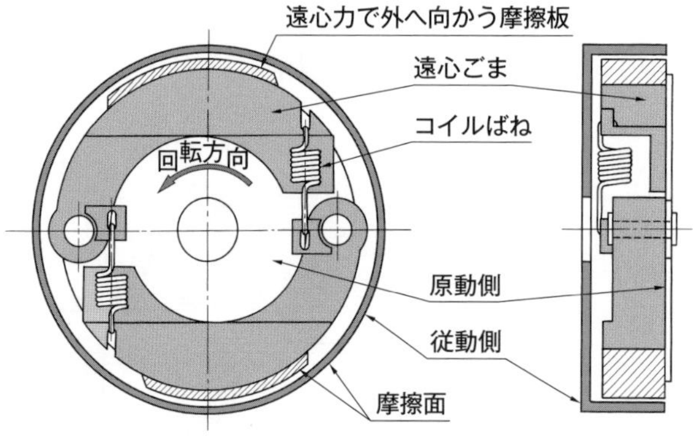

原動側がはやく回転すると，遠心ごまが外へ広がり，摩擦板が従動側摩擦面に接触し，動力を伝える。

▲図 11-3　遠心クラッチの例

4 流体クラッチ

図 11-4(a)のように，二つの扇風機を置いた場合，一方を回すと，他方が風の力によって回りだす。流体クラッチは，この原理を応用したもので，図(b)において，原動軸でポンプを回すと，作動液の流れによってタービンがしだいに回りだし，クラッチの働きをする。この働きを利用して，自動車の自動変速装置と組み合わせて使用されている。

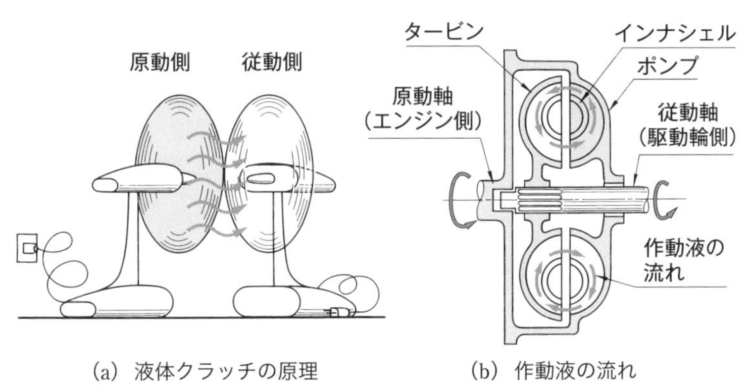

(a) 液体クラッチの原理　　(b) 作動液の流れ

▲図 11-4　動力伝達の原理

2 単板クラッチの設計

単板クラッチ[1]は，図 11-5 のように，両軸端に円板を取りつけたもので，従動軸側の円板と軸は軸方向にたがいに滑る構造になっており，クラッチ寄せで着脱が行われる。

[1] single disc clutch

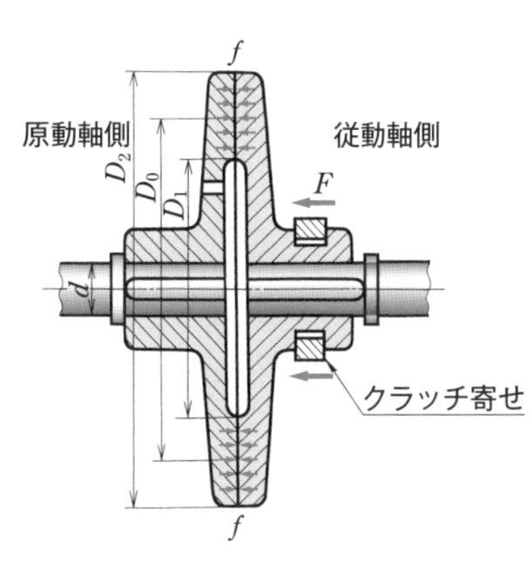

▲図 11-5　単板クラッチ

摩擦クラッチを設計するときの一般的な留意点は，次のとおりである。

1) 摩擦面に加える圧力を調節できるようにする。
2) 摩擦部品の交換・修理がしやすいようにする。
3) 摩擦熱が放散しやすいような構造にする。
4) 従動軸側の慣性はできるだけ小さくする。
5) 構造上，軸方向に押す力が作用するため，これに耐える軸受を設ける。

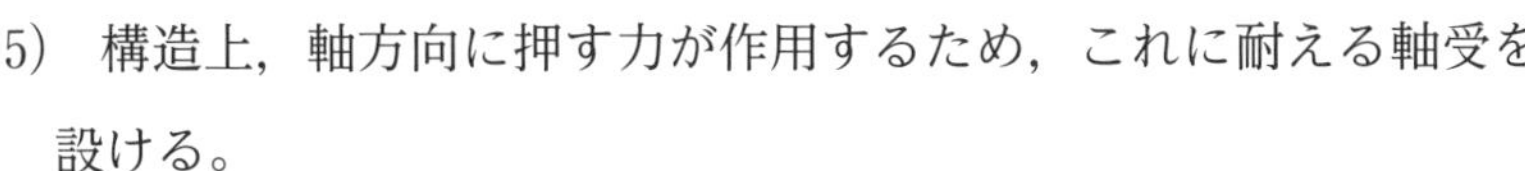

摩擦面の平均圧力を f [MPa] とすれば，軸方向に摩擦面を押し付ける力 F [N] は，摩擦面の外径を D_2 [mm]，内径を D_1 [mm] とすると，次の式で表せる。

$$F = f\frac{\pi}{4}(D_2{}^2 - D_1{}^2) \qquad \text{(a)}$$

なお，平均圧力 f は，許容面圧 f_a [MPa] を超えないようにする。許容面圧の例を，表 11-3 に示す。

伝達できるトルク，すなわち，摩擦抵抗のモーメント T [N·mm] は，摩擦面の平均直径を $D_0\left(=\dfrac{D_1+D_2}{2}\right)$ [mm]，摩擦係数を μ とすると，次の式で表せる。摩擦係数の例を，表 11-3 に示す。

$$T=\mu F\frac{D_0}{2}=\mu F\frac{D_1+D_2}{4} \qquad \text{(b)}$$

▼表 11-3　摩擦係数・許容面圧の例

摩擦材料	摩擦係数 (乾燥) μ	許容面圧 f_a [MPa]	許容温度 [°C]
鋳　鉄	0.10〜0.20	0.93〜1.72	300
青　銅	0.10〜0.20	0.54〜0.83	150
焼結合金	0.20〜0.50	1.00〜3.00	350

注　相手材料は，鋳鉄または鋳鋼とする。
（日本機械学会編「機械工学便覧　新版」による）

式(b)に式(a)を代入すると，次の式が得られる。

$$T=\mu\frac{\pi}{4}f(D_2{}^2-D_1{}^2)\frac{D_1+D_2}{4}$$

$$T=\frac{\pi\mu f}{16}(D_2+D_1)^2(D_2-D_1) \qquad \text{(11-1)}$$

図 11-6 は，自動車用の単板クラッチを簡略に表したものである。この場合は，摩擦面が二つになっているので，伝達できるトルクは，2 倍となり，式(b)より次のようになる。

$$T=2\times\mu F\frac{D_0}{2}=\mu FD_0$$

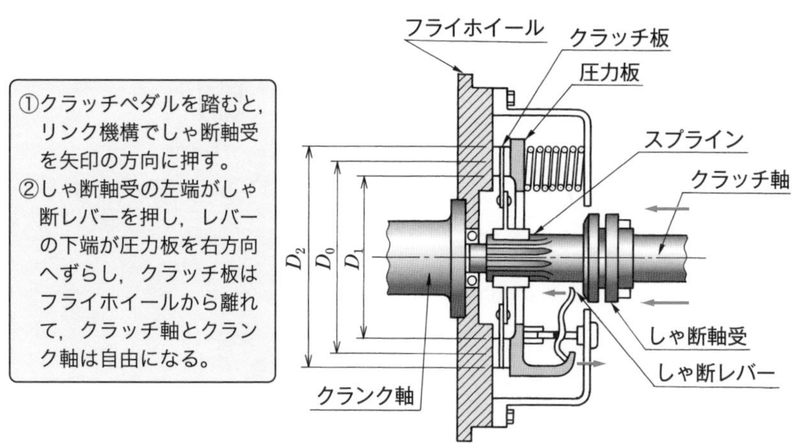

▲図 11-6　自動車用単板クラッチ

動力 $P = 6$ kW，回転速度 $n = 200\ \mathrm{min^{-1}}$ で伝える鋳鉄製の単板クラッチの摩擦面の外径 D_2 と内径 D_1 を求めよ。なお，$\dfrac{D_2}{D_1} = 1.4$ とする。

解答　式(6-2)❶より，伝達するトルク T を求める。

$$T = 9.55 \times 10^3 \frac{P}{n} = 9.55 \times 10^3 \times \frac{6 \times 10^3}{200}$$

$$= 286.5 \times 10^3\ \mathrm{N \cdot mm}$$

表11-3から，$\mu = 0.2$，$f = 1$ MPa とし，式(11-1)に代入すると，

$$T = 286.5 \times 10^3$$

$$= \frac{\pi \times 0.2 \times 1}{16}(1.4D_1 + D_1)^2(1.4D_1 - D_1)$$

$$= \frac{\pi \times 0.2 \times 2.4^2 \times 0.4}{16} \times D_1{}^3$$

$$= 9.048 \times 10^{-2} \times D_1{}^3 = \frac{9.048}{1 \times 10^2} D_1{}^3$$

$$D_1 = \sqrt[3]{\frac{286.5 \times 10^5}{9.048}} = 146.8 \fallingdotseq 150\ \mathrm{mm}$$

$$D_2 = 1.4D_1 = 1.4 \times 150 = 210\ \mathrm{mm}$$

答 $D_1 = 150$ mm，$D_2 = 210$ mm

❶「新訂機械要素設計入門1」の p.179 参照。

問 1　12 kW の動力を回転速度 $300\ \mathrm{min^{-1}}$ で伝えている鋳鉄製単板クラッチの摩擦面の外径 D_2 と内径 D_1 を求めよ。なお，許容面圧を 1.5 MPa，$\dfrac{D_2}{D_1} = 1.5$，摩擦係数を 0.2 とする。

節末問題

1　電磁クラッチの特徴を調べよ。

2　身のまわりにある機械で，クラッチがどのように使われているか調べよ。

3　摩擦係数 0.25，許容面圧 1 MPa，外径 300 mm，$\dfrac{D_2}{D_1}=1.5$ の摩擦クラッチでは，いくらのトルクを伝えられるかを求めよ。

4　外径 220 mm，内径 150 mm の単板クラッチで，回転速度 200 min^{-1}，許容面圧 0.2 MPa，摩擦係数 0.3 としたときの伝達動力を求めよ。

5　外径 240 mm，内径 150 mm の単板クラッチで，20 kW の動力を伝達したい。回転速度を求めよ。なお，許容面圧 1 MPa，摩擦係数 0.2 とする。

Challenge

機械にとっては，クラッチを接続するときや分離するときの衝撃が少なければ少ないほうが好ましい。どのようにくふうすれば実現できるか話し合ってみよう。

2節 ブレーキ

電車のブレーキ▶

ブレーキ[1]は，機械の運動部分のエネルギーを吸収して熱や電気エネルギーに変え，減速や停止をさせたり，停止している状態を保持したりするために安全上欠かせない装置である。

ここでは，よく用いられる摩擦ブレーキや電車などに使われる回生ブレーキについて調べてみよう。

1 摩擦ブレーキの種類

摩擦ブレーキ[2]の作動は，人力によることもあるが，一般に大きな力を必要とするため流体圧や電磁力が用いられる。

表 11-4 におもな摩擦ブレーキの種類を示す。

▼表 11-4　摩擦ブレーキの種類

種　類	用　途
ブロックブレーキ	手巻ウインチや簡単な機械，クレーン，鉄道車両，自転車
ドラムブレーキ	産業機械，自動車のブレーキ
ディスクブレーキ	鉄道車両，産業機械，自動車のブレーキ
バンドブレーキ	工作機械，自転車
ねじブレーキ	ウインチ，クレーン

1 ブロックブレーキ

ブロックブレーキ[3]は，回転する**ブレーキドラム**[4]に**ブレーキシュー**[5]を押し付けて制動するものである。ブロックブレーキは，ブレーキのなかでも最も簡単な構造で，確実な形式であるため，鉄道車両やクレーン，自転車などに使われている。ブレーキシューの数によって，図 11-7 のように，**単ブロックブレーキ**[6]と**複ブロックブレーキ**[7]に分けられる。

[1] brake
[2] friction brake
[3] block brake
[4] brake drum
[5] brake shoe
[6] single block brake
[7] double block brake

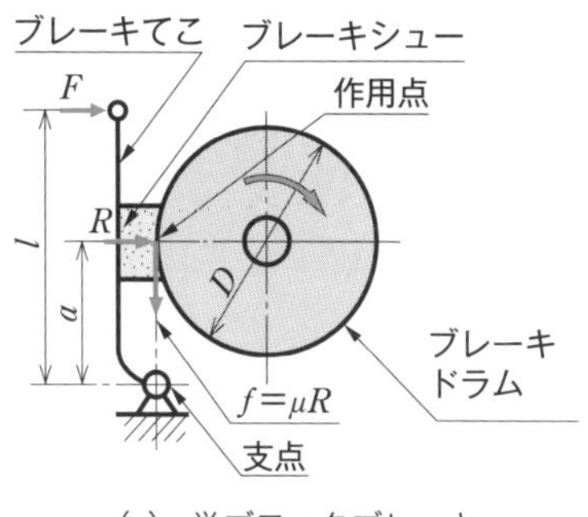

(a)　単ブロックブレーキ

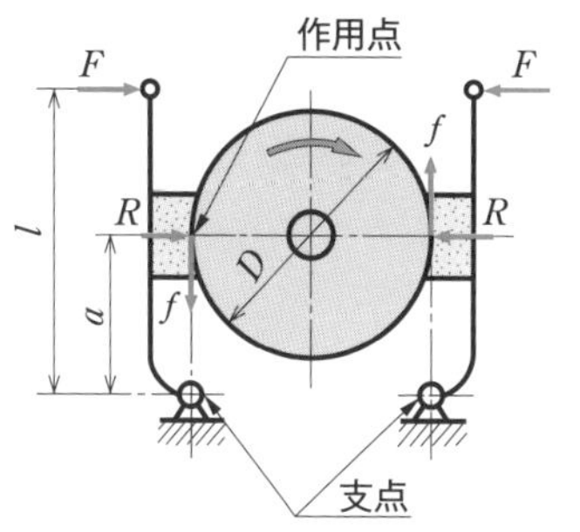

(b)　複ブロックブレーキ

(c)　電車に使われている複ブロックブレーキ

▲図 11-7　ブロックブレーキ

単ブロックブレーキ　単ブロックブレーキは，図 11-7(a)に示すように，ブレーキてこに加える力を F [N]，ブレーキシューがドラムを押し付ける力を R [N] とすれば，次式がなりたつ。

$$Fl = Ra,\ R = \frac{l}{a}F \qquad \text{(a)}$$

摩擦係数❶を μ とすれば，ブレーキシューとドラムに働く摩擦力 f [N] は，次のようになる。

$$f = \mu R \text{❷} \qquad \text{(b)}$$

この摩擦力が回転方向と逆向きに働き，回転を止めるブレーキ力になる。大きなブレーキ力が必要なときは，摩擦係数❸μ の大きな摩擦材を採用するか，てこの長さ l を長くしてシューを押し付ける力 R を大きくする。

また，式(a)と(b)から，次の式が得られる。

$$F = \frac{a}{l}R = \frac{fa}{\mu l} \qquad \text{(11-2)}$$

式 (11-2) は，ブレーキドラムの回転方向に関係なく成立し，a に比べて l を大きくすれば，小さな力で大きなブレーキ力が得られることを示している。$\frac{a}{l}$ の値は，一般的に $\frac{1}{3} \sim \frac{1}{5}$ 程度とする。

このブレーキ力によってドラム軸に働くトルクを**ブレーキトルク**❹という。ドラムの直径を D [mm] としたときのブレーキトルク T [N·mm] は次のようになる。

$$T = f\frac{D}{2} = \mu R\frac{D}{2} \qquad \text{(11-3)}$$

ブレーキてこに加える力の大きさは，手動の場合 100～150 N，最大でも 200 N とする。また，一般に，ドラムとシューの最大すきまは 2～3 mm とする。

単ブロックブレーキは，ブレーキドラムの軸に曲げモーメントが作用するため，回転力の大きい機械には使われない。

複ブロックブレーキ（ドラムブレーキ）　図 11-8 は，複ブロックブレーキと同じしくみで，**ドラムブレーキ**❻または，**内側ブレーキ**❼という。ドラムの内側にある二つのシューを外側に押し広げることによってブレ

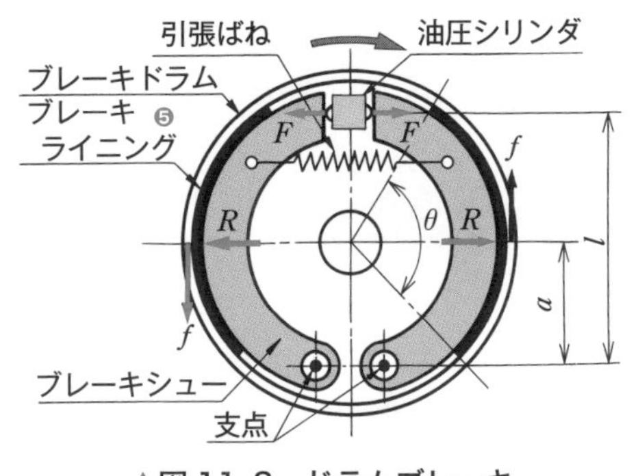

▲図 11-8　ドラムブレーキ

❶p. 110 表 11-3 参照。

❷「新訂機械要素設計入門 1」のp. 66，式 (2-56) 参照。

❸ブレーキは，回転しているブレーキドラムが停止するまで，摩擦面は滑っているので動摩擦係数を用いる。

❹braking torque

❺brake lining；ブレーキシュー表面に取りつける薄板状の摩擦材をいう。

❻drum brake

❼internal brake

ーキ力が働く。シューは，カムや油圧装置などによって広げられる。

なお，単ブロックブレーキでは，ブレーキてこに加わる力Fが大きくなると，ドラムの軸がたわんだり，軸受に大きな負担がかかる。複ブロックブレーキは，図 11-7(b)のように，二つのシューにより軸の両側に力を加えてつり合わせるので，この問題は生じにくい。

2 ディスクブレーキ

ディスクブレーキ❶の例を図 11-9 に示す。車輪とともに回転する円板（ディスク）をブレーキパッドではさむ構造である。

❶disk brake

ディスクブレーキは，摩擦面が露出しているので，熱の放散がよく，平面どうしの摩擦のために圧力分布が均一で，高速でも安定したブレーキ力が得られるなどの長所がある。このような理由により，乗用車やオートバイ，電車に用いられている。

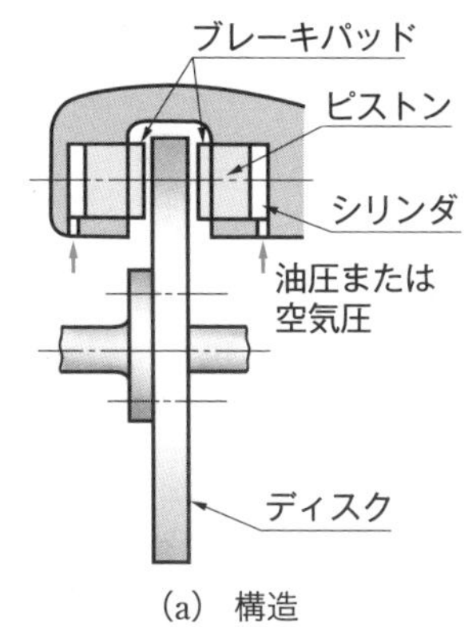

(a) 構造

(b) 自動二輪車のディスクブレーキ

▲図 11-9 ディスクブレーキ

3 バンドブレーキ

バンドブレーキ❷は，図 11-10 のようにブレーキドラムの周囲に，鋼帯に摩擦片などを裏ばりしたものを巻きかけて制動する。小さい力で大きなブレーキ力が得られるため，運搬用，建設用などの機械に多く使われている。

❷band brake

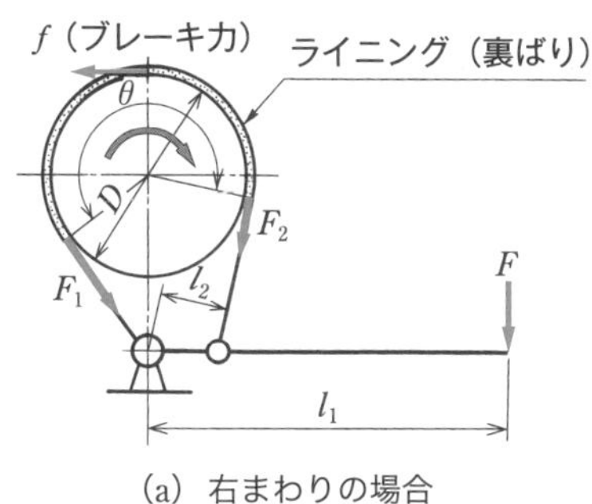

(a) 右まわりの場合

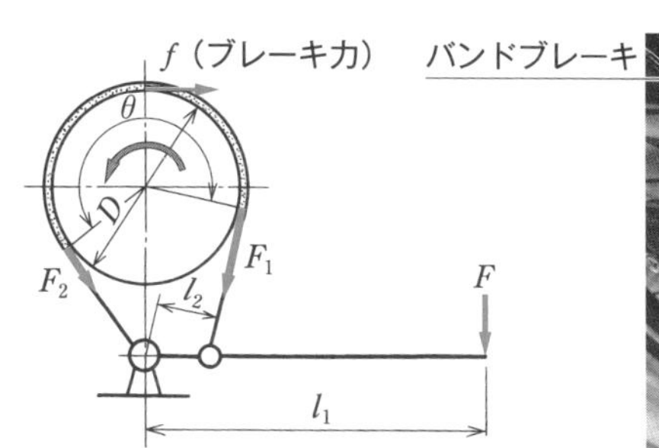

(b) 左まわりの場合

(c) 自転車のバンドブレーキ

▲図 11-10 バンドブレーキ

4 ねじブレーキ

ウインチやクレーンなどの場合，手動ブレーキでは，速度を調節したり，任意の位置に荷物を停止させることがむずかしいため，自動荷重ブレーキがよく使われる。自動荷重ブレーキには，さまざまな種類があるが，図 11-11 にその一例を示す。

ねじブレーキ[1]の歯車Aは，軸に切られた左ねじにはまり，ディスクCは軸に固定されている。それらの間に，つめ車Bが軸上を自由に回転できるようにはめられている。

巻上げのときは，軸を回すと A，B，C が圧着して一体となって回り，つめはつめ車の上を滑って巻上げが行われる。

巻上げを止めるとつめがつめ車にかみあって固定される。巻きおろしのときは，軸を逆に回すと，A，B，C の間にすきまができて歯車は荷重によって回り出す。歯車の回転が軸の回転より速くなると，ねじの作用によって A，B，C が圧着して，ブレーキがかかり，軸の回転速度と等しい速度で巻きおろしが行われる。

[1] screw brake；詳しくは，p. 217 で学ぶ。

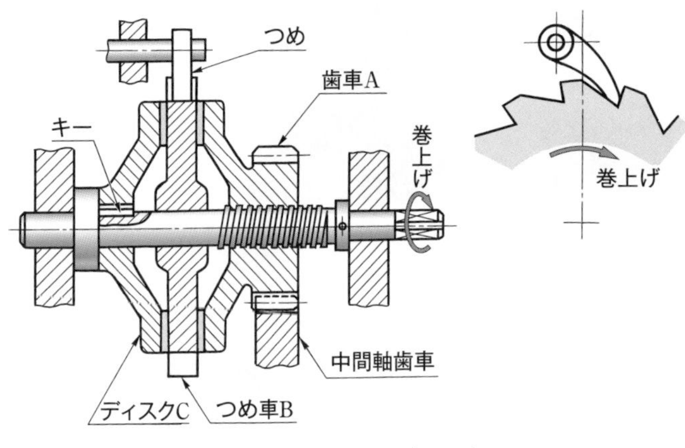

▲図 11-11　ねじブレーキ

2 回生ブレーキ

図 11-12(a)のように，摩擦ブレーキは電車などの運動エネルギーをブレーキの摩擦力によって熱エネルギーにかえ，空気中に放熱する。

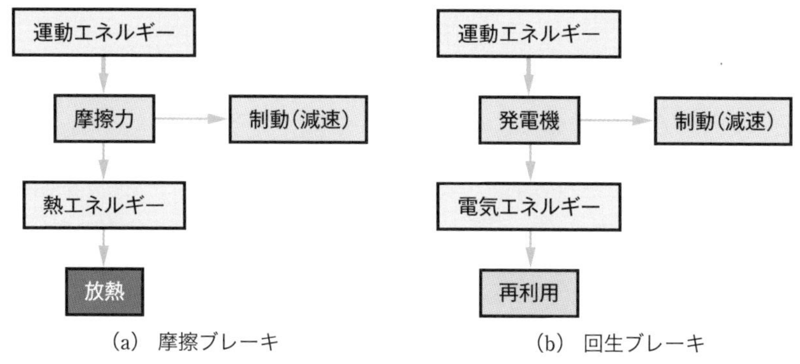

(a) 摩擦ブレーキ　(b) 回生ブレーキ

▲図 11-12　ブレーキ作動時のエネルギー変換

これに対して，電車を駆動するモータは，発電機と同じ構造であるため，減速時などブレーキが必要なときにモータを発電機として使えば，電車の運動エネルギーを電気エネルギーにかえることができ，電車の速度を遅くすることができる。回収された電気は，図 11-13 のように架線に通してほかの電車に供給されたり，変電所を介して駅やトンネルなどの照明に利用されたりする。これによって，エネルギーの利用効率を向上させることができる。

このように，運動エネルギーを発電機によって電気エネルギーにかえ，減速させるブレーキを**回生ブレーキ**(かいせい)❶という。図 11-13 に，回生ブレーキのしくみを示す。回生ブレーキは，運動エネルギーの一部が再利用されるので，循環型社会❷に対応している。電車以外にも，ハイブリッド自動車などにも回生ブレーキが利用されている。ハイブリッド自動車では，回収された電気は駆動用バッテリなどに蓄えられる。

❶regenerative brake

❷「新訂機械要素設計入門 1」の p.150 参照。

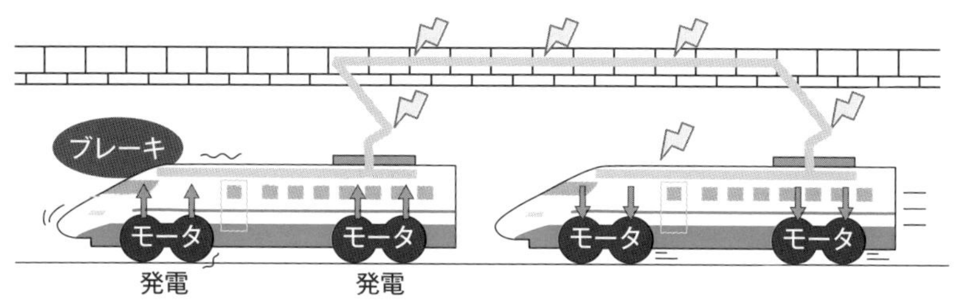

(a) 減速時　(b) ほかの電車への供給

▲図 11-13　回生ブレーキのしくみ

第11章 クラッチ・ブレーキ

3 ブロックブレーキの設計

ブレーキシューは，表 11-5 のような材料を用い，一般的には，図 11-14 のような形につくられる。また，その大きさは，押付け圧力とブレーキ容量から決められる。

いま，図 11-14 において，ブレーキシューに働く力を R [N]，押付け圧力を p [MPa] とすれば，次の式がなりたつ。

$$p = \frac{R}{hb} \qquad (11\text{-}4)$$

ここで，押付け圧力 p の許容値は表 11-5 の p_a の値とする。

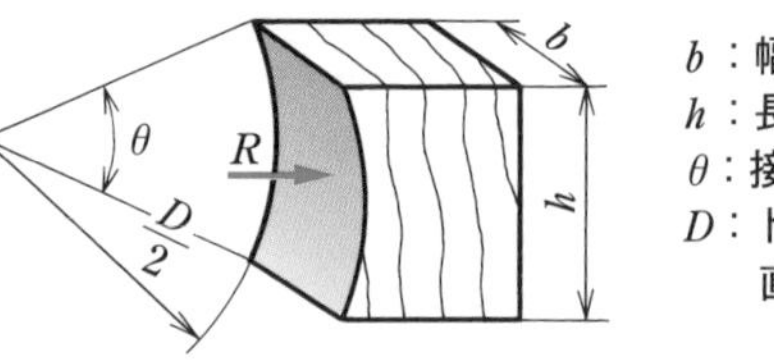

▲図 11-14　ブレーキシュー

▼表 11-5　ブレーキ材料の摩擦係数，許容押付け圧力

使用材料	摩擦係数 μ	許容押付け圧力 p_a [MPa]	記　事
鋳　鉄	0.10～0.20	0.93～1.72	乾　燥
	0.08～0.12		潤　滑
鋼鉄帯	0.15～0.20		乾　燥
	0.10～0.20		潤　滑
軟　鋼	0.10～0.20	0.83～1.47	乾　燥
黄　銅	0.10～0.20		乾燥・潤滑
青　銅	0.10～0.20	0.54～0.83	乾燥・潤滑
木　材	0.10～0.35	0.20～0.30	潤　滑
ファイバ	0.05～0.10	0.05～0.30	乾燥・潤滑
皮	0.23～0.30	0.05～0.30	乾燥・潤滑
ウーブン系	0.35～0.60	0.07～0.69	木綿など
モールド系	0.30～0.60	0.34～1.77	レジン・ゴムなど
シンタード系	0.2 ～0.50	0.34～0.98	メタリック・サーメット

注　相手材料は，鋳鉄または鋳鋼とする。(日本規格協会編「JIS に基づく機械システム設計便覧」による)

また，ブレーキシューの長さ h は，ブレーキドラムの直径 D に対して小さいほど押付け圧力が一様に働くので，図 11-14 に示す接触角 θ を一般的には 50～70°，または $\dfrac{h}{D} = 0.4 \sim 0.55$ くらいにする。

ブレーキシューの大きさを決めるためには，式 (11-4) の関係を考えるほかに，ブレーキを操作したときに発生する摩擦熱の放散を考えなければならない。この摩擦熱は，運動する機械から吸収した摩擦仕事に相当するので，単位時間あたりの摩擦仕事を P [W]，ブレーキドラムの周速度を v [m/s]，ブレーキ力を f [N]，ブレーキシューに働く力を R [N]，摩擦係数を μ とすると，

$$P = fv = \mu Rv$$

となる。この式に，式 (11-4) を変形した $R = phb$ を代入して，

$$\mu pv = \frac{P}{hb} \text{[MPa·m/s]} \qquad (11\text{-}5)$$

が得られる。

この μpv の値を**ブレーキ容量**[1]といい，発生摩擦熱を放散するためには，一般に，ブレーキ容量の値を，次のように取れば安全である。

[1] breaking capacity

自然冷却の場合	1.0 MPa·m/s
ひんぱんに使用する場合	0.6 MPa·m/s
とくに放熱状態のよい場合	3.0 MPa·m/s

ブレーキドラムは，摩耗を少なくするために，一般的には，鋳鉄・鋳鋼・鋼などでつくる。また，ブレーキドラムの直径を小さくして，ブレーキ全体が小さくなるようにする。それには，ブレーキ容量 μpv からわかる通り，p をなるべく小さくすると，ブレーキドラムの周速度 v が大きくなる。したがって，ブレーキドラムの直径を小さくするには，ブレーキドラムを回転速度の大きい軸に取りつけるようにする。

図 11-7(a)のような単ブロックブレーキで，直径 $D = 500$ mm のブレーキドラムが回転速度 $n = 80\ \text{min}^{-1}$ で右まわりするとき，ブレーキトルク $T = 48 \times 10^3$ N·mm としたい。$F = 200$ N，$a = 300$ mm，$\mu = 0.35$ とすると，ブレーキてこの長さはいくらにすればよいか。また，許容押付け圧力 $p_a = 0.07$ MPa とし，ブレーキシューの長さ $h = 200$ mm とすると，幅 b はいくらになるかを求めよ。また，このとき，摩擦熱に対して安全かどうかを確かめよ。

解答　式 (11-3) より，ブレーキシューとドラムに働く摩擦力 f を求める。

$$f = \frac{2T}{D} = \frac{2 \times 48 \times 10^3}{500} = 192 \text{ N}$$

式 (11-2) より，$l = \dfrac{fa}{\mu F} = \dfrac{192 \times 300}{0.35 \times 200} = 823$ mm

ブレーキシューに加えたい力 R は，$f = \mu R$ より，

$$R = \frac{f}{\mu} = \frac{192}{0.35} = 548.6 \text{ N}$$

式 (11-4) より，

$$b = \frac{R}{ph} = \frac{548.6}{0.07 \times 200} = 39.19 \fallingdotseq 40\ \mathrm{mm}$$

ブレーキ容量 μpv は，$v = \dfrac{\pi Dn}{60}$ だから，

$$\mu pv = \mu p\frac{\pi Dn}{60} = 0.35 \times 0.07 \times \frac{\pi \times 500 \times 80}{60}$$

$$= 51.31\ \mathrm{MPa \cdot mm/s} \fallingdotseq 0.0513\ \mathrm{MPa \cdot m/s}$$

これはブレーキ容量の許容値，自然冷却の場合の 1.0 MPa･m/s 以下であるから，過熱の心配はない。

答 $l = 823$ mm，$b = 40$ mm

問 2 図 11-7(a)の単ブロックブレーキで，ブレーキてこの長さを 1200 mm，支点から作用点までの長さを 200 mm のブレーキてこに 150 N の力を加えた。摩擦係数を 0.2 としてこのときのブレーキ力を求めよ。

問 3 図 11-7(b)の複ブロックブレーキで，ブレーキてこの長さを1200 mm，支点から作用点までの長さを 300 mm のブレーキてこに 200 N の力を加えた。ブレーキドラムの直径 400 mm，摩擦係数を 0.2，許容押付け圧力を 0.2 MPa，ブレーキシューの幅を 30 mm としたとき，ブレーキシューの長さおよびブレーキトルクを求めよ。

節末問題

1 図 11-7(a)のような単ブロックブレーキにおいて，ブレーキてこの長さを 1500 mm，支点からブレーキシューがブレーキドラムを押し付ける力 R の作用点までの距離を 500 mm，摩擦係数を 0.2，ブレーキドラムの直径を 400 mm とする。ブレーキてこに 120 N の力を加えたとき，ブレーキドラムを押し付ける力，ブレーキ力，ブレーキトルクを求めよ。

2 図 11-7(a)のような単ブロックブレーキの直径 400 mm のブレーキドラムが，100 $\mathrm{min^{-1}}$ で回転しているとき，幅が 30 mm の鋳鉄製ブレーキシューを押し付けて，120×10^3 N･mm のブレーキトルクを得ようとする。摩擦係数 0.2，許容押付け圧力を 1 MPa とした場合のブレーキシューの長さを求めよ。また，自然冷却の場合，安全かどうかを確かめよ。

Challenge

電車や自動車などに使用されるブレーキには数種類のブレーキが組み合わされる。その組み合わせを調べ，なぜそのような組み合わせをするのか話し合ってみよう。

第12章

ばね・振動

大部分の機械や部品は，外力による弾性変形が少なくなるように設計される。これに対して，ばねは弾性変形を利用する機械要素である。

この章では，ばねにはどんな種類がありどんなところに使われているのだろうか，ばねの性質はどのように表せばよいだろうか，ばねはどのように設計すればよいだろうか，振動や衝撃をやわらげるにはどうすればよいだろうか，などについて調べる。

西洋文明は鍵(key)とともにあるといわれるほど，錠(lock；錠前ともいう)は重要な工芸品であった。イギリスのプラマーは錠の名人と称され，ロンドンの目抜き通りに飾られた作品は，懸賞金つきでも何年間もあける人が出なかったという。

その錠の秘密はコイルばねにあり，コイルばねをつくる機械をみずから製作した。ワイヤを巻いたリールを親ねじで移動させながら，センタで支えられた細い丸棒にワイヤを巻き取ってコイルばねをつくった。親ねじの使いかたは，プラマーの弟子のモーズレイによって旋盤に用いられた。

コイルばね製造機

1節

ばね

ばねは，材料の弾性を利用して，機械的エネルギーを吸収したり，たくわえたりする。そのため，その弾性エネルギーを利用して，力の測定，防振，緩衝などに広く利用されている。

ばねには，使用目的に応じて，いろいろな材料・形状・構造のものがある。ここでは，そのおもなものについて調べてみよう。

電車の台車のばね▶

1 ばねの用途と種類

ばね❶の用途を分けると，次のようになる。

① 荷重と変形の関係の利用（例：ばねばかりのばね）。

② エネルギーをたくわえる機能の利用（例：機械式時計のぜんまい）。

③ ばねの復元力の利用（例：内燃機関の弁ばね，ばね座金）。

④ 振動や衝撃をやわらげる機能の利用（例：電車や自動車のサスペンション用ばね，防振ばね）。

図 12-1 におもなばねの種類を示す。

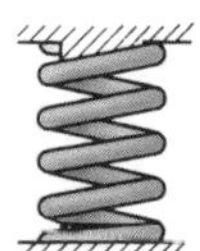

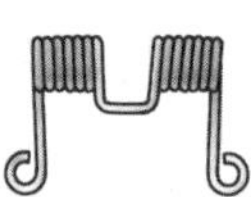

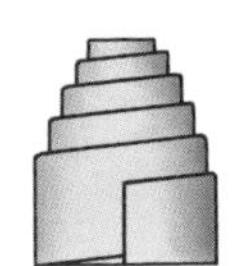

(a) 引張コイルばね❷　(b) 圧縮コイルばね❸　(c) ねじりコイルばね❹　(d) 竹の子ばね❺

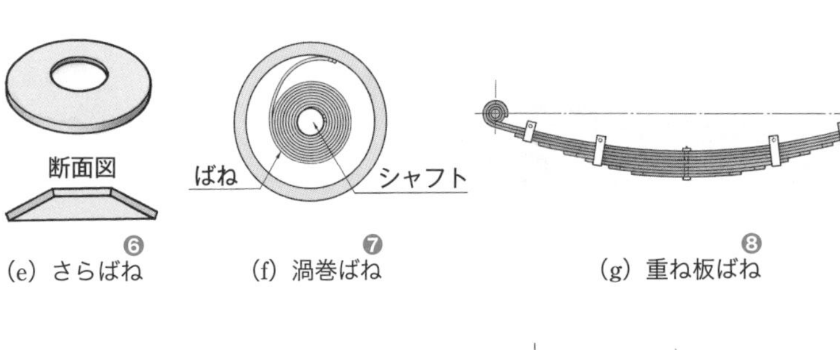

(e) さらばね❻　(f) 渦巻ばね❼　(g) 重ね板ばね❽

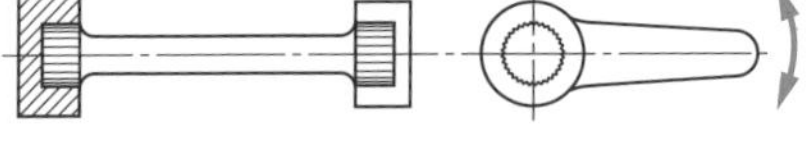

(h) トーションバー❾

▲図 12-1　おもなばねの種類

❶spring

❷extension coil spring
❸compression coil spring
❹torsion coil spring
❺volute spring
❻coned disc spring
❼spiral spring
❽laminated spring, leaf spring
❾torsion bar spring；ねじりを利用する棒状のばね。

2 ばねの材料

ばね材料には，大きな変形に耐えるために引張強さ・弾性限度・疲労限度の高いものを使用する。

金属ばねの材料としては，ばね鋼が最も多く用いられる。耐熱性・耐食性が要求される環境で使用する場合には，ステンレス鋼が用いられる。比較的小さいコイルばねには，ピアノ線が使われる。

このほか，電気計器や各種計測用機器のばねには，非磁性・耐食性のステンレス鋼や，ばね用銅合金が用いられる。

3 ばね定数と弾性エネルギー

1 ばね定数

ばねが，荷重 W [N] を受けて δ [mm] のたわみ[1]を生じるとき，その比 k [N/mm] を**ばね定数**(じょうすう)[2]という。

$$k = \frac{W}{\delta} \qquad (12\text{-}1)$$

ばね定数が大きいと，ばねはかたくなり (たわみにくい)，ばね定数が小さいと柔らかくなる (たわみやすい)。

2 弾性エネルギー

材料に，弾性限度内で，荷重を加えて変形させると，このとき費やしたエネルギーは，変形された材料内にたくわえられる。このエネルギーを**弾性エネルギー**[3]という。

荷重を W [N]，たわみを δ [mm] とすると，弾性エネルギー U [N･mm] は，次の式のようになる。

$$U = \frac{1}{2}W\delta = \frac{1}{2}k\delta^2 \qquad (12\text{-}2)$$

弾性エネルギー U をばね材料の体積 V で除した単位体積あたりの弾性エネルギー (U/V) が大きいばねは，軽量・小形で大きなエネルギーを吸収できるので，緩衝用のばねとして適している。

4 コイルばねの設計

1 ばね材料に生じるねじり応力

図 12-2 のようなばねを**コイルばね**[5]という。コイルばねは，ばね材料をらせん状に巻いたものと考えればよい。

[1] deflection；変位のことであるが，ばね用語では**たわみ**という (JIS B 0103：2015)。

[2] spring constant；ばね定数 (ていすう) ともいう。

[3] elastic energy

[4] 無荷重の状態におけるコイルばねの長さ。

[5] coil spring

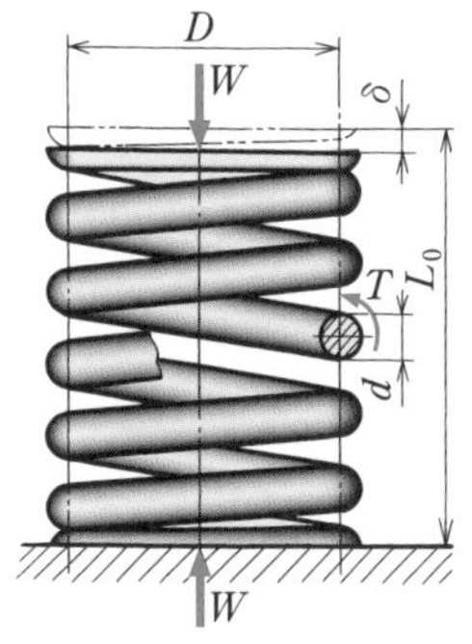

D：コイルの平均直径 [mm]
d：ばね材料の直径 [mm]
G：ばね材料の横弾性係数 [MPa]
W：ばねに加わる荷重 [N]
T：ねじりモーメント [N･mm]
τ_0：ばねに生じるねじり応力 [MPa]
δ：荷重 W のときのたわみ [mm]
L_0：自由長さ[4] [mm]

▲図 12-2　圧縮コイルばね

いま，図 12-3(a)のように図 12-2 のコイル 1 巻きを取り出し，これを図(b)のようにまっすぐに伸ばしたとする。

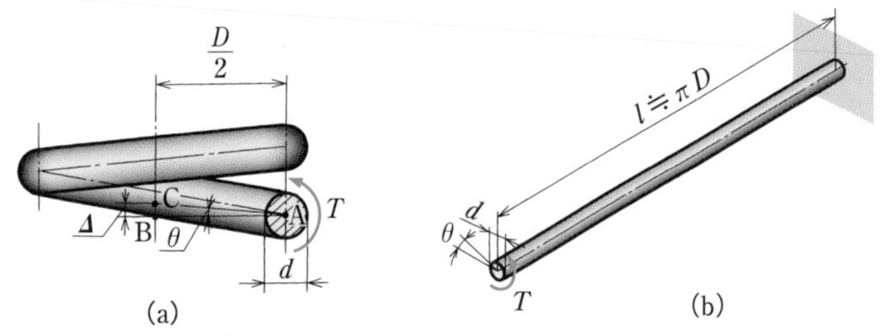

▲図 12-3　コイル 1 巻の展開

ばねのつる巻角が小さく，コイルの平均直径 D [mm] がばね材料の直径 d [mm] に比べて大きければ，軸荷重 W [N] によってばねの各断面の受けるねじりモーメント T は，次の式で表される。

$$T = W\frac{D}{2} \qquad \text{(a)}$$

また，長さ l [mm] の棒にねじりモーメント T [N・mm] が加わって生じるねじり応力❶ τ_0 [MPa] は，ばね材料の極断面係数を Z_p [mm^3] とすると，式 (3-33)❷ より，

$$T = \tau_0 Z_p \qquad \text{(b)}$$

であり，ばね材料が円形断面のときは，$Z_p = \dfrac{\pi}{16}d^3$ だから，式(a)と式(b)より，ねじり応力 τ_0 は次のようになる。

$$W\frac{D}{2} = \tau_0\frac{\pi d^3}{16}$$

$$\tau_0 = \frac{8WD}{\pi d^3} \qquad \text{(12-3)}$$

さらに，図 12-3(b)で，ねじりモーメント T [N・mm] を加えたときの棒のねじれ角 θ [rad] は，ばね材料の断面二次極モーメントを I_p [mm^4] とすると，式 (3-37)❸ より，

$$\theta = \frac{Tl}{GI_p} \qquad \text{(c)}$$

である。

l をコイル 1 巻の長さとすれば $l \fallingdotseq \pi D$，$I_p = \dfrac{\pi}{32}d^4$ であり，式(c)に式(a)を代入すれば，次の式が得られる。

$$\theta = \frac{W\dfrac{D}{2}\pi D}{G\dfrac{\pi d^4}{32}} = \frac{16WD^2}{Gd^4} \qquad \text{(d)}$$

❶**せん断応力**ともいう。

❷「新訂機械要素設計入門 1」の p. 130 参照。

❸「新訂機械要素設計入門 1」の p. 132 参照。

したがって，コイル 1 巻のたわみ $\varDelta$（図 12-3(a)）は，$\varDelta = \mathrm{BC} \fallingdotseq \dfrac{D}{2}\theta$ とすると，式(d)より，

$$\varDelta = \frac{D}{2}\cdot\frac{16WD^2}{Gd^4} = \frac{8WD^3}{Gd^4} \qquad \text{(e)}$$

また，図 12-2 で，ばね全体のたわみ δ は**コイルの有効巻数**❶を N_a とすると，式(e)より次の式のようになる。

$$\delta = N_a\varDelta = \frac{8N_aWD^3}{Gd^4} \qquad (12\text{-}4)$$

実際のねじり応力 τ [MPa] は，ばね材料の曲がりや，荷重による曲げなどのために，ねじり修正応力を τ [MPa]，ねじり応力修正係数を κ（カッパ）とすると，式 (12-3) は次の式のように修正される。

$$\tau = \kappa\frac{8WD}{\pi d^3} \qquad (12\text{-}5)$$

なお，κ は，**ばね指数**❷ $c = \dfrac{D}{d}$ によって，次の式で与えられる。

$$\kappa = \frac{4c-1}{4c-4} + \frac{0.615}{c} \qquad (12\text{-}6)$$

図 12-4 は，式 (12-6) をグラフで表したものである。ばね指数の値が大きすぎても小さすぎても，コイルを巻くのが困難になる。そのため，ばね指数の値は，一般に，熱間成形で 4 ～15，冷間成形で 3 ～22 の範囲とすることが望ましい❸。

2 許容ねじり応力

引張・圧縮コイルばねの許容ねじり応力 τ_a [MPa] は，ばね材料の直径 d [mm] によって異なり，図 12-5 に示す値をとる。使用上の最大ねじり応力は，安全をみて許容ねじり応力の 80% 以下にする。

❶number of active coils；コイルばねが，ばねとして有効に働くと考えられる巻数。
❷spring index
❸ばねを設計するときに考慮する事項（JIS B 2704-1：2018）。
❹ピアノ線（B 種）。
❺硬鋼線（C 種）。
❻ばね用ステンレス鋼線（B 種）。
❼ばね用ステンレス鋼線（A 種）。
❽弁ばね用シリコンクロム鋼オイルテンパー線。
❾ばね鋼鋼材。

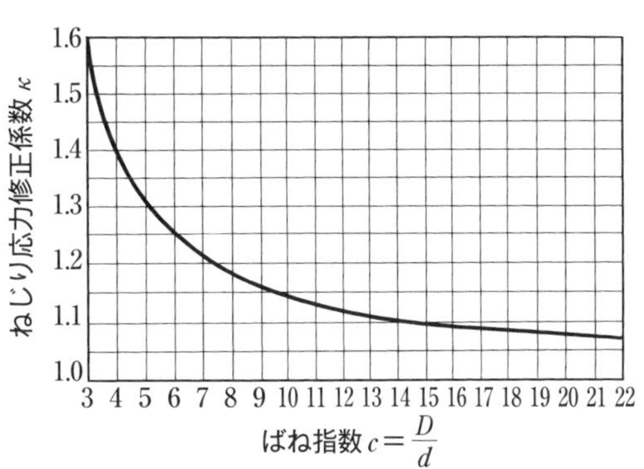

▲図 12-4　ばね指数とねじり応力修正係数
（JIS B 2704-1：2018 による）

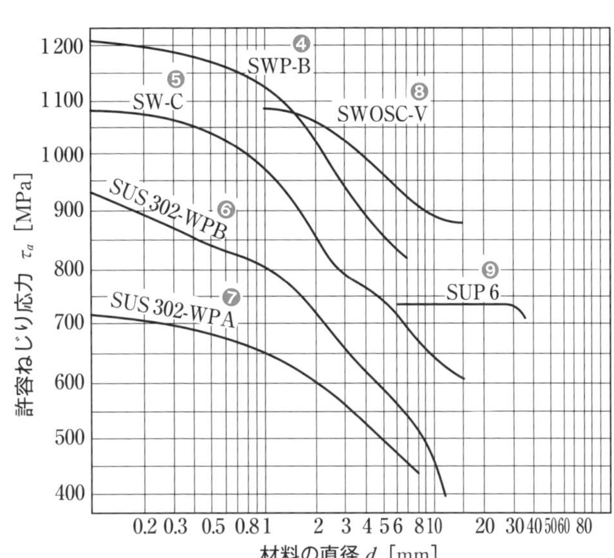

▲図 12-5　圧縮コイルばねの許容ねじり応力
（JIS B 2704-1：2018 から作成）

第 12 章 ばね

3 有効巻数

圧縮コイルばねの両端の形はいろいろあるが，図 12-6 のような端部が多く用いられる。両端を軸に直角になるようにして，ばねの湾曲を防ぐ。この両端部の巻数を**座巻数**という。

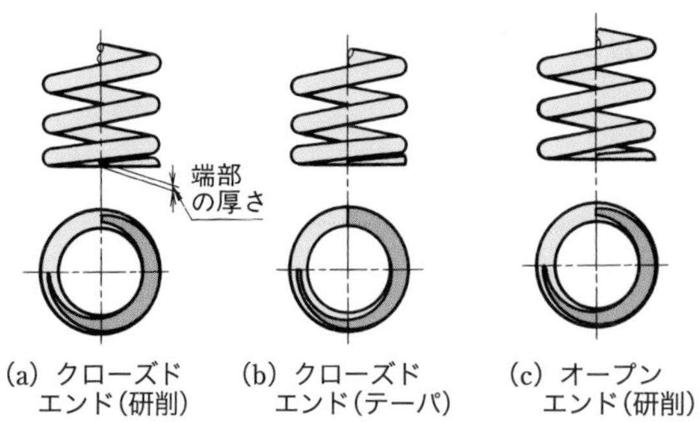

▲図 12-6　圧縮コイルばねの端部❶

図(a)，(b)は座巻数を 1 に，図(c)は座巻数を 0.75 とする。

このように，圧縮コイルばねの端部は，ばね受けとの接触や，ばねの材料どうしの接触により，ばねとして有効に働かない。したがって，総巻数から座巻数を除いた巻数が**有効巻数**になる。有効巻数 N_a は，式 (12-4) より次の式のようになる。

$$N_a = \frac{Gd^4\delta}{8D^3W} \qquad (12\text{-}7)$$

G：横弾性係数 [MPa]　W：ばねに加わる荷重 [N]

D：コイルの平均直径 [mm]

δ：荷重 W のときのたわみ [mm]

d：ばね材料の直径 [mm]

なお，有効巻数を，3 未満にするとばねの特性が不安定になるため，3 以上とすることが望ましい。❷

表 12-1 にばね材料の横弾性係数 G の値を示す。

また，図 12-7 のような引張コイルばねでは，端部にフックをつける。したがって，引張コイルばねの場合，フック部を除いた巻数を有効巻数とする。

❶コイルの端部の厚さは，一般に $d/4$ であるが，使用条件によって厚くすることもある。

▼表 12-1　ばね材料の横弾性係数

材　料	横弾性係数 G [GPa]
ばね鋼鋼材	78.5
硬鋼線	78.5
ピアノ線	78.5
オイルテンパー線	78.5
ステンレス鋼線	68.5
黄銅線	39.0
洋白線	39.0
りん青銅線	42.0
ベリリウム銅線	44.0

(JIS B 2704-1：2018 による)

❷ばねを設計するときに考慮する事項 (JIS B 2704-1：2018)。

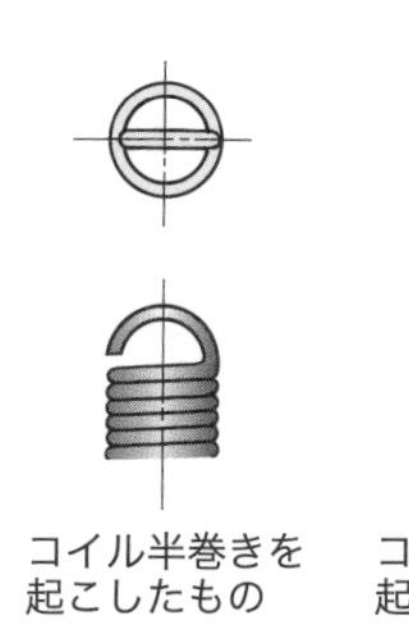
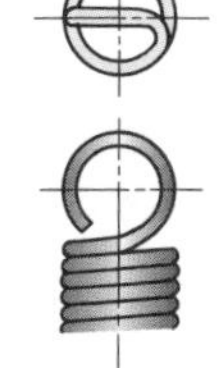
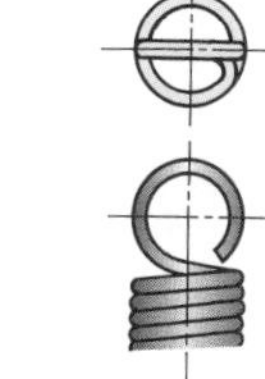

コイル半巻きを起こしたもの
(a) 半丸フック

コイル 1 巻きを起こしたもの
(b) 丸フック

コイル 1 巻きをねじり起こしたもの
(c) 逆丸フック

▲図 12-7　引張コイルばねの端部

4　圧縮コイルばねの縦横比

圧縮コイルばねの密着長さは，応力とたわみが最大になる位置であり，一般に，密着長さ L_C [mm] を求めるには，次の略算式を用いている。

$$L_C = (N_t - 1)d + x \tag{12-8}$$

N_t：コイルの総巻数　d：ばね材料の直径 [mm]

x：コイル両端部の厚さの和❶ [mm]

したがって，圧縮コイルばねの自由長さ L_0 [mm] は，δ を最大たわみとすると，次の式で求められる。

$$L_0 = L_C + \delta \tag{12-9}$$

圧縮コイルばねの自由長さ L_0 がコイルの平均直径 D に比べて大きいと，圧縮によってばねが曲がるおそれがある。圧縮コイルばねでは，縦横比 $\frac{L_0}{D}$ を，一般に，座屈を考慮して 4 以下とし，さらに有効巻数の確保のために 0.8 以上とすることが望ましい❷。

5　ばね定数

コイルばねのばね定数 k は，式 (12-1)，(12-7) より次式のようになる。

$$k = \frac{W}{\delta} = \frac{Gd^4}{8N_aD^3} \tag{12-10}$$

例題 1　ばね材料の直径 $d = 4$ mm，コイルの平均直径 $D = 30$ mm，自由長さ $L_0$❸ $= 75$ mm，有効巻数 $N_a = 10$ の圧縮コイルばねがある。このときのばね定数 k を求めよ。ただし，横弾性係数 $G = 78.5$ GPa とする。

解答　式 (12-10) より，

$$k = \frac{Gd^4}{8N_aD^3} = \frac{78.5 \times 10^3 \times 4^4}{8 \times 10 \times 30^3} = 9.30 \text{ N/mm}$$

答 9.30 N/mm

例題 2　ばね材料の直径 $d = 10$ mm，コイルの平均直径 $D = 55$ mm の圧縮コイルばねに荷重 $W = 2.6$ kN を加えたら，たわみ $\delta = 26$ mm を生じた。このばねの有効巻数 N_a を求めよ。ただし，横弾性係数 $G = 78.5$ GPa とする。また，両端部の座巻数をそれぞれ 1 巻としたときの密着長さ L_C，自由長さ L_0 を求めよ。

❶p.126 の側注❶参照。

❷ばねを設計するときに考慮する事項 (JIS B 2704-1：2018)。

❸L_0 はこの例題の計算には用いないが，この例題では，$\frac{L_0}{D} = 2.5$ であり，圧縮コイルばねの縦横比を満たしている。

解答　有効巻数 N_a は，式(12-7)より，

$$N_a = \frac{Gd^4\delta}{8D^3W} = \frac{78.5 \times 10^3 \times 10^4 \times 26}{8 \times 55^3 \times 2.6 \times 10^3} = 5.898$$

$$\fallingdotseq 6$$

両端部の座巻数をそれぞれ1巻とすれば，総巻数 N_t は，8となる。

密着長さ L_C は，式(12-8)より，

$$L_C = (N_t - 1)d + x = (8 - 1) \times 10 + 5 = 75\ \text{mm}$$

自由長さ L_0 は，式(12-9)より，

$$L_0 = L_C + \delta = 75 + 26 = 101\ \text{mm}$$

答 $N_a = 6$，$L_C = 75\ \text{mm}$，$L_0 = 101\ \text{mm}$

問 1　3本の引張コイルばねをもつエキスパンダ（ばね材料の直径 2 mm，コイルの平均直径 18 mm，有効巻数 250 のばね3本を並列使用）がある。横弾性係数を 78.5 GPa として，次の値を求めよ。

(1)　1本のばねのばね定数

(2)　エキスパンダに 300 N の力を加えたときの伸び

問 2　ばね材料の直径 12 mm，コイルの平均直径 100 mm，横弾性係数が 78.5 GPa のばね鋼でできた有効巻数 14 の圧縮コイルばねに，荷重 150 N を加えたときのたわみと，このときのねじり修正応力を求めよ。

5 板ばね

板ばね[1]は，長方形断面のはりの一種である。薄板の重ねかたによって，図 12-8 の**平板**(ひらいた)**ばね**と図 12-1(g)の**重ね板ばね**に分けられる。

1 平板ばね

平板ばねは，1枚の板で比較的小さな力が加わるところに用いられ，片持板ばね[2]と両端支持板ばね[3]がある。式(3-28)，(3-29)より，最大応力 σ，最大たわみ δ，ばね定数 k は，図 12-8 のようになる。

[1] leaf spring
[2] 片持ばりとして考えることができる（「新訂機械要素設計入門1」のp.101参照）。
[3] 単純支持ばりとして考えることができる（「新訂機械要素設計入門1」のp.101参照）。

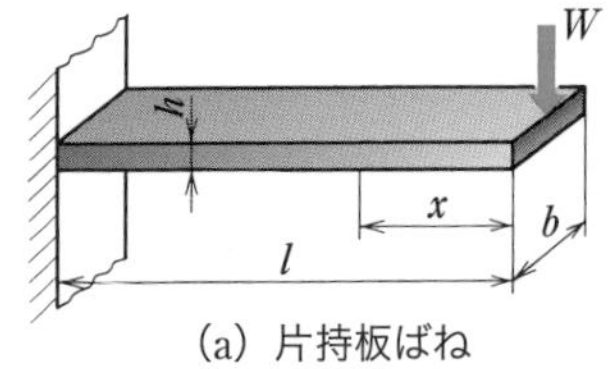

(a) 片持板ばね

$\sigma = \dfrac{6Wl}{bh^2}$（固定端での応力），

$\delta = \dfrac{4l^3W}{bh^3E}$（自由端のたわみ）

$k = \dfrac{W}{\delta} = \dfrac{bh^3E}{4l^3}$（自由端でのばね定数）

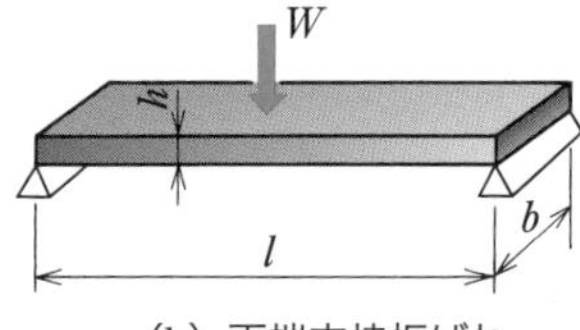

(b) 両端支持板ばね

$\sigma = \dfrac{3}{2}\cdot\dfrac{Wl}{bh^2}$（中央での応力），

$\delta = \dfrac{1}{4}\cdot\dfrac{l^3W}{bh^3E}$（中央のたわみ）

$k = \dfrac{W}{\delta} = \dfrac{4bh^3E}{l^3}$（中央でのばね定数）

単位：h，l，b，δ [mm]，E [MPa]，W [N]，σ [MPa]，k [N/mm]

▲図 12-8　平板ばね

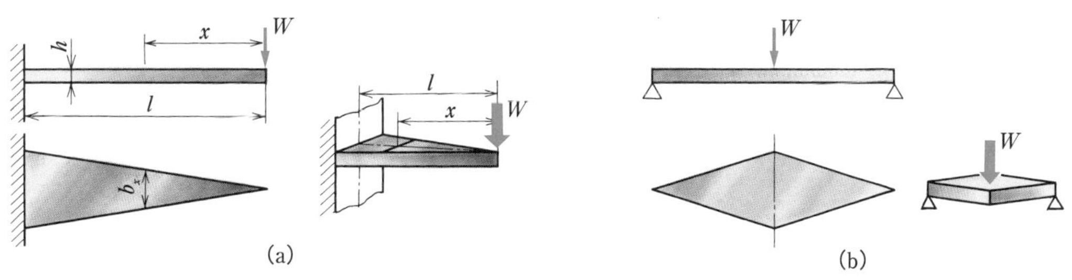

▲図 12-9　平等強さのはり

図 12-8 のように，全長にわたって同じ断面であると，危険断面[❶]以外は強すぎて材料がむだになる。そのために，図 12-9 のように，どの断面にも同じ応力が作用するように断面を変化させて，材料を有効に使ったはりを**平等強さのはり**という。

❶「新訂機械要素設計入門 1」の p.122 参照。

はりの曲げ応力をどの断面も等しくするためには，曲げモーメントを M，断面係数を Z とすると，曲げ応力 $\sigma = \dfrac{M}{Z}$ が一定になるようにすればよい。

片持ばりの自由端に集中荷重 W が加わる図(a)において，自由端から x の距離にある断面では，はりの幅を b_x とおくと，

$$M = Wx,\ \ Z = \frac{b_x h^2}{6} \qquad (12\text{-}11)$$

となる。$\sigma = \dfrac{6Wx}{b_x h^2} =$ 一定 とすると，はりの幅 b_x は次のようになる。

$$b_x = \frac{6Wx}{\sigma h^2}$$

曲げ応力 σ と板の厚さ h を一定とすれば，幅 b_x は自由端からの距離 x に比例し，図(a)のようにばねの形は三角形になる。

これを応用すると，中央に集中荷重を受けるようにした平等強さの両端支持板ばねの形は，図(b)のようにひし形になる。

2　重ね板ばね

図 12-10(a)は，中央に集中荷重を受ける厚さが一定の平等強さの両端支持ばりで，図(b)は，図(a)のひし形を一点鎖線のところで切断して重

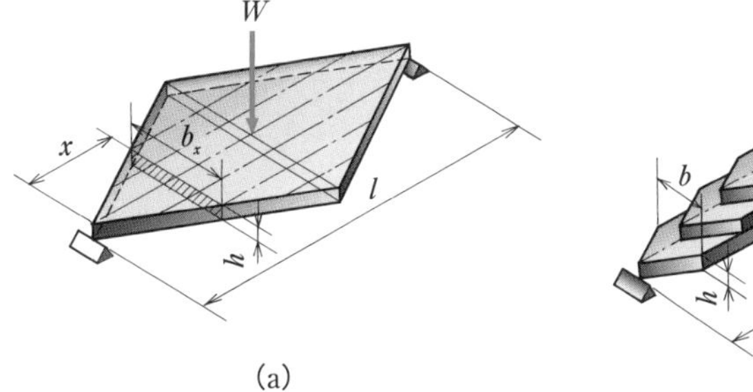

▲図 12-10　重ね板ばね

ねたもので，重ね板ばねはこのようなはりを応用したものである。

図(b)において，板と板の間に摩擦がなければ，曲げ応力 σ_b [MPa]，および，たわみ δ [mm] は，次の式で表される。

$$\left.\begin{aligned}\sigma_b &= \frac{3Wl}{2Nbh^2}\\ \delta &= \frac{3Wl^3}{8Nbh^3E}\end{aligned}\right\} \qquad (12\text{-}12)$$

W：荷重 [N]　l：スパン [mm]　N：板の枚数　b：板の幅 [mm]

h：板の厚さ [mm]　E：縦弾性係数 [MPa]

問 3　図 12-8(a)の片持板ばねで，板の長さ 500 mm，板の厚さ 6 mm，板の幅 100 mm，縦弾性係数 206 GPa，荷重 100 N のとき，ばね定数，最大曲げ応力，最大たわみを求めよ。

問 4　図 12-10(b)の重ね板ばねで，板と板の間に摩擦がないものとして，スパン 500 mm，板の幅 200 mm，板の厚さ 15 mm，板の枚数 4，縦弾性係数 206 GPa，荷重 30 kN のとき，板に生じる最大曲げ応力と最大たわみを求めよ。

6 トーションバー

トーションバー❶は，図 12-11(a)のように，まっすぐな棒の一端を固定して他端をねじり，そのときのねじり変形を利用するばねである。ほかのばねに比べて弾性エネルギーが大きく，形が簡単で，狭い場所に取りつけることができる。

図(b)は自動車の**サスペンション**❷などに用いられているトーションバーの例である。

❶torsion bar spring

❷suspension

❸damper；詳しくは，p. 139 で学ぶ。

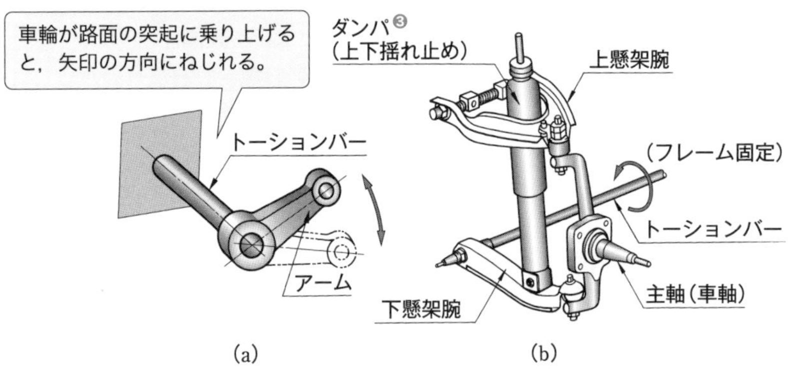

▲図 12-11　トーションバー

図(a)では，ねじりモーメント T [N·mm] を受けると，材料はねじれてねじれ角 θ [rad] が生じる。T と θ の関係は次式のようになり，係数 k_τ [N·mm/rad] を**ねじりのばね定数**という。

$$T = k_\tau \theta \qquad (12\text{-}13)$$

この式に式 (3-37)❶ の θ を代入してねじりのばね定数 k_τ を求めると，次の式のようになる。

$$k_\tau = \frac{GI_p}{l} \qquad (12\text{-}14)$$

G：横弾性係数 [MPa]　I_p：断面二次極モーメント [mm^4]

l：長さ [mm]

❶「新訂機械要素設計入門 1」の p.132 参照。

問 5　図 12-11(a)のトーションバーで，材料の直径 6 mm，長さ 500 mm とする。このトーションバーのねじりのばね定数を求めよ。ただし，横弾性係数は 78.5 GPa とする。

節末問題

1　コイルの平均直径 55 mm，ばね材料の直径 10 mm，有効巻数 6 のコイルばねに，3.9 kN の荷重を加えたら 39 mm のたわみを生じた。このとき，ばねにたくわえられた弾性エネルギーを求めよ。また，このばねの単位体積あたりの弾性エネルギーを求めよ。

2　ばね材料の直径 4 mm，コイルの平均直径 26 mm のピアノ線でできた圧縮コイルばねが，荷重 390 N を加えられて，32 mm たわんで密着している。このばねの有効巻数，密着長さ，自由長さを求めよ。ただし，両端部の座巻数をそれぞれ 1 巻とする。

3　図 12-8(b)のような平板ばねで，幅 100 mm，板厚 2.5 mm，スパン 500 mm とし，スパンの中央に荷重 100 N が加わったとき，中央でのたわみとばね定数を求めよ。ただし，縦弾性係数を 206 GPa とする。

Challenge

1　グループごとに，身のまわりで活躍している「ばね」について調べ，新聞形式 (見出し・前文・本文) でまとめてみよう。

2　A5 サイズのケント紙を 1 枚使って，弾性力の大きい「紙ばね」をつくってみよう。ただし，折る，切る，だけでつくるものとし，テープや接着剤は使用不可とする。また，くふうした点は，学習した用語をできる限り使用してまとめ，発表してみよう。

2節 振　動

車のダンパ▶

自動車や工作機械など，どのような機械でも，振動が生じている。機械が振動や衝撃を受けると，機械の寿命や効率が低下し，精度が悪くなる。

また，自動車など乗物においては，振動があると乗り心地が悪くなる。

ここでは，振動の基本的な事項と，振動を防止し，衝撃を緩和する装置について調べてみよう。

1 振　動

物体が一定の時間ごとに同じ運動を繰り返す現象を，**振動**❶という。

機械は，動力や各部分に加わる力の状態，運動のしかたなど複雑な原因によって振動を生じ，騒音を発する。しかし，図 12-12 (a)のような複雑な振動も，図(b)のような基本的な単振動の組み合わせと考えられる。

(a)

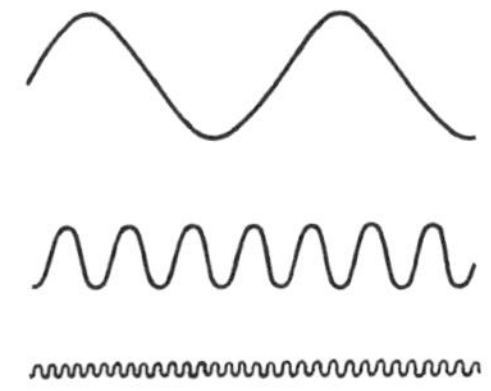

(b)

▲図 12-12　振動

❶oscillation または，vibration

1 単振動

図 12-13 において，点Pが半径 r [m] の円周上を角速度 ω [rad/s] で等速円運動をしているとき，直径 BD 上への点Pの投影を点Qとすると，点Qは点Pが円周を 1 回転する間に，BD 間を 1 往復する。

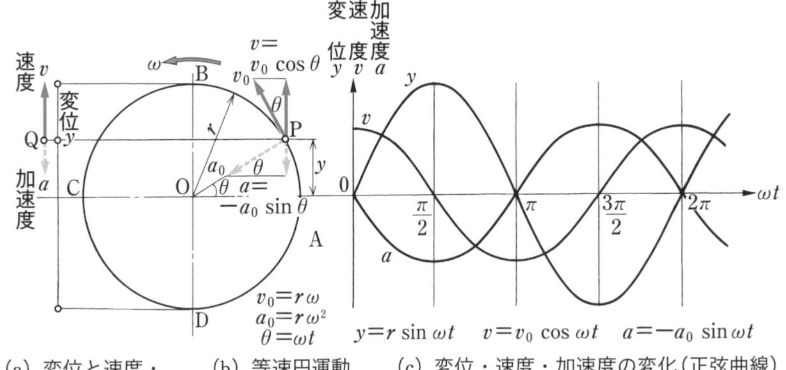

(a) 変位と速度・加速度の変化　(b) 等速円運動　(c) 変位・速度・加速度の変化（正弦曲線）

▲図 12-13　単振動

この点の運動は次の式で表される。

$$y = r\sin\omega t$$

$$a = -r\omega^2\sin\omega t = -y\omega^2$$

y：変位 [m]　t：変位時間 [s]　a：加速度 [m/s²]

このような時間の正弦関数で表される点Qのような運動を**単振動**❶といい，加速度はつねに中心に向かって働いている。したがって，単振動をしている物体の質量を m [kg] とすれば，働いている力 F [N] は，次のようになる。

❶simple harmonic motion

$$F = ma = -my\omega^2 \qquad (12\text{-}15)$$

単振動において，往復運動（振動）する距離を $2r$ とすれば，r を**振幅**❷，1 振動するための時間 T を**周期**❸，単位時間に行う振動の回数 f を**振動数**❹といい，1 秒間の振動数の単位には Hz❺ を用いる。

❷amplitude
❸period
❹frequency
❺Hertz；ヘルツ

$$T = \frac{2\pi}{\omega} \qquad (12\text{-}16)$$

$$f = \frac{1}{T} = \frac{\omega}{2\pi} \qquad (12\text{-}17)$$

$$\omega = 2\pi f \qquad (12\text{-}18)$$

なお，角速度 ω を**円振動数**❻または**角振動数**❼ともいう。

❻circular frequency
❼angular frequency

問 6　角速度 31.4 rad/s で単振動するときの周期を求めよ。

問 7　周期 0.2 秒で単振動するときの振動数を求めよ。

2　ばね振り子

図 12-14(b)のように，ばね定数 k [N/m] のコイルばね（ばねの質量は考えない）に質量 m [kg] のおもりをつるしたとき，ばねが δ [m] 伸びたとすれば，

$$mg = k\delta$$

でつり合っている。

つり合いの位置Aを原点とし，ばねを引く方向の鉛直下向きを正として考える。図(c)のように，物体を下方に y [m] だけ引っ張って点Bで放すと，物体は点Aを通過して点Cまで上昇し，また下降しはじめる。

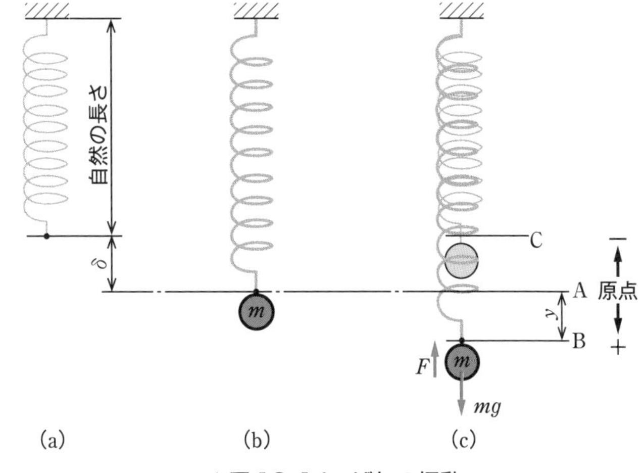

▲図 12-14　ばねの振動

第12章 ばね

点Bで物体に働く力をF [N] とすると，mg [N] が下向きに働き，ばねの力$k(y+\delta)$が上向きに働くから，

$$F = mg - k(y+\delta) = mg - ky - k\delta$$

となり，次の式が得られる。

$$F = -ky \qquad (12\text{-}19)$$

したがって，物体に働く力Fは上向きとなる。このことから，物体には，つり合いの位置Aからの距離に比例した力が，つねに点Aに向かって働くことを示し，ばねの振動は単振動であることがわかる。

式 (12-15)，式 (12-19) から，

$$m\omega^2 = k$$

$$\omega = \sqrt{\frac{k}{m}} \qquad (12\text{-}20)$$

となり，次の式が得られる。

$$\left.\begin{array}{ll} \text{周　期} & T = \dfrac{2\pi}{\omega} = 2\pi\sqrt{\dfrac{m}{k}} \\ \text{振動数} & f = \dfrac{1}{T} = \dfrac{1}{2\pi}\sqrt{\dfrac{k}{m}} \end{array}\right\} \qquad (12\text{-}21)$$

式 (12-21) より，ばねの振動数は，ばね定数kが大きいほど大きく，おもりの質量mが大きいほど小さいことがわかる。

3　振動の減衰

実際の振動は，物体に働くいろいろな抵抗によって，時間がたつに従って振幅がしだいに小さくなり，ついには止まってしまう。このように，しだいに振幅の小さくなる振動を**減衰振動**[1]という (図 12-15)。

振動体に，外部から周期的に大きさの変化する力を作用させると振動がはじまる。この振動を**強制振動**[2]，この力を**強制力**[3]という。

自由振動[4]をしているばねに強制力を働かせると，図のように，自由振動と強制振動が合成された振動となる。自由振動が減衰振動であれば，自由振動は次第に振幅を減少して，ついには，強制振動だけになってしまう。

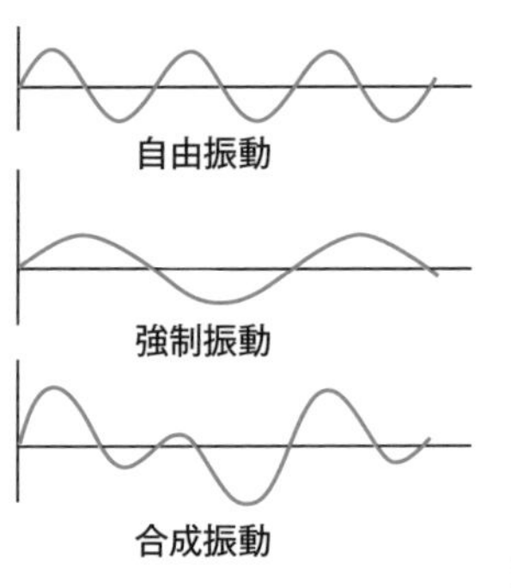

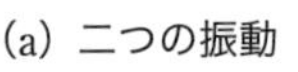

(a) 二つの振動

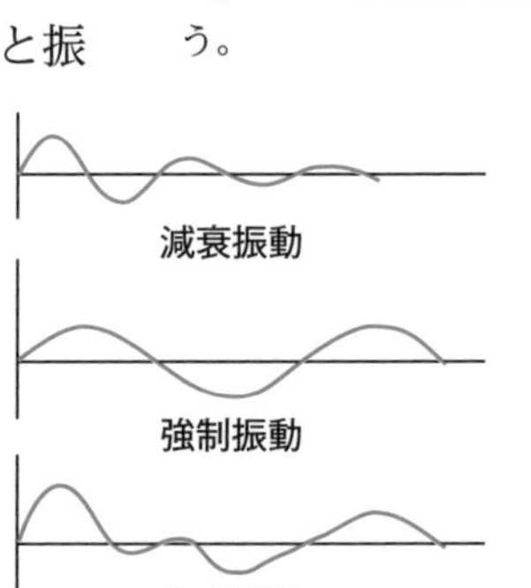

自由振動の振幅がしだいに減少するので，時間とともに強制振動に移っていく。

(b) 減衰振動の合成

▲図 12-15　自由振動と強制振動の合成

[1] damped oscillation

[2] forced oscillation

[3] exciting force

[4] 最初に振動を起こさせた力以外の外部からの力が作用しないときの振動。自由振動の振動数は，物体に固有の振動数をもっているので，これを**固有振動数**という。

振動体が強制振動をしているとき，図 12-16 のように，その強制力の円振動数 ω が振動体の**固有円振動数**❶ ω_n に近いと振幅が大きくなり，$\omega=\omega_n$ の場合，強制力は小さくても振幅がきわめて大きくなる。この現象を**共振**❷といい，ばねや回転軸が共振すると，運転中に突然破壊したりして危険である。

❶固有振動数を円振動数で表したものを固有円振動数という。

❷resonance

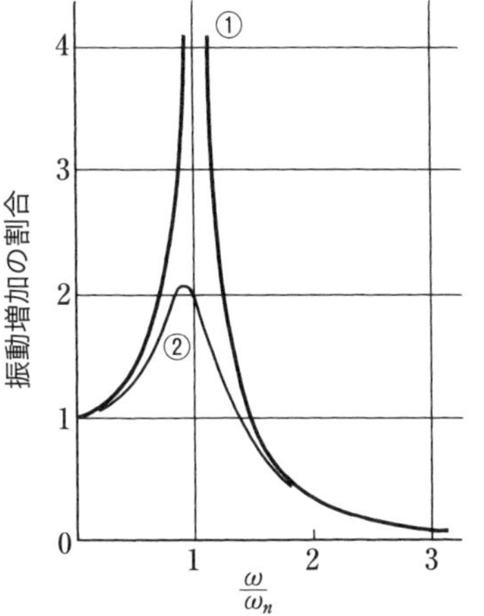

横軸　$\dfrac{\text{強制振動の円振動数}}{\text{自由振動の固有円振動数}}=\dfrac{\omega}{\omega_n}$

縦軸　振幅の増加の割合（増幅率）

①　減衰しない自由振動に強制力を加えた場合，ω が ω_n に近づくと振幅の増加は急激に大きくなり，$\omega=\omega_n$ では無限大となる（共振現象）。

②　減衰振動に強制力を加えた場合の例で，自由振動の減衰状態によっては振幅の増加はないこともある。

共振による振幅の異常な増加は，$\dfrac{\omega}{\omega_n}$ が 1 ± 0.2 の範囲で起こるとみることができる。

▲図 12-16　共振

2　回転軸の振動

図 12-17 のような回転軸で，荷重 $W=mg$ [N] によるたわみを δ [m]，重心Gのずれ❸を e [m]，軸の角速度を ω [rad/s]，軸のばね定数を k [N/m] とすると，遠心力と軸に生じる弾性の力がつり合うため，次の式がなりたつ。

❸材質の不均一などにより生じる。

$$m(\delta+e)\omega^2=k\delta$$ ❹

❹「新訂機械要素設計入門1」の p. 45 参照。

$$\delta=\frac{e\omega^2}{\dfrac{k}{m}-\omega^2}$$

式 (12-20) から，$\sqrt{\dfrac{k}{m}}$ は軸が振動するときの固有円振動数 ω_n であるから，

$$\omega_n{}^2=\frac{k}{m}$$

となる。したがって，

$$\delta=\frac{e\omega^2}{\omega_n{}^2-\omega^2}=\frac{e\left(\dfrac{\omega}{\omega_n}\right)^2}{1-\left(\dfrac{\omega}{\omega_n}\right)^2}\qquad(12\text{-}22)$$

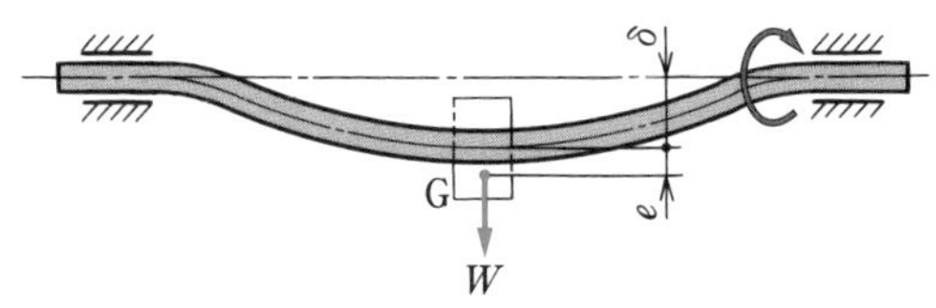

▲図 12-17　回転軸の振動

となり，$\dfrac{\omega}{\omega_n}=1$ のとき，たわみ δ は無限大になる。このとき，軸の角速度 ω が ω_n に近くなると共振を起こし，たわみが大きくなって，激しく振動し，軸や軸受を破損することがある。

$\omega=\omega_n$ のときの角速度をその軸の**危険速度**❶という。

回転軸は，使用回転速度を危険速度から離れた状態にし，もし，危険速度より高い回転速度で使わなければならないときは，できるだけ短時間に危険速度から脱するようにする。

❶critical speed；軸の回転速度は $[\mathrm{min}^{-1}]$ で表すので，危険速度も $[\mathrm{min}^{-1}]$ で表すことが多い。

3 防振と緩衝

緩衝装置は，機械に加わる衝撃力や振動を緩和する装置で，ばね・ゴム・油圧・空気圧などを単独または組み合わせて緩衝するものである。

1 機械の振動防止

機械には，ピストンのように往復運動をする部分や，クランク軸のようにトルクの加わりかたが変動する部分もあり，いずれも振動の原因となる。回転体には，これら原因のわかる振動のほかに，工作上の誤差による重心と回転軸心のわずかのずれや，材質の不均一などにより生じる強制振動があり，とくに高速回転をする回転体の振動防止のためには，回転体のつり合いをとる必要がある。

●静つり合い　図 12-18 で，回転体の軸心から r_1 のところに質量 m_1 の不つり合いがあったときには，$m_1gr_1=m_2gr_2$ になるような質量 m_2 を反対側 r_2 の位置につければ，つり合わせることができる。これを**静つり合い**❷といい，砥石車のように回転体の重心が軸受に近い場合には，このようにしてつり合わせる。

❷static balance

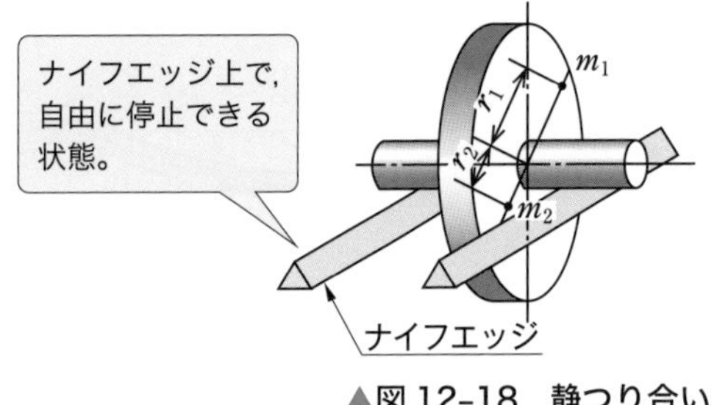

▲図 12-18　静つり合い

動つり合い　電動機の回転軸のように，比較的長い軸に質量の大きい回転体が取りつけられている場合には，不つり合いの質量 m が回転軸の中心から距離 r にあるとき，静つり合いがとれていても，軸が回転すれば，m に対する遠心力が働き，振動の原因になる。一般には，動つり合い試験をして，つり合う修正質量とその位置を決定し，つり合わせることができる。これを**動つり合い**❶という。図 12-19 に車輪の動つり合い試験を示す。

▲図 12-19　車輪の動つり合い試験

❶dynamic balance

振動絶縁　振動の発生を避けられない機械から振動が伝わるのを弱めたり，外部から振動が伝わるのを防止したりするために，弾性体などによって振動を防止することを**振動絶縁**❷という。

❷vibration isolation

どうしても振動の発生が避けられない機械を基礎に取りつけるとき，振動が基礎に伝わるのを防ぐために，図 12-20 のように，振動する機械をばねで支えたりする。このとき機械が起こす力の振幅を F_0，基礎に伝えられる力の振幅を f_0 とすれば，$\tau = \dfrac{f_0}{F_0}$ を力の**伝達率**❸という。伝達率は，ばね定数 k が小さいほど小さくなるから，できるだけ k の小さいばねで支えるようにする。

❸transmissibility

また，機械本体を質量の大きな台の上に固定して，これをばねで支えれば，基礎に振動が伝わりにくくなる。実際には，さらにオイルダンパや防振ゴム❹などを使って減衰作用をさせる。

❹rubber vibration isolator

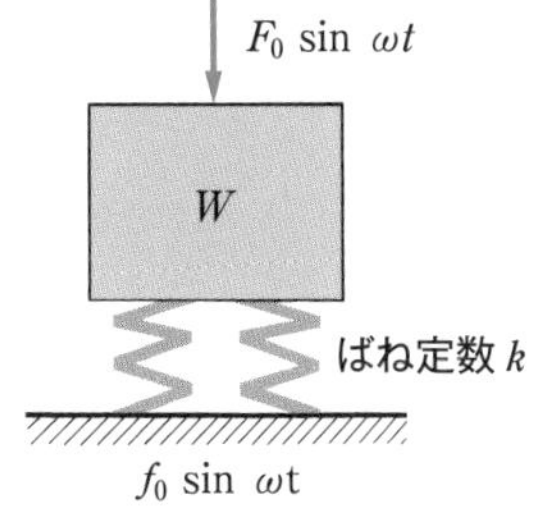

機械による加振力が $F_0 \sin \omega t$ のとき，
基礎の受ける力を $f_0 \sin \omega t$ とすると，
伝達率 $\tau = \dfrac{f_0}{F_0}$

▲図 12-20　振動絶縁

2 防振・緩衝装置

防振ゴム　ゴムは弾性が大きく，金属ばねのように形状の制限がなく，内部摩擦が大きいので振動の減衰に役立ち，防音効果もすぐれ，とくに機械の基礎の防振用に多く使われる。欠点としては，老化現象がみられ，かつ，引張荷重が作用する場合には適さない。

図 12-21 に防振ゴムの形状を示す。

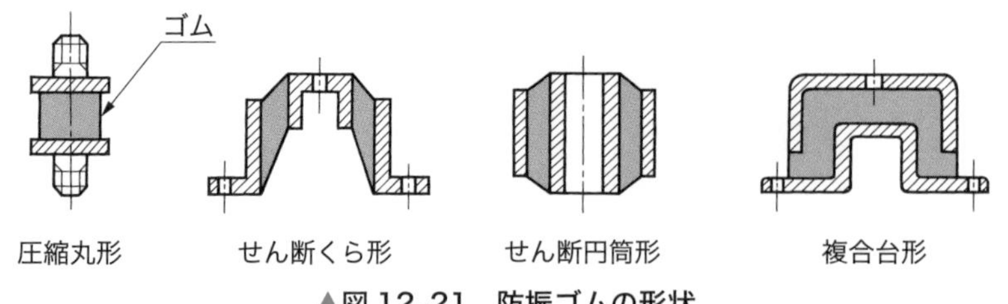

▲図 12-21　防振ゴムの形状

空気ばね　金属ばねの作用だけを使った緩衝器は，構造は簡単であるが，振動の吸収がふじゅうぶんなので，ダンパなどと組み合わせて用いる。

流体（空気・油など）が細い**オリフィス**[1]からだけ逃げる構造を用いた緩衝器は振動や衝撃の減衰に対して効率がよい。**空気ばね**[2]はその一つで，空気の圧縮作用を利用したものであり，大型自動車や鉄道車両などに使われている。

❶orifice；流体が流れるすき間や小さい穴をいう。
❷air spring

空気ばねは，金属ばねに比べて，次のような利点がある。

1)　ばね定数は荷重に比例して変化し，小さくすることができる。
2)　固有振動数は，荷重に無関係にほぼ一定に保つことができ，乗り心地をよくすることができる。
3)　適当な減衰性を与えることができる。
4)　空気圧（空気量）を調整して，荷重の大きさに関係なく，ばねの高さを一定にできる。

空気ばねには，ベローズ式，ダイヤフラム式，油圧式のものがある。図 12-22 はベローズ式空気ばねである。

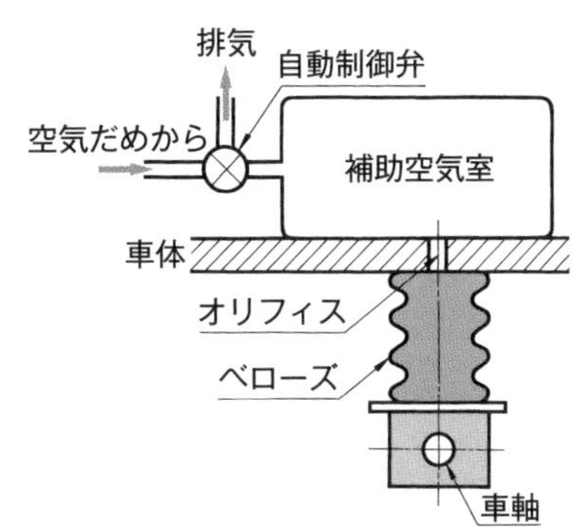

空気ばね本体は，ナイロンコードのはいった膜ベローズでばね作用をする。
補助空気室は，空気ばね本体の体積だけでは小さいばね定数が得られないので設ける。
自動制御弁は，乗客や積荷の変動で車体の高さがかわったとき，この高さの変化に従って自動的に空気圧を調整して，つねに車体を一定の高さにする。オリフィスは，振動や衝撃の減衰作用をさせるために設けてある。

▲図 12-22　ベローズ式空気ばね

●油圧ダンパ　ダンパは，振動の減衰，振幅の減少などのために使われるもので，鉄道車両・自動車・構造物および配管などの振動減衰には，**油圧ダンパ**❶がよく使われる。図 12-23 に油圧ダンパの例を示す。

❶oil damper

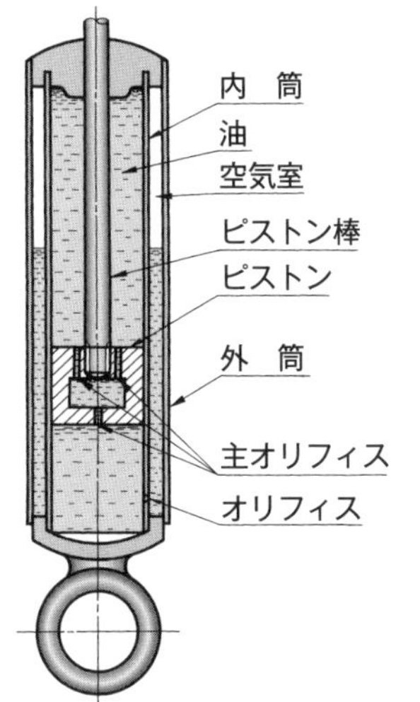

ピストン棒が下に押されると，ピストン下部の油は一部が主オリフィスを通ってピストンの上部に逃げ，一部はオリフィスを通って内筒と外筒のすきまに逃げる。そのときの流体抵抗で衝撃を緩和する。

▲図 12-23　油圧ダンパの例

節末問題

1 振幅 10 mm，振動数 20 Hz の単振動をしている物体の質量が 1 kg のとき，周期および円振動数を求めよ。また，この物体に働く中心向きの力を求めよ。

2 ばね定数 $k = 10$ kN/m のばねに，質量 50 kg の物体をつけて，つり合いの位置から少し引っ張って離した。このときの振動の周期と振動数を求めよ。

3 質量 10 kg のおもりを，ばね定数 $k = 10$ kN/m のばねでつってある。これに共振させる強制力の振動数を求めよ。

4 両端が軸受で支えられている，長さ 1500 mm，直径 70 mm の丸軸の中央に，質量 200 kg のタイヤが取りつけてある。この軸の危険速度を求めよ。ただし，軸の縦弾性係数 $E = 200$ GPa，軸自身の質量は考えず，軸は両端の軸受の部分で自由に回転できるものとする。また，スパン l の両端支持ばりの中央に荷重が加わるときのはりのばね定数 k は，$k = \dfrac{48 \times EI}{l^3}$ として計算せよ。

Challenge

1 身のまわりで，振動を利点として活用している例を調べてみよう。また，役に立つ振動の活用法を考えてみよう。

2 ばね・振動で学習した内容に関連した新聞記事を見つけ，その記事を 200 文字以内で要約してみよう。

第13章

節

1 圧力容器

2 管　路

圧力容器と管路

機械では圧力をもつ流体を扱うことも多い。たとえば，油圧によって動作を制御する工作機械，空気圧を使った車両の制動装置などがある。これらには，シリンダやタンクなどの圧力容器，また，圧力のある流体を輸送する管路，さらには，流量や流速を制御する弁などが必要である。

流体を扱う装置では，容器や管路などの強さに注目することは当然であるが，流体の温度や種類および漏れ，腐食などについても注意しなければならない。

この章では，圧力容器にはどのような力が加わっているだろうか，管路や管継手にはどのような種類があるだろうか，などについて調べる。

図は，レオナルド・ダ・ヴィンチが描いた水道用木管の中ぐり盤の構想である。ベッドの上には材料を固定する両端が八角形のフランジとそれを移動させる台，さらに刃物を取りつける主軸が配置されている。管となる木材は，八角形のフランジに設けた向かいあう二対のねじとつめを同じ距離動かすことによってチャッキング（つかむこと）され，自動的に中心が出るようになっている。

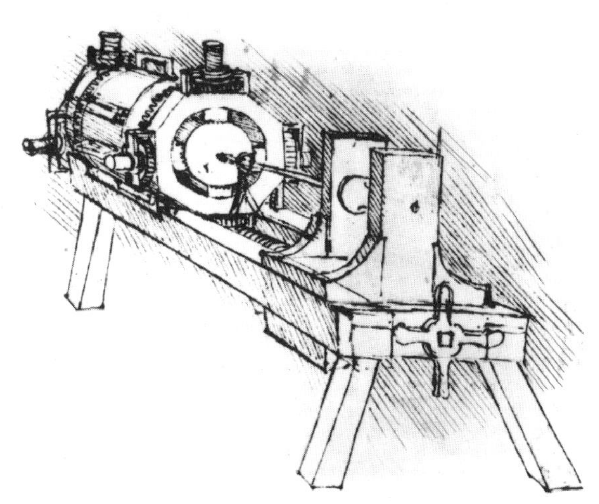

レオナルド・ダ・ヴィンチによる木管加工用機械のスケッチ

1 節

圧力容器

酸素ガスやプロパンガスなどを収める容器（内圧を受ける容器）は，どのようなものがよいのだろうか。
また，水中に沈める容器のように，外から圧力のかかるものもある。ここでは，内圧を受ける円筒形や球形の容器の設計の基礎を学ぼう。

ガスタンク▶

1 圧力を受ける円筒と球

ガスタンクや酸素ボンベのように，圧力のある流体を内部に収めるものを**圧力容器**[1]という。内燃機関や水圧機のシリンダなども圧力容器の一種である。

容器に密封された気体や液体の圧力は，すべて容器の内壁に垂直に働く。容器の強さは，薄肉の場合と厚肉の場合とでは計算方法が違う。

2 円筒容器

1 薄肉円筒

図 13-1 のように内径 D の円筒に内圧（圧力）p が加わっているとき，この円筒は，円周方向と軸方向とに，内圧による作用を受ける。円周方向とは，軸線を含む縦断面 AB を境として上下に離そうとする方向とし，軸方向とは，円環状の MN 断面を境として左右に離そうとする方向とする。このとき，円周方向の作用によって断面 AB に応力が生じ，軸方向の作用によって円環面 MN にも応力が生じる。

この応力は，円筒の外壁から内壁に向かってしだいに大きくなるが，内径に比べて肉厚の小さい円筒では一様であるとみなすことができる。このような円筒を**薄肉円筒**[2]という。

[1] pressure vessel

[2] thin cylinder

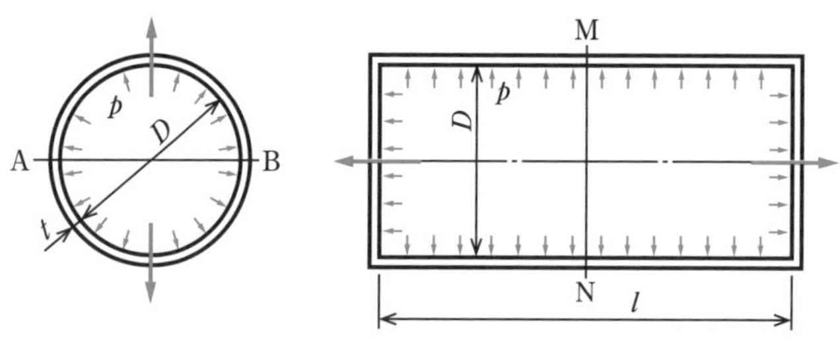

▲図 13-1　内圧を受ける薄肉円筒(1)

●円周方向の応力　円筒の内壁に加わる内圧は，内壁に垂直に働くので円筒の軸心から放射状に作用する。

いま，図 13-2(a)のように軸線を含む面で切断してみると，半円形に加わる内圧による合力は，切断面に垂直な方向に加わって，円筒を二つの部分（上下）に切り離そうとしていることがわかる。すなわち，全圧力❶ P [N] が円筒の肉厚部 AA′ と BB′ に加わっており，この両面に引張応力 σ [MPa] が生じて抵抗している。

❶圧力容器の場合，内圧による力を**全圧力**ということが多い。

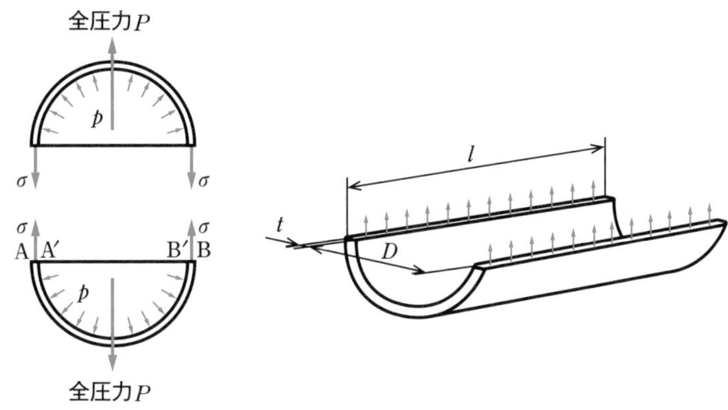

(a) 円周断面の合力のつり合い　　(b) 断面の円周方向の応力

▲図 13-2　内圧を受ける薄肉円筒(2)

円筒の長さを l [mm]，肉厚を t [mm] とすると，これらの間には $P = 2\sigma t l$ の関係がある。

また，全圧力 P の大きさは，図(b)の円筒の内径 D [mm] と長さ l でつくる長方形断面 Dl に，内圧 p [MPa] が加わるときの全圧力に等しいから，$P = pDl = 2\sigma t l$ となり，次の式がなりたつ。

$$\sigma = \frac{pD}{2t}, \quad t = \frac{pD}{2\sigma} \qquad (13\text{-}1)$$

軸方向の応力　円筒の軸方向に生じる応力は，図 13-3 のように，円環状の MN 面に働く軸方向に引き離す力に対する引張応力 σ' である。

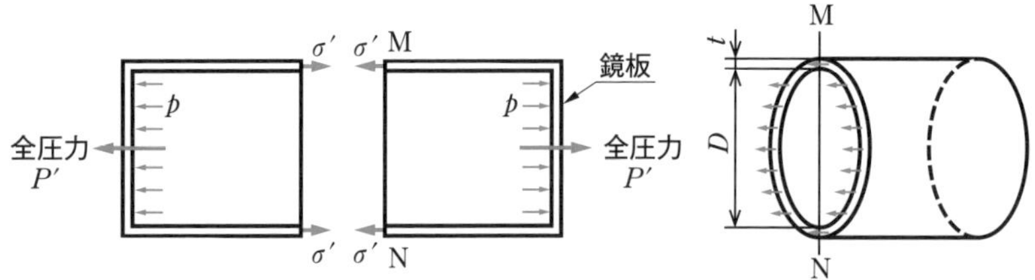

▲図 13-3　内圧を受ける薄肉円筒(3)

また，軸方向に引き離す力は，容器の**鏡板**（両端のふたの部分）に加わる全圧力 P' とみなすことができる，また，$P' = p\dfrac{\pi D^2}{4}$ となり，これとつり合う内力は $\sigma'\pi Dt$❶ であるから，次の式が得られる。

$$p\frac{\pi D^2}{4} = \sigma'\pi Dt,\quad \sigma' = \frac{pD}{4t} \qquad (13\text{-}2)$$

したがって式 (13-1) とくらべると，σ' は σ の $\dfrac{1}{2}$ の大きさであるから，円筒の強さや板厚を求めるには，円周方向の応力 σ だけを考えればよいことになる。実用的には，安全率，継手効率❷などを考慮して設計する。

❶円筒の肉厚の断面積Aは
$A = \dfrac{\pi}{4}(D + 2t)^2 - \dfrac{\pi}{4}D^2$
$= \pi(Dt + t^2)$ となるが，t は D に比べてはるかに小さいので πt^2 を省略し，$A = \pi Dt$ としている。

❷もとの材料の強さと継手部の強さとの比。

例題 1　厚さ $t = 5$ mm の鋼板でつくった内径 $D = 400$ mm の薄肉円筒に圧力 $p = 2$ MPa のガスが封入されている。板に生じる円周方向の応力 σ を求めよ。

解答　式 (13-1) より，応力 σ は次のように求められる。

$$\sigma = \frac{pD}{2t} = \frac{2 \times 400}{2 \times 5} = 80 \text{ MPa}$$

答 80 MPa

問 1　内径 1200 mm の薄肉円筒容器に，圧力 1.6 MPa のガスを封入するときの円筒の鋼板の厚さを求めよ。ただし，許容引張応力は 80 MPa とする。

問 2　容量が同じで，内径の大きいものと小さいものとの，二つの薄肉円筒容器がある。容器の鋼板の厚さが等しいものとすれば，どちらがじょうぶかを考えてみよ。

2 厚肉円筒

内壁と外壁の円周方向の応力は，薄肉円筒ではその差が小さいので，一様な応力が生じているとみなしたが，肉厚が大きくなるに従って，図 13-4 のように外壁より内壁のほうの応力が大きくなる。

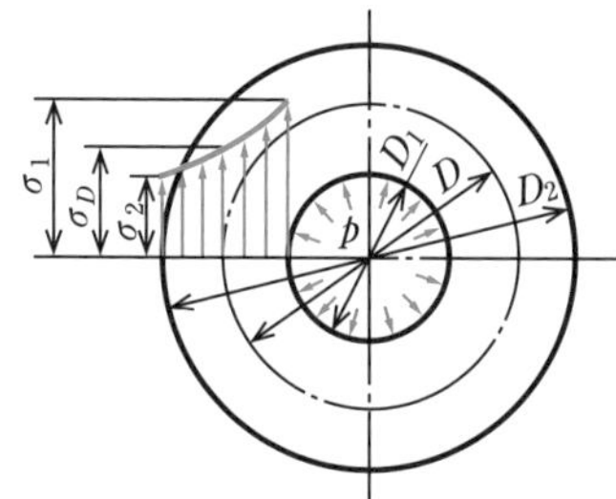

▲図 13-4　厚肉円筒

このような円筒を**厚肉円筒**[1]といい，肉厚と応力の関係を示すには，次の式が広く用いられる。

[1] thick cylinder

$$\sigma_D = \frac{pD_1{}^2(D_2{}^2 + D^2)}{D^2(D_2{}^2 - D_1{}^2)} \qquad (13\text{-}3)$$

したがって，最大の円周方向の応力 σ_1 が内壁に生じ，その値は，式 (13-3) において $D = D_1$ とすれば，次の式から求めることができる。

$$\sigma_1 = \frac{p(D_2{}^2 + D_1{}^2)}{D_2{}^2 - D_1{}^2} \qquad (13\text{-}4)$$

式 (13-4) から，次の式が得られる。

$$\frac{D_2}{D_1} = \sqrt{\frac{\sigma_1 + p}{\sigma_1 - p}} \qquad (13\text{-}5)$$

例題 2　内圧 $p = 8$ MPa を受ける内径 $D_1 = 100$ mm の厚肉円筒の肉厚 t を求めよ。ここで，許容引張応力 $\sigma_a = 20$ MPa とする。

解答　内壁に生じる応力 σ_1 を許容引張応力 σ_a に等しくすればよい。したがって，式 (13-5) から，

$$\frac{D_2}{D_1} = \sqrt{\frac{\sigma_a + p}{\sigma_a - p}} = \sqrt{\frac{20 + 8}{20 - 8}} = 1.528$$

よって，$D_2 = 1.528D_1 = 1.528 \times 100 = 152.8$ mm

肉　厚　$t = \frac{D_2 - D_1}{2} = \frac{152.8 - 100}{2} = 26.4$ mm

答 26.4 mm

問 3　内径 800 mm，外径 1 200 mm の円筒に，圧力 10 MPa の流体を封入したとすれば，最大の円周方向の応力はいくらになるかを求めよ。

3 円筒容器の設計

JIS[1]では，円筒の内圧 p [MPa] の大きさによって，使用すべき円筒容器を薄肉，厚肉のどちらにするのかを区別している。許容引張応力 σ_a [MPa]，板の継手効率を η とすれば，

$$p \leqq 0.385\sigma_a\eta \text{ のとき，薄肉円筒}$$

$$p > 0.385\sigma_a\eta \text{ のとき，厚肉円筒}$$

とする。火気を受けない円筒容器の場合，それぞれの肉厚 t [mm] を求める式（内径基準）は，円筒内径を D [mm] として，次のように決められている。

$$\text{薄肉円筒の場合：} t = \frac{pD}{2\sigma_a\eta - 1.2p} \quad (13\text{-}6)$$

$$\text{厚肉円筒の場合：} t = \frac{D}{2}\left(\sqrt{\frac{\sigma_a\eta + p}{\sigma_a\eta - p}} - 1\right) \quad (13\text{-}7)$$

式 (13-6) は，おもに強さから，板の厚さを求めるものであるが，陸用鋼製ボイラではその他の条件も考慮して，胴板の厚さは表 13-1 のように規定されている。

[1] JIS B 8265：2017 圧力容器の構造。

▼表 13-1　陸用鋼製ボイラの胴板の最小厚さの制限

ボイラの内径 [mm]	板の厚さ [mm]
900 以下	6
900 を超え 1 350 以下	8
1 350 を超え 1 850 以下	10
1 850 を超えるもの	12

（JIS B 8201：2013 による）

例題 3　内径 $D = 1\,200$ mm，最高使用内圧 $p = 0.9$ MPa の圧力容器の胴板の厚さ t を求めよ。板の引張強さ $\sigma = 420$ MPa，安全率は 4，継手効率 $\eta = 95\%$ とする。

解答　胴板の許容引張応力 σ_a は，安全率が 4 であるから，

$$\sigma_a = \frac{420}{4} = 105 \text{ MPa}$$

薄肉円筒，厚肉円筒のどちらで計算するかを判断するため，$0.385\sigma_a\eta$ を求める。

$$0.385\sigma_a\eta = 0.385 \times 105 \times 0.95 = 38.4 \text{ MPa} \quad (> p = 0.9 \text{ MPa})$$

したがって薄肉円筒として，式 (13-6) より，胴板の厚さ t は次のように求められる。

$$t = \frac{pD}{2\sigma_a\eta - 1.2p} = \frac{0.9 \times 1\,200}{2 \times 105 \times 0.95 - 1.2 \times 0.9} = 5.443 \fallingdotseq 6 \text{ mm}$$

答 6 mm

問 4 最高使用内圧 1 MPa の圧力円筒容器の内径を 1 000 mm としたい。許容引張応力が 50 MPa の鋼板でつくるとき，肉厚を求めよ。ただし，継手効率は 95% とする。

問 5 8 MPa の内圧を受ける内径 100 mm の円筒容器の厚さを求めよ。ここで，許容引張応力は 20 MPa とし，継手効率 η は 95% とする。

3 球形容器

1 薄肉球

薄肉球の内圧による応力を調べてみよう。

図 13-5 のように，内径 D [mm]，肉厚 t [mm] の球に内圧 p [MPa] が加わっている。このとき，直径を含む面で球を二つの部分に切り離そうとする力が働き，これに対して引張応力 σ [MPa] が生じる。

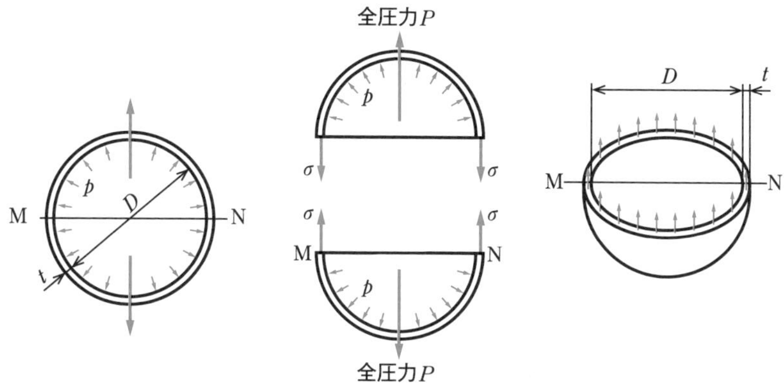

▲図 13-5　内圧を受ける薄肉球

図 13-5 において，半球部分に加わる全圧力 P は，内径 D の円に加わる全圧力 $p\dfrac{\pi D^2}{4}$ であり，これと断面の円環部分の内力 $\sigma\pi Dt$ がつり合うから，次の式がなりたつ。

$$p\frac{\pi D^2}{4} = \sigma\pi Dt,\quad t = \frac{pD}{4\sigma} \qquad (13\text{-}8)$$

式 (13-1)，(13-8) を比べると，薄肉円筒と薄肉球とで p，D，σ が等しければ，薄肉球の肉厚は，薄肉円筒の肉厚の $\dfrac{1}{2}$ でよいことになる。

問 6 圧力 1.6 MPa のガスを封入する薄肉球容器を，厚さ 12 mm，許容引張応力 80 MPa の鋼板でつくりたい。内径は最大いくらにすることができるか。

2 球形容器の設計

球形容器の場合も，円筒容器と同様に，JIS では，内圧 p [MPa] の大きさによって薄肉と厚肉を区別している。許容引張応力 σ_a [MPa]，板の継手効率を η とすれば，

$$p \leqq 0.665\sigma_a\eta \text{ のとき，薄肉球}$$

$$p > 0.665\sigma_a\eta \text{ のとき，厚肉球}$$

とする。火気を受けない球形容器の場合，それぞれの肉厚 t [mm] を求める式（内径基準）は，球の内径を D [mm] として次のように決められている。

$$\text{薄肉球の場合：} t = \frac{pD}{4\sigma_a\eta - 0.4p} \qquad (13\text{-}9)$$

$$\text{厚肉球の場合：} t = \frac{D}{2}\left\{\sqrt[3]{\frac{2(\sigma_a\eta + p)}{2\sigma_a\eta - p}} - 1\right\} \qquad (13\text{-}10)$$

例題 4 内径 $D = 2000$ mm の球形容器の最高使用内圧 $p = 3$ MPa とする。許容引張応力 $\sigma_a = 50$ MPa，継手効率 $\eta = 95$ % のとき，板の肉厚 t を求めよ。

解答 薄肉球，厚肉球のどちらで計算するかを判断するため，$0.665\sigma_a\eta$ を求める。

$$0.665\sigma_a\eta = 0.665 \times 50 \times 0.95 = 31.6 \text{ MPa}$$

$$(\geqq p = 3 \text{ MPa})$$

したがって，式 (13-9) より，板の肉厚 t は次のように求められる。

$$t = \frac{pD}{4\sigma_a\eta - 0.4p} = \frac{3 \times 2000}{4 \times 50 \times 0.95 - 0.4 \times 3}$$

$$= 31.8 \fallingdotseq 32 \text{ mm}$$

答 32 mm

問 7 内径 1000 mm の球形容器で，最高使用内圧を 1 MPa，許容引張応力が 50 MPa であるとき，その肉厚を求めよ。ただし，継手効率は 95% とする。

問 8 内径 200 mm の球形容器で，最高使用内圧を 20 MPa，許容引張応力が 25 MPa であるとき，その肉厚を求めよ。ただし，継手効率は 95% とする。

4 圧力容器の設計上の注意

圧力容器は，たんに内圧に耐えるだけでなく，次のようないろいろな条件を考慮に入れて設計しなければならない。

1) **規定以上の内圧上昇** 管路内の水撃作用や，内燃機関のノッキングなどのように，異常に内圧が高くなる場合。

2) **内圧の変化** 周期的に内圧が変化し，材料に疲れを起こさせる場合。

3) **温度による材料の強さの変化** 化学工業の反応がまの温度変化や，冷凍機の低温など，材料の強さに影響を与えるような温度で使用する場合。

4) **熱応力** 内燃機関のシリンダのように，部分的な温度差によって熱応力❶が生じる場合。

5) **内容物** 容器の材料を腐食するおそれのある内容物が入れられる場合。

6) **規格** JIS（陸用鋼製ボイラ・鋳鉄ボイラ・高圧ガス容器などには規格がある）や基準などのある場合。

圧力容器の強さと漏れに対する耐圧試験は，それぞれの規定に従って厳重に行われ，また，そのさい，各部分の変形についても試験をする。

❶「新訂機械要素設計入門1」のp.87参照

第13章 圧力容器と管路

節末問題

1 内径 40 mm，板厚 20 mm の円筒に，12 MPa の内圧が加わったとき，円周方向に生じる最大応力を求めよ。

2 内径 60 mm，外径 100 mm の円筒に，6 MPa の内圧が加わっている。内壁，外壁および直径 80 mm の部分に生じるそれぞれの応力を求めよ。

3 容積 20 m³，内径 3 m の立形円筒水タンクを，鋼板を溶接してつくりたい。このときの鋼板の厚さを求めよ。ただし，鋼板の許容引張応力は 90 MPa，継手効率は 95% とし，腐食を考慮して板厚は 4 mm 増やすものとする。

4 最高使用内圧を 0.8 MPa，鋼板の引張強さを 340 MPa，継手効率を 95%，安全率を 4 とするとき，内径が 1 m の立形円筒水タンクの鋼板に必要な厚さを求めよ。

5 許容引張応力 40 MPa の鋼板でつくった板厚 10 mm，内径 1 m の円筒タンクに封入できるガスの内圧を求めよ。ここで，継手効率は 95% とする。

6 内径 400 mm，板厚 8 mm の円筒の許容引張応力を 60 MPa とするとき，この円筒に加えることができる内圧を求めよ。ただし，継手効率を 95% とする。

7 板厚 14 mm，引張強さ 400 MPa の軟鋼板で，0.6 MPa の内圧に耐える円筒容器をつくりたい。継手効率を 95%，安全率を 4 として，内径を求めよ。

8 許容引張応力 50 MPa の鋼板でつくった厚さ 15 mm，内径 1 m の球形タンクに封入できるガスの内圧を求めよ。ただし，継手効率を 95% とする。

Challenge

円筒形の圧力容器にだ円形のマンホールを設置する場合，マンホールのだ円の長軸は，円筒形の長さ方向と円周方向のどちらの方向にとるのがよいかを考えてみよ。

2節 管　路

管路▶

ガスや水，油などの流体を安全に目的どおりに送り，利用するには，どのような器具や装置が使われているのだろうか。
ここでは，流体を送るときに使われる器具，管路，継手，バルブなどについて，その種類や用途，設計上配慮されていること，流体の種類に応じた選びかたなどについて調べてみよう。

1 管の種類と用途

流体を送るには，**管**(くだ)❶が使われる。

管には，直管とたわみ管があり，用途によって水道用・排水用・加熱炉用などの一般用配管，材料によって金属管（鋼管・鋳鉄管），非鉄金属管（銅・黄銅・鉛・アルミニウムなど），非金属管（コンクリート・塩化ビニルなど）に分類される。また，亜鉛めっきやポリエチレン被覆などの表面処理をしたものがあり，さらに，製造方法からは継目なし管・溶接管などに分けられる。

表 13-2 におもな管の種類と用途を示す。

❶pipe，tube；**かん**とも読む。

▼表 13-2　管の種類と用途

種　類	用　途
1．**鋼　管**	一般配管用，水道用など。
配管用炭素鋼鋼管	使用圧力の比較的低い蒸気・水・油・ガス・空気などの配管用。通称ガス管。
圧力配管用炭素鋼鋼管	350 °C 以下で使用する圧力配管用。
高圧配管用炭素鋼鋼管	350 °C 以下で使用圧力が高い配管用。
高温配管用炭素鋼鋼管	350 °C を超える温度で使用する配管用。
配管用合金鋼鋼管	主として高温の配管用。
配管用ステンレス鋼管	耐食・耐熱用などの配管用。
低温配管用鋼管	氷点下などとくに低い温度で使用する配管用。
2．**鋳鉄管**	鋼管に比較して耐食性にすぐれている。水道・ガス・排水管・電信電話ケーブル埋設管など。
3．**非鉄管**	加工しやすく，熱伝導率が高いなどの利点を生かした管に使われる。
銅　管	電気・熱の伝導性がよい。熱交換器・化学工業・給湯などに使われる。展性・耐酸性があり，ガスの引込み用，汚水用，酸性液体用に用いられる。
4．**非金属管**	合成樹脂管には，硬質塩化ビニル管が多く用いられる。耐酸・耐アルカリ性があり，軽くて電気絶縁性がよく，機械加工・接着が容易である。しかし，低温・高温で強度が低下する。そのほかにポリエチレン管・ゴム管などがある。
5．**熱交換用鋼管**	管の内外で熱の授受を行うことを目的とする場所に使用する鋼管。ボイラの水管・煙管・過熱管や化学・石油工業の熱交換器管，コンデンサ管，触媒管などに用いられる。

2 管の寸法

1 管の内径

流体を通すことが目的である管の内径は，流量と流速で決められる。そのため，一般に管の呼びかたは内径が基準となっている。

図 13-6 のように，管内を充満して流れる流体は，管の中央部では速く，管壁に近い部分では遅いので，一般に，流速には平均流速 v_m [m/s] を考える。管の内径 D [mm]，管路の断面積 A [m²]，流量 Q [m³/s] とすれば，次の式となる。

$$Q = Av_m = \frac{\pi}{4}\left(\frac{D}{1 \times 10^3}\right)^2 v_m$$

$$D = 2 \times 10^3 \sqrt{\frac{Q}{\pi v_m}} \qquad (13\text{-}11)$$

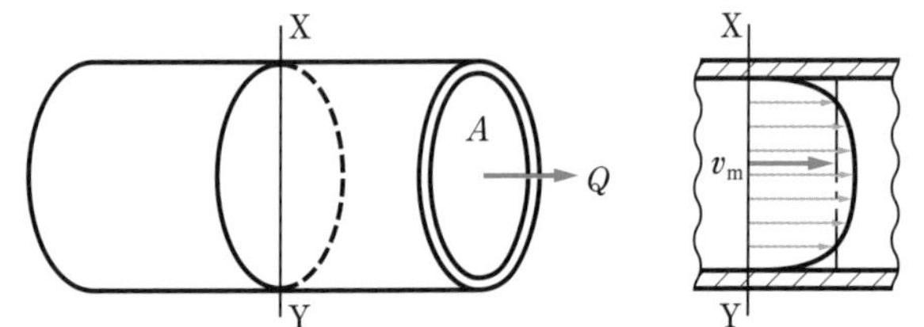

▲図 13-6　管内流速

式 (13-11) から，平均流速を大きくすると，管の内径は小さくてすむ。しかし，管路の抵抗[1]が増してエネルギー損失が大きくなる。

表 13-3 に各種の用途の管内平均流速の基準を示す。

[1] 管路の抵抗の原因はおもに，管壁で流体に作用する摩擦力である。管壁から中央に向かうほど，流速が増加する。

▼表 13-3　用途による管内平均流速の基準

流体	用　途	平均流速 v_m [m/s]	流体	用　途	平均流速 v_m [m/s]
水	往復ポンプ吸入管	0.5～1	空気およびガス	低圧ダクト	2.5～9
	〃　はき出し管	1～2		高圧ダクト	20～30
	渦巻ポンプ吸入管	0.5～2.0		小形ガス機関吸入管	8～10
	〃　はき出し管	1.0～3.0		圧縮機吸入・はき出し管	10～20
蒸気	飽和蒸気管	20～30		送風機　〃　〃	10～20
	過熱蒸気管	30～60			

（空気調和・衛生工学会編「空気調和・衛生工学便覧」による）

2 管の肉厚

管の肉厚 t [mm] は，一般的には内圧を受ける薄肉円筒として，式 (13-6) を用いて求めればよい。

継目効率[1] η は，鍛接管では 0.80 とし，継目なし鋼管では 1.00 とす

[1] 管の場合には，継手効率のことを継目効率という。

る。表 13-4 は，配管用炭素鋼鋼管[❶]と圧力配管用炭素鋼鋼管の規格である。配管用炭素鋼鋼管は，使用圧力が比較的低い蒸気・水・油・ガスおよび空気などの配管に用いられる。圧力配管用炭素鋼鋼管は，350℃以下で使用する圧力配管用で，油圧管・水圧管などの比較的高圧の配管に用いられる。

❶炭素鋼鋼管には配管用のほかに，機械構造用炭素鋼鋼管（JIS G 3445：2016）などがある。

▼表 13-4 配管用炭素鋼鋼管・圧力配管用炭素鋼鋼管の寸法

呼び径		外 径	配管用厚 さ	圧力配管用呼び厚さ [mm]					
A	B	[mm]	[mm]	Sch 10	Sch 20	Sch 30	Sch 40	Sch 60	Sch 80
6	⅛	10.5	2.0				1.7	2.2	2.4
8	¼	13.8	2.3				2.2	2.4	3.0
10	⅜	17.3	2.3				2.3	2.8	3.2
15	½	21.7	2.8				2.8	3.2	3.7
20	¾	27.2	2.8				2.9	3.4	3.9
25	1	34.0	3.2				3.4	3.9	4.5
32	1¼	42.7	3.5				3.6	4.5	4.9
40	1½	48.6	3.5				3.7	4.5	5.1
50	2	60.5	3.8		3.2		3.9	4.9	5.5
65	2½	76.3	4.2		4.5		5.2	6.0	7.0
80	3	89.1	4.2		4.5		5.5	6.6	7.6
90	3½	101.6	4.2		4.5		5.7	7.0	8.1
100	4	114.3	4.5		4.9		6.0	7.1	8.6
125	5	139.8	4.5		5.1		6.6	8.1	9.5
150	6	165.2	5.0		5.5		7.1	9.3	11.0
175	7	190.7	5.3		–		–	–	–
200	8	216.3	5.8		6.4	7.0	8.2	10.3	12.7
225	9	241.8	6.2		–	–	–	–	–
250	10	267.4	6.6		6.4	7.8	9.3	12.7	15.1
300	12	318.5	6.9		6.4	8.4	10.3	14.3	17.4
350	14	355.6	7.9	6.4	7.9	9.5	11.1	15.1	19.0
400	16	406.4	7.9	6.4	7.9	9.5	12.7	16.7	21.4
450	18	457.2	7.9	6.4	7.9	11.1	14.3	19.0	23.8
500	20	508.0	7.9	6.4	9.5	12.7	15.1	20.6	26.2

（JIS G 3452：2019，G 3454：2017 による）

配管用炭素鋼鋼管の呼びかた　AまたはBのいずれかを用いる。Aによる場合にはA，Bによる場合にはBの符号を，それぞれの数字の後ろにつけて区分する（100A，4B など）。

圧力配管用炭素鋼鋼管の呼びかた　呼び径および呼び厚さ（スケジュール番号 Sch で示す）で表す。呼び径は配管用炭素鋼鋼管と同様に，AまたはBのいずれかを用い，その後ろに Sch 番号をつけて区分する（100A × Sch 20，4B × Sch 20 など）。

スケジュール番号とは許容応力をもとにした管の厚さの系列を示す。したがって，同じ番号のものは，使用圧力が同じである。

例題 5 揚水量 $Q = 0.15\ \mathrm{m^3/s}$，圧力 $p = 2\ \mathrm{MPa}$ の渦巻ポンプのはき出し管（継目なし鋼管）を圧力配管用炭素鋼鋼管から選定せよ。ただし，許容引張応力 $\sigma_a = 80\ \mathrm{MPa}$ とする。

解答 表 13-3 から平均流速 $v_m = 2.5\ \mathrm{m/s}$ とすれば，管の内径 D は式（13-11）より，次のように求められる。

$$D = 2 \times 10^3 \sqrt{\frac{Q}{\pi v_m}} = 2 \times 10^3 \times \sqrt{\frac{0.15}{\pi \times 2.5}}$$

$$= 276.4\ \mathrm{mm}$$

薄肉円筒，厚肉円筒のどちらで計算するかを判断するため，$0.385\sigma_a\eta$ を求める。$\eta = 1$ とすれば，

$$0.385\sigma_a\eta = 0.385 \times 80 \times 1 = 30.8\ \mathrm{MPa}$$

$$(\geqq p = 2\ \mathrm{MPa})$$

したがって薄肉円筒として，肉厚 t は式（13-6）より，次のように求められる。

$$t = \frac{pD}{2\sigma_a\eta - 1.2p} = \frac{2 \times 276.4}{2 \times 80 \times 1 - 1.2 \times 2}$$

$$= 3.51 \fallingdotseq 4\ \mathrm{mm}$$

管の外径 D_0 は，$D_0 = D + 2t = 276.4 + 2 \times 4 = 284.4\ \mathrm{mm}$

表 13-4 の圧力配管用炭素鋼鋼管の中から，この値を上まわり，最も近い，呼び径 300A × Sch 20（外径 318.5 mm，管の肉厚 6.4 mm）に決める。 **答** 300A × Sch 20

問 9 最高使用圧力 0.8 MPa，鋼板の許容引張応力 100 MPa のとき，内径 65 mm の継目なし鋼管の肉厚を求めよ。また，腐食を考慮して板厚は 1 mm 増すものとする。

問 10 流量 $7\ \mathrm{m^3/s}$，水圧 1 MPa の鋳鉄製導水管の肉厚を求めよ。平均流速は 3 m/s，許容引張応力は 25 MPa，継目効率は 80% とする。

3 管に加わる熱

管内を流れる流体には，高温のものもある。図 13-7は，管 1 m についての管の伸びと温度の関係を示す。

管は熱によって膨張するが，固定された管は伸びられず，圧縮荷重を受けたときと同じ結果になって圧縮応力を生じる。このように温度変化による伸び・縮みが外部の力によってさまたげられ，そのために管に**熱応力**を生じる。

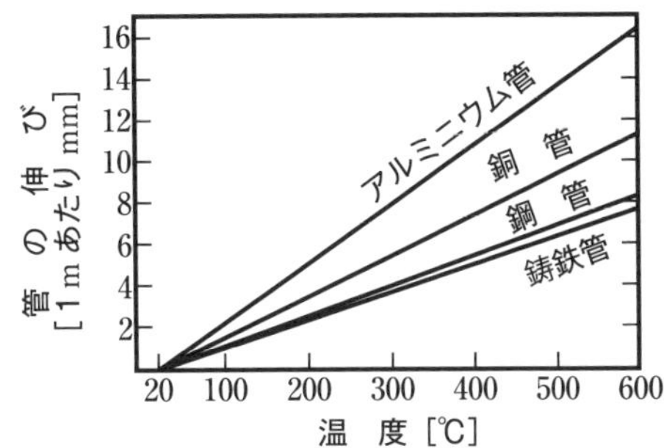

▲図 13-7　温度による管の伸び(常温を 20℃とする)

温度上昇が大きいと，管の伸びや熱応力が大きくなって，管が曲がったり，流体が漏れたりして危険である。このような管路には，次に述べる伸縮継手を設ける必要がある。

4　管継手

流体を計画的に送るためには，管をつないで配管する必要がある。金属管をつなぐ場合には，溶接やろう付けで結合することが多い。この方法は，流体の漏れがなく，維持費や設備費の節約とともに軽くすることもできるが，管路の修理には不便なため，取りはずしができるように**管継手**❶が用いられる。

❶pipe fitting

1　フランジ式管継手

フランジ式管継手❷は，管径が大きいときや管内の圧力が高いときに使われる。管の締結部にフランジをつくり，ボルトで締め付けるもので，取付け・取りはずしが容易である。

❷flanged type pipe fitting

フランジには，締結部を管と別につくる取付け形フランジと，管と一体にした一体形フランジとがある。JIS では，蒸気・空気・ガス・水・油などに使う管や，バルブなどを接続するフランジの寸法を規定している。取付け形管フランジには，図 13-8 のような種類がある。

フランジ式管継手には，気密を保つためにガスケット❸を使う。低圧用としては，ゴム・合成樹脂・ファイバ・紙のものが，また，高圧用としては，銅・鉛・軟鋼などのものが使われる。

❸「新訂機械要素設計入門 1」の p. 228 参照。
❹**遊動フランジ**ともいう。

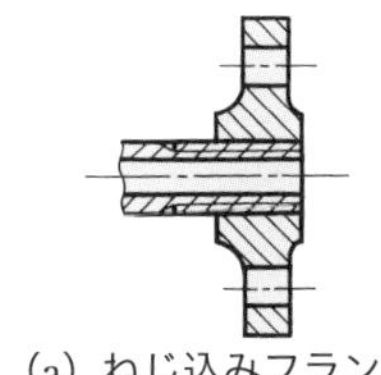
(a) ねじ込みフランジ

(b) 溶接フランジ

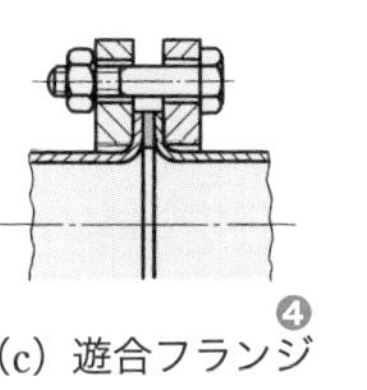
(c) 遊合フランジ❹

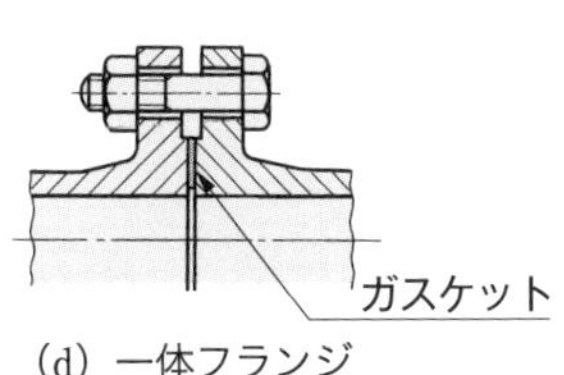

(d) 一体フランジ

▲図 13-8　フランジ式管継手

2 ねじ込み式管継手

ねじ込み式管継手❶は，図 13-9 に示すように，管の端にねじを切って結合する管継手で，管径が小さく，内圧も低いときに用いられる。管路の方向をかえたり，2 方向や 3 方向に分けたりするためのものもある。

❶screwed type pipe fitting

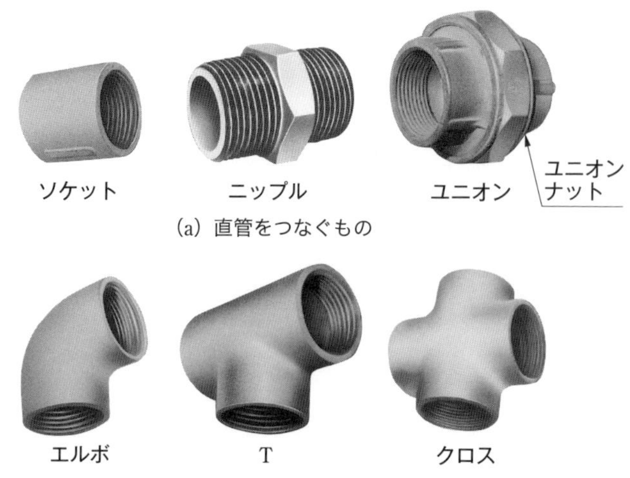

(a) 直管をつなぐもの

(b) 流体の方向をかえるもの

▲図 13-9　ねじ込み式管継手

ユニオン管継手❷は，ユニオンナットをゆるめると，管を長手方向に数ミリメートル動かすだけで取りはずせるので便利である。

❷union connector

3 伸縮管継手

伸縮管継手❸は，管路が長くなるさいに使用される。

❸expansion joint

図 13-10 のようなものを用いて，温度変化による管の伸縮や，配管のときの管の心合わせに無理のないように用いられる。

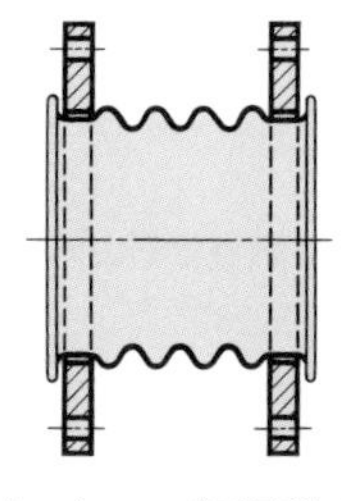

(a) ベローズ形管継手

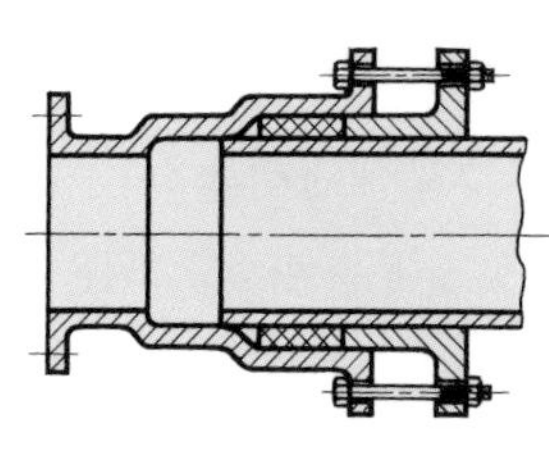

(b) 滑り形管継手

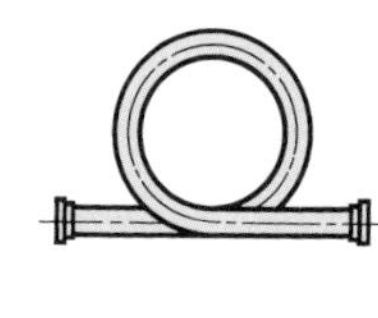

(c) ベンド形管継手
(円ベンド)

▲図 13-10　伸縮管継手

4 くい込み式管継手

くい込み式管継手[❶]は，図 13-11 のように，管の外側にスリーブをくい込ませ，ユニオンナットによって締め付ける形式の管継手で，高圧の油圧配管などに用いられる。

❶flareless type pipe joint

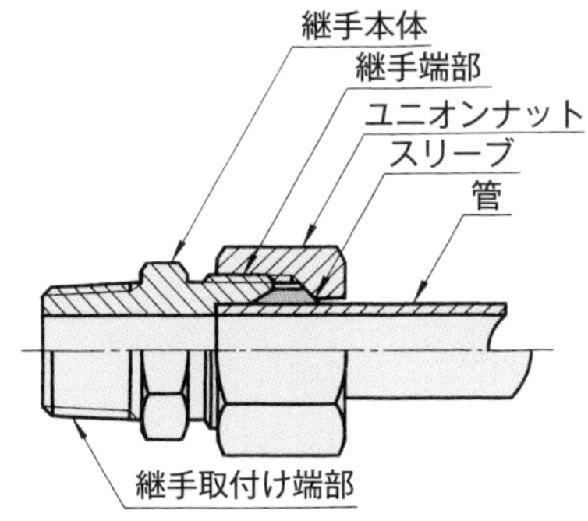

▲図 13-11　くい込み式管継手

5 耐震継手

耐震継手は，図 13-12 のようなものをいい，地震時の地盤変動に対して，管の継手部に伸縮性や可とう性[❷]を持たせて地震による変位を吸収する継手である。

❷物質の弾性変形のしやすさを示す。

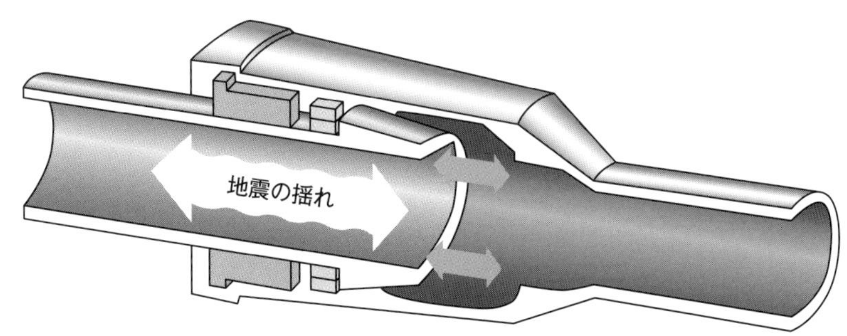

▲図 13-12　耐震継手

5 バルブ

バルブ[1]は，管内の流体の流れを止めたり，流量や圧力を調整したりするためのものであり，図 13-13 のようなものがある。

バルブは，弁箱・弁体および弁体を動かす部分からなり，黄銅・青銅・鋳鉄・炭素鋼・合金鋼などでつくられる。一般に，管径・圧力・温度・流体の種類などの使用条件によって規格品から選ぶ。

[1] valve；**弁**ともいう。
[2] non return valve 逆止弁（ぎゃくしべん）ともいう。

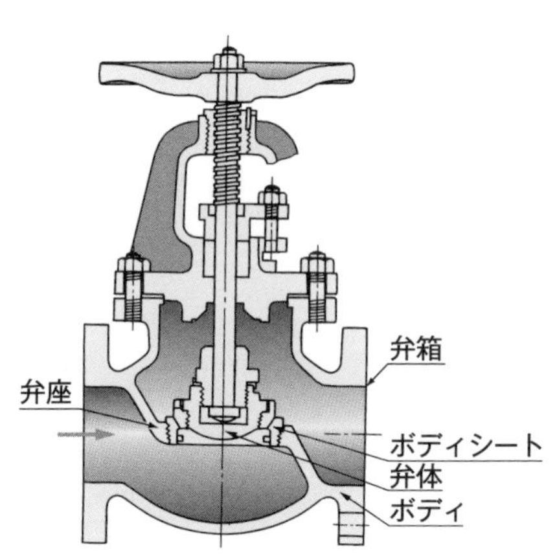

流体の流れを完全に止めるもので，弁体が全開しても，弁体が管路内にあるため，エネルギー損失が大きい。

(a) 止め弁

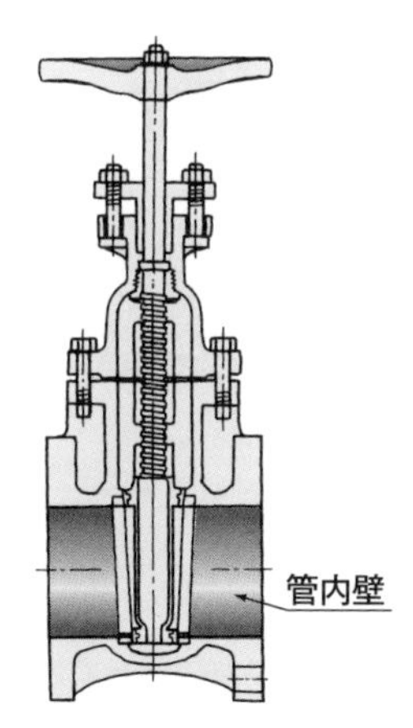

弁体が全開したとき，弁体が管路内にないので，流体の抵抗が少ない。とくに圧力の高い管路に用いる。

(b) 仕切弁

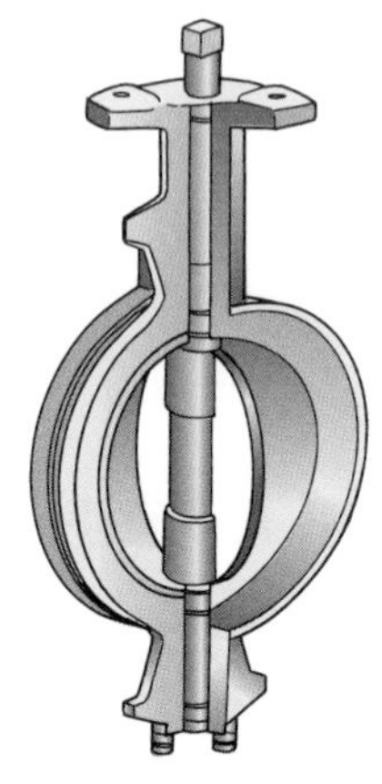

円板状の弁体を 90°回転して管路の開閉を行う。

(c) バタフライ弁

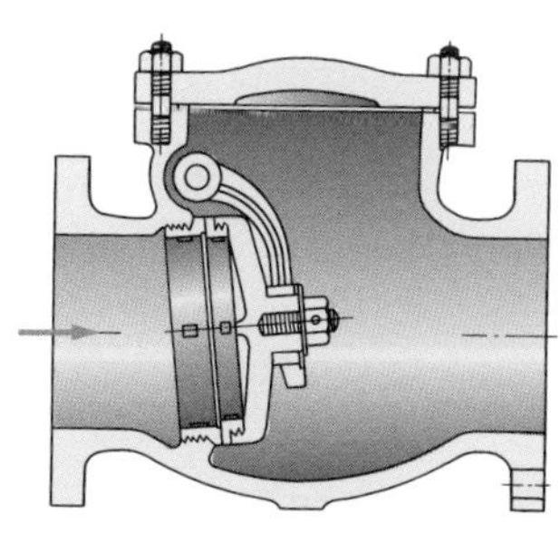

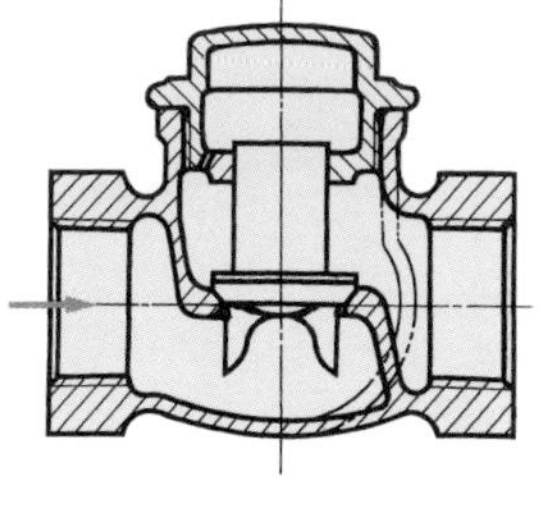

シート
調整ばね
ボディ
ボール
キャップ
調整ねじ

流体を 1 方向にだけ流して、逆流を防ぐものが逆止弁（ぎゃくどめべん）[2]である。弁体の重量と弁体の両面に加わる圧力差によって自動的に作動する。

(d) 逆止弁（スイング式）　(e) 逆止弁（リフト式）

使用中に設定圧力より高い異常圧力を生じたときに，機器などを保護するために自動的に圧力を逃がす。

(f) 安全弁

▲図 13-13　各種のバルブ

6 管路の設計

管路は，流体を送る目的に応じて，管・管継手・バルブなどを組み合わせてつくる。

管路の設計にあたっては，管の中を流れる流体の種類・流量・流速・圧力・温度・稼働時間などの基本条件のほか，管路の摩擦損失・耐食性・漏れ止め・組立・メンテナンス，さらに安全に関する法規や規格について考慮しなければならない。

おもな留意することがらは次のとおりである。

① 長い管路の途中や管路が曲がる場所，枝管の出るところに支えを置き，装置や管に大きな荷重が加わらないようにする。

② 油圧制御機器の配管では，空気やごみの混入に注意する。

③ 温度変化によって管の長さが変化する管路では，伸縮管継手(図 13-14) を使う。

④ 多種類の配管がある場合は，図 13-15 のように配管を識別し，安全に取り扱えるようにする。そのために，管の表面に JIS Z 9102：1987 で定められた管内流体を表す色 (表 13-5) の塗料を塗り，流れの方向を矢印で示す。

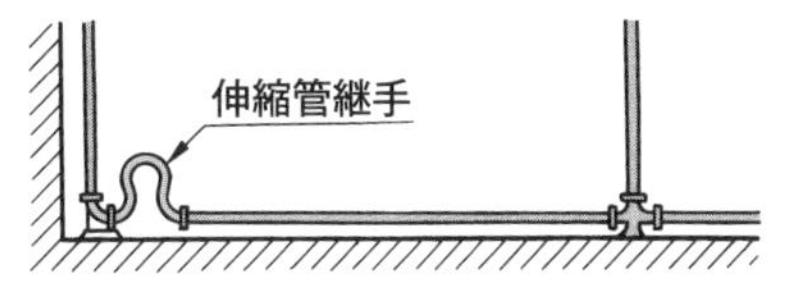

▲図 13-14 伸縮管継手の例

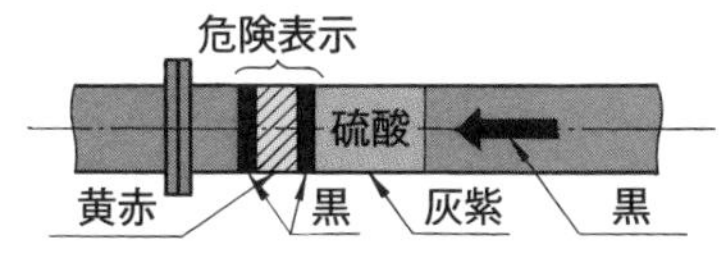

▲図 13-15 識別記号と危険表

▼表 13-5 流体の種類の識別色

種 類	識別色
水	青
蒸 気	暗い赤
空 気	白
ガ ス	うすい黄
酸またはアルカリ	灰 紫
油	茶

(JIS Z 9102：1987 による)

節末問題

1　圧力 2.5 MPa，揚水量 0.2m^3/s で，平均流速 2.5 m/s として，渦巻ポンプの吐出し管を圧力配管用炭素鋼鋼管から求めよ。許容引張応力を 75 MPa，継手効率を 90% とする。

2　揚水量 0.25 m^3/s，管内の平均流速 2 m/s の継目なしの配管用炭素鋼鋼管の呼び径を求めよ。

3　内径 400 mm の圧力配管用炭素鋼鋼管内を流量 0.5 m^3/s の水が流れている。この管内の平均流速を求めよ。

4　はき出し量 0.03 m^3/s の往復ポンプのはき出し管に使用する配管用炭素鋼鋼管の呼び径と許容圧力を求めよ。ただし，鋼管は継目なしとし，平均流速は 1 m/s，許容引張応力は 80 MPa とする。

5　内径 150 mm，肉厚 5 mm の軟鋼製の継目なし管の許容引張応力を 80 MPa とするとき，この管に加えることのできる内圧を求めよ。また，この管で流量 0.045 m^3/s の水を輸送したときの平均流速を求めよ。

6　圧力配管用炭素鋼鋼管 1B × Sch 40 の中を流れる水の流量が 0.005 m^3/s であった。管内の平均流速を求めよ。

7　流量 0.01 m^3/s，圧力 0.5 MPa の水を通す管の内径を求めよ。ただし，管は継目なし鋼管とし，許容引張応力を 80 MPa，平均流速を 1 m/s とする。また，腐食を考慮して板厚は 1 mm 増すものとする。

Challenge

配管材料の耐用年数や使用用途による違いなどについて調べてみよう。

第14章

構造物と継手

節
1 構造物
2 構造物の継手

人間は機械を用いて目的の運動を取り出す。運動がたいせつであることは間違いないが，機械それ自身を支えている部分もたいせつなことを忘れてはならないだろう。支える部分がしっかりしていなければ，いくら機構がよくても，機械は長もちしないし，機械としての機能を果たせない。それには構造物としての強さが必要である。

機械は，大型になればなるほど，その構造はしっかりしたものになり，安全に使えることにつながる。クレーンのような荷役機械では機械部分よりも構造物的な部分の方が主体になってくる。

また構造物は，強さのほかに，外観の美しさも必要である。

この章では，構造物にはどのようなものがあるだろうか，構造物をつなぐ継手にはどのようなものがあるだろうか，などについて調べる。

東京スカイツリーは2012年に竣工し，高さ634 m，自立式電波塔としては世界一の高さを誇り，当時の日本の最先端の構造設計技術と，日本の伝統美の粋を集めて造られた。

スカイツリーを設計するさいには，部材自身の重さの計算だけではなく，上空で吹く風の力（風圧）や，地震による力など，東京スカイツリーにかかるさまざまな力が考慮された。

東京スカイツリー

1節 構造物

クレーン・鉄塔・鋼橋などの構造物は，板材や棒材などの部材を結合して構成されている。機械のフレームなども一種の構造物である。立体構造のものは複雑であるため，ここでは，直線状の部材で構成され，平面上で表せる構造物に荷重が働くとき，各部材に生じる内力などについて調べてみよう。

横浜ベイブリッジ▶

1 構造物の種類

構造物には，クレーンなどの機械構造物，ビルなどの建築構造物，ダムなどの土木構造物などがある。

このうち機械構造物に着目すると，機械構造物は，溶接構造物と**骨組構造**[❶]とに分けられる。

図 14-1 のタンクは，液体を相当量蓄えることができる溶接構造物であり，きわめて頑丈につくられている。しかし，材料をひじょうに多く使い，費用がかかる。また，大型の重量物になってしまうため，移動や解体は容易ではない。

❶framework または frame structure

▲図 14-1　タンク

一方，骨組構造は，棒材などの各種の直線状の部材を結合した構造物で，はりや柱で構成されたものである。

骨組構造は，材料の節減や軽量化のため，じゅうぶんな強度を維持できる必要最小限の材料でつくられている。

2 骨組構造

骨組構造のうち，荷重と構造が同一平面上にあるものを**平面骨組構造**[1]という。骨組構造で，棒状のものを**部材**[2]といい，部材を結合する部分を**節点**[3]という。節点には，部材がたがいに回転できるようにピンで結合された**滑節**[4]と，部材がたがいに回転できないように固定された**剛節**[5]がある。

[1] plane framework
[2] member
[3] joint
[4] hinge または pin joint
[5] rigid joint

1 トラス

図 14-2(a)，(b)のように，部材を三角形に組み合わせ，これをいくつか連結し，すべての節点が滑節になっている構造物を**トラス**[6]という。

[6] truss

トラスを支える支点は，節点と同じようにピン結合であって，その位置が固定された回転支点と，その位置が移動できる移動支点とがある。

骨組構造物は，棒状の部材だけの結合による構造であるから，軽くて材料も節約できるので経済的である。鉄塔や鋼橋のほかに，体育館や展示場などの建物にも用いられている。

点A　回転支点　△
点B　移動支点　△

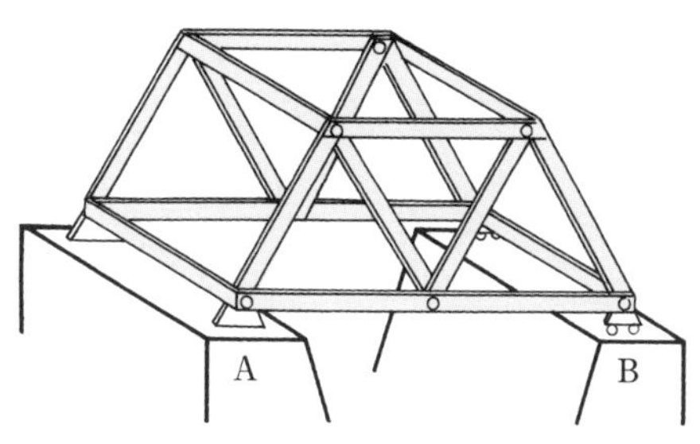

(a) 立体トラス　　(b) 平面トラス

▲図 14-2　トラス

2 トラスの解法

トラスに働く力を解くには，まず，トラス全体として荷重に対する支点の反力を求め，次に各部材❶に生じる内力を求めるようにする。

❶部材は剛体とし，変形やたわみは考えない。

トラスの解法は，計算によって解くことも可能であるが，ここでは作図による解法を学ぶ。

●支点に働く反力　図 14-3(a)のように鉛直方向に荷重 W❷が作用する平面トラスの支点に働く反力 R_1，R_2 は次の手順で解く。

❷たとえば，1 kN を長さ 10 mm で表す。

① 図(b)のように，トラスの各節点を A，B，C とする。

② 図の点Cから下方へ，荷重の作用線に平行で W に等しい CD を引く。

③ 点Aを通る荷重の作用線と BC との交点 E，および BD との交点F を求める。

④ EF が支点Cに働く反力 R_2 であり，荷重 W と逆向きの力となる。

⑤ BC に平行で点Dを通る直線と EF の延長線との交点を G とすれば，FG が支点Bに働く反力 R_1 であり，荷重 W と逆向きの力となる。

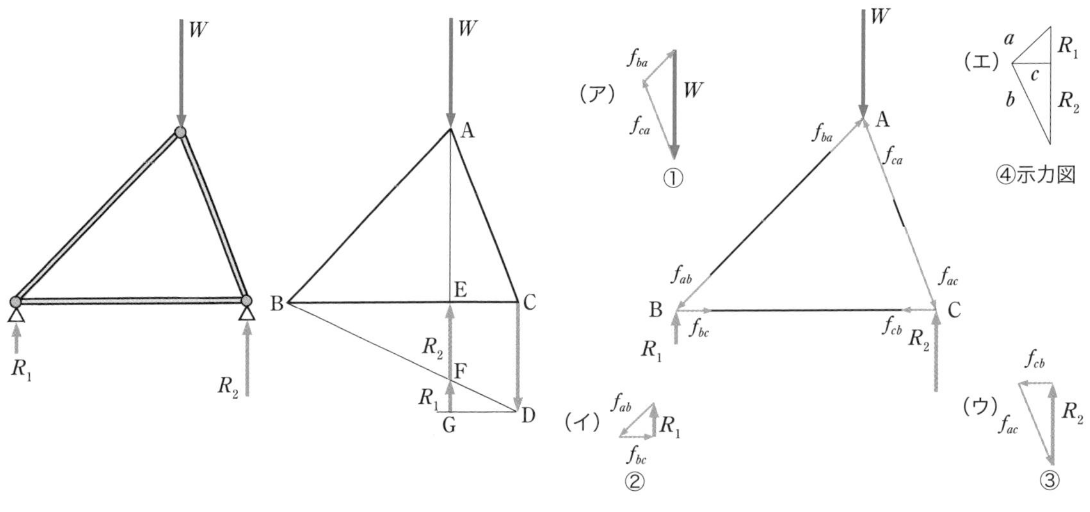

▲図 14-3　トラスに働く力

●部材に生じる内力　1点に働く力がつり合っているときは，力の多角形は閉じた多角形になる。これを利用し，トラスの部材に生じる内力を次のように求める。

① 荷重 W と図 14-3(b)で求めた反力 R_1，R_2 を用いて，図(c)の(ア)，(イ)，(ウ)のように，各節点に W，R_1，R_2 を描く。

② 部材 AB に生じる内力を f_{ab} のような記号で表すことにし，節点Aにおける力の多角形（ここでは三角形）が閉じるように内力 f_{ba}，f_{ca} を描く図(c)の(ア)。

③ 節点BまたはCにおける力の多角形から内力 f_{bc} を求める図(c)の(イ)，(ウ)。

なお，図(c)の(エ)は(ア)，(イ)，(ウ)をまとめたもので，**示力図**[❶]という。部材 A，B の内力 f_{ab} と f_{ba} は作用と反作用の関係になる。示力図は，すべて作用・反作用の関係が成立するので，矢印は一般的につけない。

❶force diagram

●引張材・圧縮材　図(c)で部材 AB の内力 f_{ab}, f_{ba} の矢印は節点 A，B に向いている。これは部材が節点を押していることを示しているから，部材は節点から押されていることになる。このような部材を**圧縮材**[❷]という。

❷compressive member

部材 BC はこれと逆の力関係にあり，引張力を受ける**引張材**[❸]である。

❸tensile member

トラスの設計では，各部材に生じる引張力や圧縮力を求め，部材が破壊しないように，材料や断面形状，寸法を決めなければならない。

トラスの部材では，圧縮の力によって生じる座屈についても考慮する必要がある。一般には，軽量で曲げに強い断面形状をもつ**形鋼**[❹]がよく使われる。

❹p. 168 参照。
新訂機械要素設計入門 1 の p. 123 参照。

例題 1　図 14-4(a)のようなトラスの反力，部材の内力を求めよ。

解答　図 14-4(c)の示力図を描く❶と，各辺の長さは容易に求めることができる。

❶図(c)はおよそ 3 倍に拡大している。

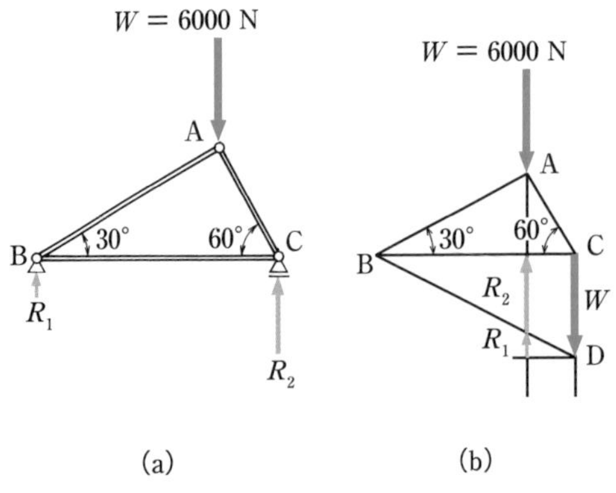

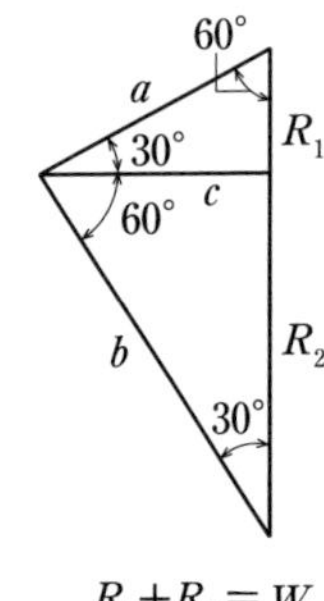

$R_1+R_2=W$

(c)

▲図 14-4

示力図より，$R_1 = 1\,500$ N，$R_2 = 4\,500$ N

部材 AB の内力 $a = 3\,000$ N，圧縮力

部材 AC の内力 $b = 5\,200$ N，圧縮力

部材 BC の内力 $c = 2\,600$ N，引張力

問 1　例題 1 のトラスの荷重が 10 kN であるときの反力および部材の内力を求めよ。

図 14-5 の壁つきのトラスの部材に作用する力を求めよ。

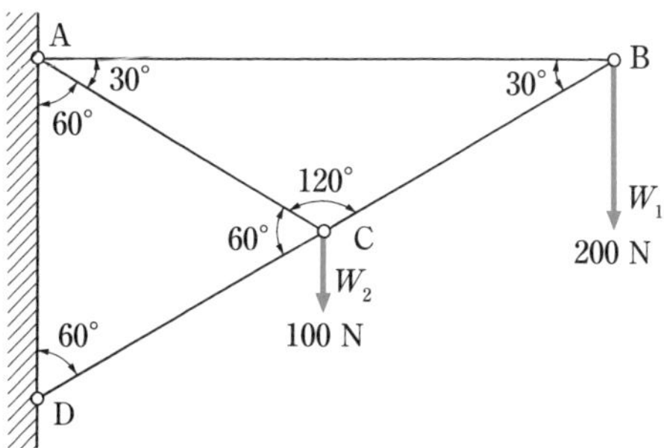

▲図 14-5　壁つきのトラス

解答　壁つきのトラスでは，片持ばりと同様に，反力は壁であるから，とくに求めなくてもよい。

節点Aは壁になるから，Bの節点において，荷重 W_1 と部材 AB，BC との力のつり合いを考えると，部材 BC の圧縮力は 400 N，部材 AB の引張力は 346 N となる。

点Cでは，部材 AC，BC，CD と荷重 W_2 の 4 力のつり合いであるが，部材 BC は 400 N の圧縮力がかかっているので，図 14-6 の通り，部材 AC には 100 N の引張力，部材 CD には 500 N の圧縮力が作用することになる。

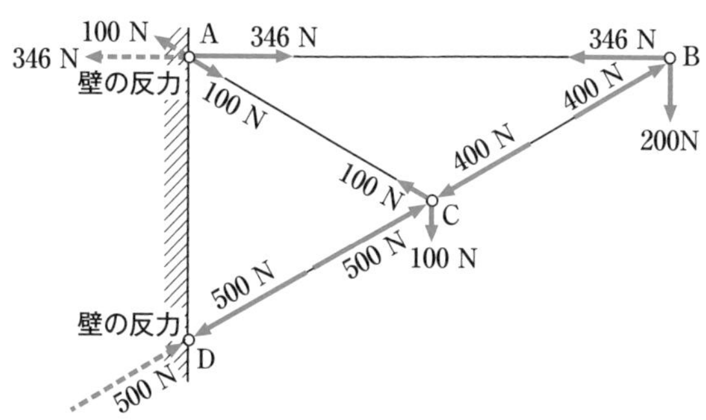

▲図 14-6

部材 AB の内力 346 N，引張力

部材 BC の内力 400 N，圧縮力

部材 AC の内力 100 N，引張力

部材 CD の内力 500 N，圧縮力

3 ラーメン

図 14-7 のように，部材をおもに四角形に組み合わせ，節点の中に剛節が含まれる骨組構造を**ラーメン**❶という。大形工作機械の溶接構造のフレームなどにみられる。

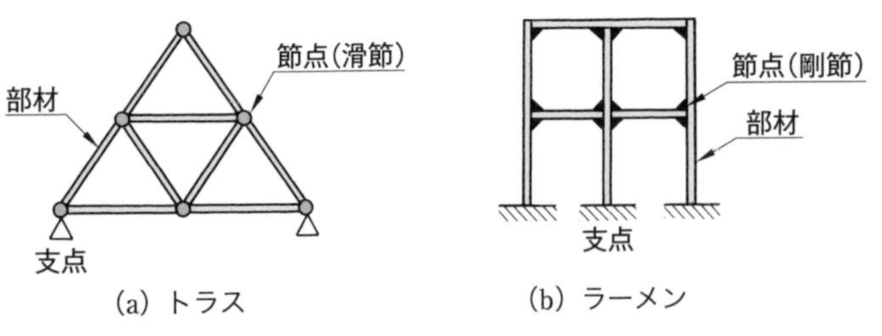

▲図 14-7　トラス，ラーメン

鋼構造の部材には，軽量で曲げに強い，図 14-8 のような断面形状の**形鋼**❷がよく用いられる。

骨組構造のほかに，細長い薄板構造のクレーン，車両などの薄肉はり構造，機械構造物のように薄板と補強材とで形成された平板構造，圧力容器・航空機・船舶のような曲面板と補強材とで形成された殻(かく)構造などがある。

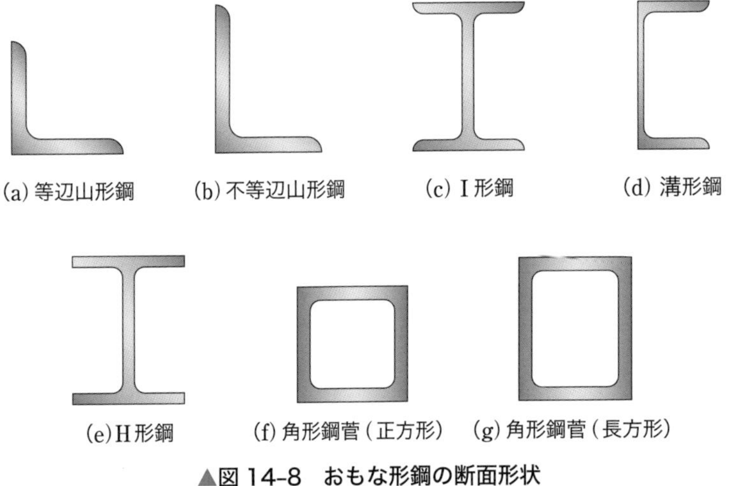

▲図 14-8　おもな形鋼の断面形状

❶Rahmen
ドイツ語で，骨組みの意味である。

❷標準断面寸法・断面積・質量などは，以下の JIS に示されている。
(a)～(e)は，
JIS G 3192：2014，
(f)，(g)は，
JIS G 3466：2018

節末問題

1 図 14-9 に示すように，BC に直角な方向に荷重 W が節点Aに作用するトラスがある。部材 AB と BC に生じる応力を求めよ。部材 AB，AC は直径 30 mm，BC は直径 25 mm の鋼製丸棒とする。

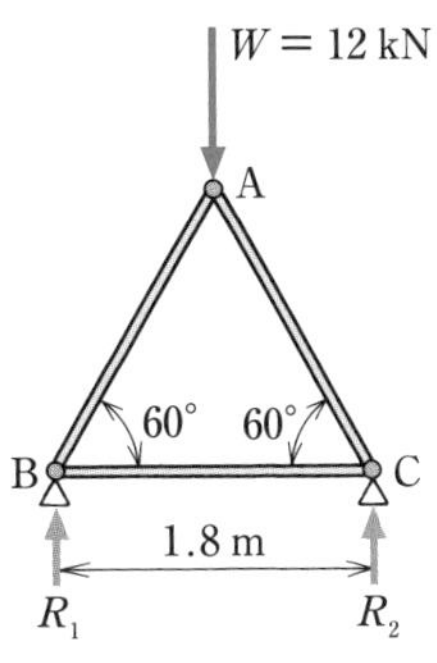

▲図 14-9

2 図 14-10 のように節点Aに鉛直方向の荷重 W が作用するトラスにおいて，各部材に生じる内力の大きさと向きを求めよ。

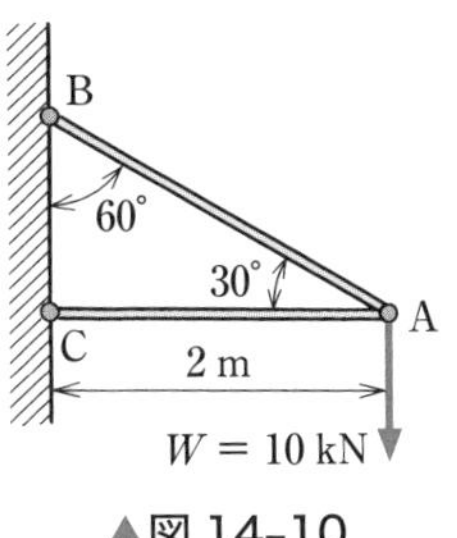

▲図 14-10

Challenge

トラス，ラーメン，それぞれの利点，欠点を比較しながら整理しなさい。

2 節

構造物の継手

構造物を構成する部材は，板材や棒材などをつないでつくられる。これには，リベットやボルトを用いるリベット継手，ボルト継手がある。

また，部材を溶接によって結合する溶接継手も用いられる。ここでは，これらの継手の特徴などを調べてみよう。

構造物の継手▶

1 リベット継手・ボルト継手

リベット継手は，結合しようとする板にリベット穴をあけ，これにリベットを通し，その一端をかしめながら穴を充満させて頭部をつくり，板を密着させるものである。したがって，作業に熟練を要するため，特別な場合を除いてはほとんど用いられなくなってきた。

しかし，飛行機の機体や電車の車体など，アルミニウム合金の板など溶接しにくい材料が使われるところには用いられている。

リベット継手やボルト継手は，板にリベット穴やボルト穴をあけるため，板の強さが弱くなる。

ボルト継手は，分解・組立が可能で，リベット継手に比べて，

1) ボルトの締めつける力の調整がしやすく，ボルトに対する荷重の配分が平均化される。

2) 締めつけ作業も，リベットのかしめ作業より容易である。

などの理由から，鋼橋などの鋼構造に用いられている。

図 14-11 に，リベット継手，ボルト継手の例を示す。

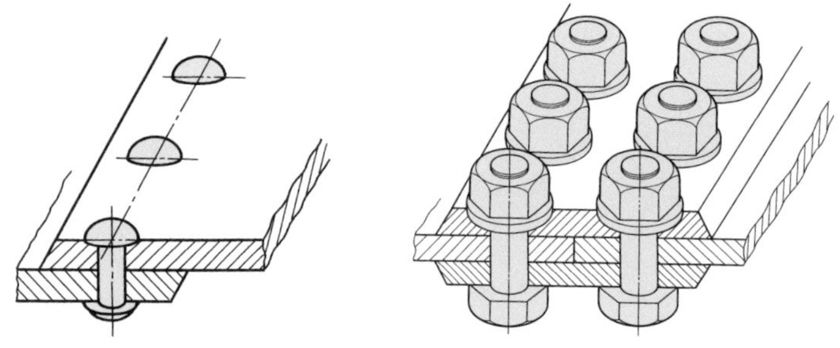

(a) リベット継手の例（重ね継手）(b) ボルト継手の例（両側目板突合せ継手）

▲図 14-11　リベット継手，ボルト継手の例

2 溶接継手

溶接継手は，リベット継手に比べて板に穴あけやかしめなどがないので，作業工程が少ない。よい溶接作業をすれば，継手で板の強さをそこねることはなく，気密性も得られる。また，作業現場も比較的自由に選べるなど利点が多い。しかし，局部的に加熱されるために，部材にひずみや材質の変化が生じ，内部応力が発生して強さをそこねることがあるから注意を要する。溶接の方法はいくつかあるが，ここでは主としてアーク溶接について調べてみよう。図 14-12 に，アーク溶接による継手の種類を示す。

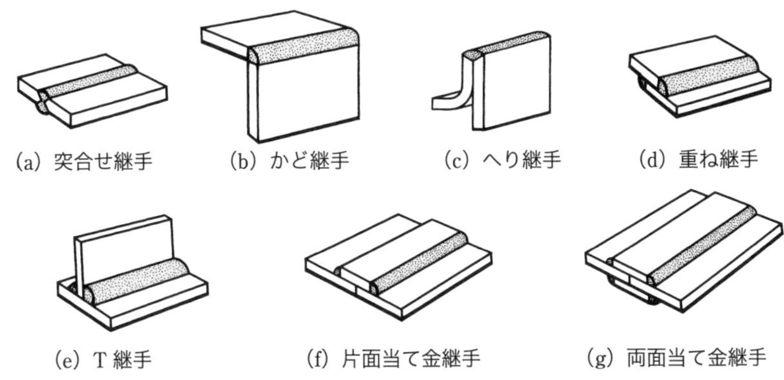

▲図 14-12 溶接継手の種類

1 溶接継手の強さ

溶接継手の強さは，母材と溶着金属のうち，最も弱い部分の性質によって決まる。溶接部付近の母材は，溶接のさいの高熱で変質するため，機械的強度が低下する。溶接部の強さは，母材の溶接性，溶接棒の材質，溶接作業の良否などによって左右されるため，通常母材の強さの 70～80% くらいにしている。また，溶接部には，気泡・ひび割れ・残留応力などが生じやすい。

溶接後の残留応力を除くには次の方法がある。

●熱処理による方法　溶接物を加熱炉中で 600～700℃ に加熱し，炉内で一定時間おいて冷却する。全部が炉内に収まらない場合は，溶接部とその周辺を加熱して焼なましする方法がある。焼なましは，残留応力を除くだけではなく，材質の改善などに役立つことがある。また，簡単な方法として 150～200℃ に加熱したのち，水冷しても残留応力の緩和になる。

●機械的な方法　溶接部の表面にショットピーニング❶を施したり，先端の丸いハンマで細かくつち打ちをしたりする方法などによって，製品をわずかに塑性変形させて残留応力を緩和させる。

❶小さな球状投射材を金属表面に投射することにより，表面を硬化させ，部品の疲労強度を向上させる技術

溶接継手の強さを考えるうえで，**のど厚**❷とよばれる溶接部の有効な厚さを知る必要がある。のど厚は，溶接技術に問題がなければ，完全溶込み溶接では板厚と等しく，部分溶込み溶接の場合には設計上の開先深さの和となる。

❷throat

図 14-13 に，のど厚の求め方を示す。また，溶接継手において，よく用いられる強さを求める式を表 14-1 に示す。

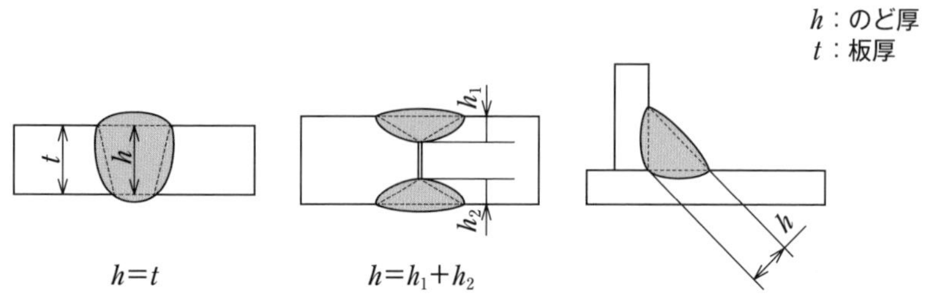

(a) 完全溶込み溶接　(b) 部分溶込み溶接　(c) 等サイズすみ肉

▲図 14-13　のど厚の求め方

▼表 14-1　溶接継手の強さ

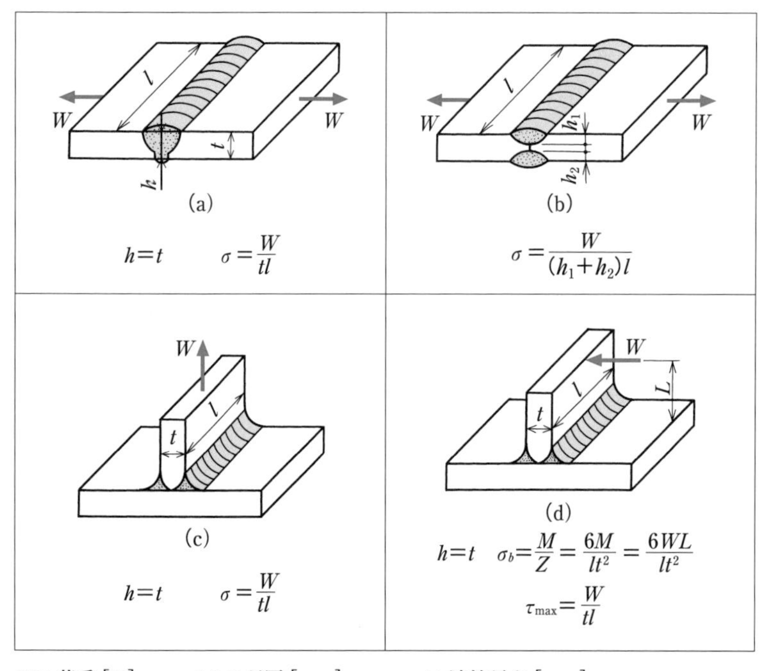

W：荷重 [N]　h：のど厚 [mm]　l：溶接長さ [mm]
t：板厚 [mm]　σ：引張応力 [MPa]　σ_b：曲げ応力 [MPa]
Z：断面係数　$\tau_{\max}$：最大せん断応力 [MPa]
L：荷重点までの距離 [mm]　M：溶接部の曲げモーメント [N・mm]

2 機械部品の溶接構造化

工作機械や産業機械のフレームなど，従来，鋳造品であった機械部品が，溶接構造によってつくられるようになってきている。溶接構造は，鋳造構造に比べて次のような特徴がある。

1) 鋳造構造のような肉厚による傷や割れなどが生じない。📖14-1

2) 木型がいらないため，部分変更・追加修正などがしやすい。

3) 鋳物より機械的に強く，均質な板材を用いるため，構造物が軽量になる。普通旋盤のベッドを鋳造構造から溶接構造にかえたところ，質量が65％に減少した例がある。

4) 標準の圧延材を用いるため，設計費・材料費・製作費などが安くなる例がある。とくに生産量の少ない場合には鋳造品との差はいっそう大きい。

5) 溶接工場の設備費は，鋳造工場よりもはるかに安価であり，作業者も養成しやすい。

6) 同一部品を大量に製作する場合は，価格的に鋳造品のほうが安価になることもある。

7) 構造によっては，鋳造品のほうが，こわさや振動に強い。

Note 📖 14-1 鋳鉄構造と溶接構造

鋳鉄構造に使用する鋳鉄は硬いが，製造時に温度が下がる段階で，肉厚の部分は外から冷えるため内部にひずみが残り，時間の経過や衝撃荷重などにより傷や割れが生じやすい。

対して，溶接構造は，材料が軟鋼や中硬鋼が主なので，展性・延性があり，衝撃荷重などに対して，ひび割れが生じることは少ない。

節末問題

1 表 14-1(a)において，荷重 45 kN，板厚 12 mm のときの溶接部の長さを求めよ。なお，引張強さは 430 MPa，安全率は 5 として計算せよ。

2 表 14-1(b)において，板厚 8 mm とし，溶接部の長さが 500 mm のとき，いくらの引張荷重に耐えられるかを求めよ。ただし，開先深さをそれぞれ 3 mm，許容引張応力を 120 MPa とする。

3 表 14-1(c)において，溶接部の長さが 400 mm のとき，500 kN の荷重が加わったとすれば，いくらの板厚にしたらよいかを求めよ。許容引張応力を 150 MPa とする。

4 表 14-1(d)において，$W = 10$ kN，$h = 20$ mm，$l = 150$ mm，$L = 45$ mm として，溶接部に生じる曲げ応力，最大せん断応力を求めよ。

Challenge

1 高所における溶接作業はどのように行われているか，どのような注意が必要かについて調べてまとめなさい。

2 河川，海中などの水中における溶接はどのように行われているか調べてまとめなさい。

第15章

節

器具・機械の設計

この章では，これまで学習した内容をもとに，設計者が必要とする基本的な知識や技術，設計の手順，よい機械を設計するために心掛けること，安全・環境に注意することなど，設計例を通して調べる。また，コンピュータを活用した設計・製図，工学解析の概要についても学習する。

このロボットは1977年に日本国内で初めて開発，販売された全電気式産業用ロボットである。従来の油圧式で動かしていた作業を全電気式にすることで，位置や速度の制御性能を高め，保守点検も容易になった。このロボットの使用により，人による作業が中心であったアーク溶接の自動化に成功し，自動車産業を中心に使用され，品質の安定・向上，コストダウンに寄与し，日本の製造業発展の原動力となった。

メカトロニクスという言葉は，このロボットが原点であり，産業用多関節ロボットでの基本形となった。

機械遺産　第3号

1節 設計の要点

機械や器具を設計するためには，それらの機能や性能など，与えられた条件をもとに総合的に検討し，使用目的を安全・確実に満たす必要がある。また，製品の保守点検や環境に及ぼす影響，材料のリサイクルなどへの考慮がたいせつである。

ここでは，器具や機械を製作する過程における設計の基本や手順について調べてみよう。

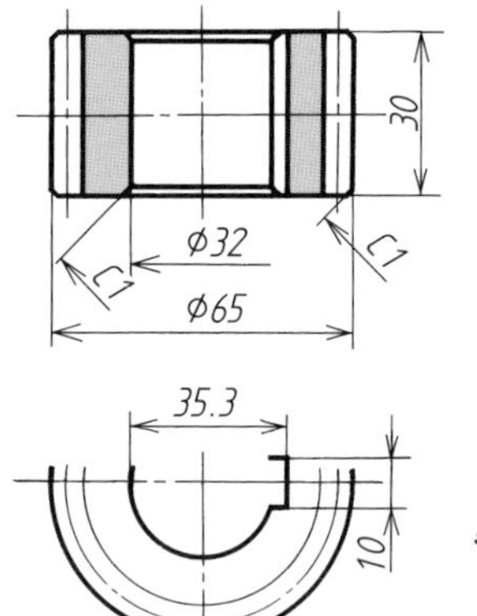

設計図▶

1 設計の基本

機械設計に従事する者の心がまえとしては，ものづくり技術者として求められる使命と責任について理解するとともに，社会に対する貢献度の高い機械を設計することがたいせつである。

さらに，製品が多くの人に使用され，社会を構成するものの一部となることの重要性を理解し，正しい倫理観に基づいた設計をする必要がある。

機械や器具を設計する目的は，

① 注文者からの仕様に基づいた新しい製品の製作

② 現在使われている製品の性能や生産性の向上などのための改良

③ 技術者自身の発明による，これまでにないしくみやアイデアを組み込んだ製品の製作

などである。

多くの場合，現在使われているものを参考にして，よりよい機能をもたせたり，生産しやすくしたり，あるいはこれまで使われている部材や機械要素にオリジナルの部品を組み合せる設計が行われる。

また，機械が環境に及ぼす影響についても検討し，使用時のエネルギー効率をよくし，材料のリサイクルについても配慮して，生産性の高い製作方法を活用することが必要である。したがって，設計者は，広い知識と技術や多くの経験に基づいて，豊かな創造性を生かして構想を練り，設計を進めなければならない。さらに，製作された機械が社会環境と調和するかについてもじゅうぶん検討する必要がある。

一般に，設計者が構想を練り製作図を作成するまで，一人で仕上げることはまれであって，グループで基本的構想を練り，その構想に基づいて部門別の設計グループに分かれ，それぞれのグループがたがいに連絡を取りながら，計画図から製作図までの図面を仕上げる。そのためには，担当部門の設計者一人ひとりが，設計する機械についてよく理解し，担当分野の業務内容や工程などをじゅうぶん確認しながら作業を進めなければならない。

図 15-1 は，設計者としてもつべき知識と技術や倫理観を示している。設計にあたっては，現在市場にある機械が長い間に改良されて，こんにちにいたるまでの知識と技術の集約であることを認識し，その成果をじゅうぶんに活用することがたいせつである。たんなる模倣だけでなく，発想の転換をはかる柔軟な考えかたで，創造力を発揮した独創性のあるものをつくりだす能力に加え，良心に基づく判断力を身につけていなければならない。

❶「新訂機械要素設計入門 1」の p.150 参照。

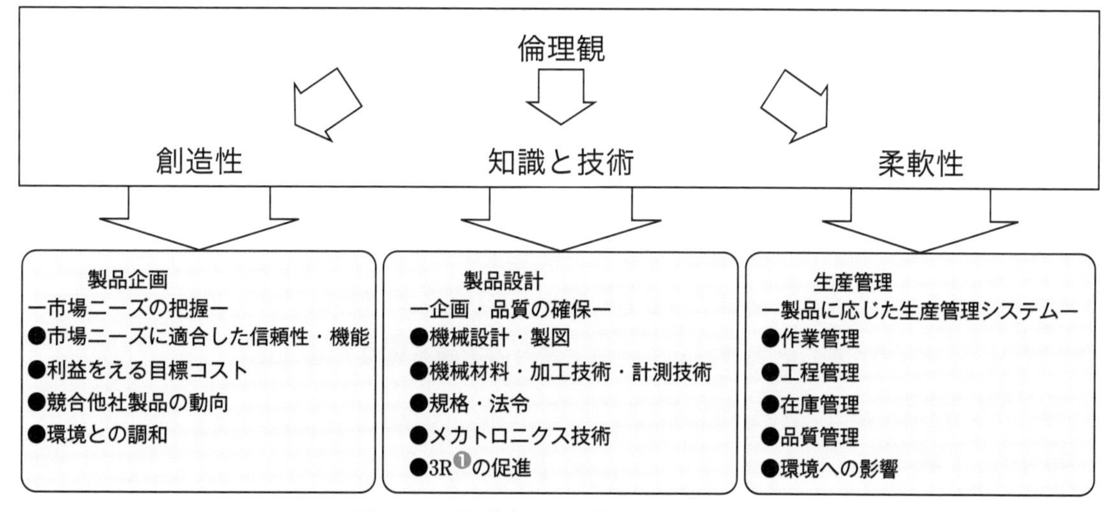

▲図 15-1　設計者として基本的な知識と技術

2 設計の手順

設計の手順の概要を第 1 章，第 4 章[1]でも学習したが，ここでは詳しく調べてみよう。設計の手順は，新製品の設計か従来の機械の改良か，あるいは見込生産か受注生産かなどによって一様ではないが，一般的な例を示すと，図 15-2 のようになる。

❶「新訂機械要素設計入門 1」の p.16 及び，「新訂機械要素設計入門 1」の p.140 参照。

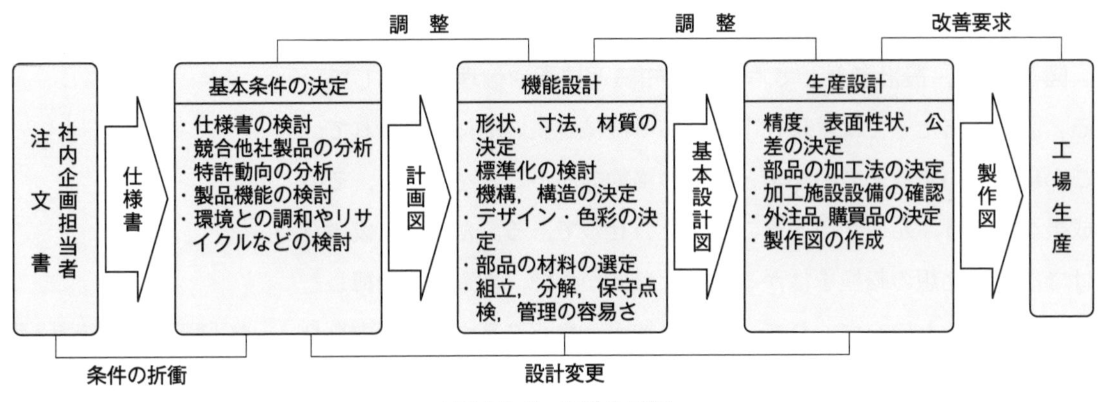

▲図 15-2　設計の手順

1 基本条件の決定

一般に，設計者は，注文者（見込生産の場合は社内の企画担当者）から出された設計すべき機械の性能や形状などの諸条件を示した仕様書によって，内容の検討と確認を行うとともに，市場にある類似機械も調査する。とくに，特許権や関連法規などについてはじゅうぶん注意しなければならない。また，必要に応じて新機構や形状などの性能試験を行い，計画図の作成などと並行して，注文者との折衝を重ねて基本条件を決定する。

2 機能設計

基本条件が決定したのち，機構や構造などの基本的な構想をまとめる。機能に応じた各部の設計を行い，全体の構成を考え，調整を繰り返して，基本設計図を作成する。これらの作業を**機能設計**[2]という。

❷function design

各部の機構は，機能や全体の構造，大きさなどを考え，最も効率のよいものにする。この場合，新しい原理や機構を利用して，部品の形状や点数を考慮し，また，騒音を少なくするなどの効果を上げることにできるだけのくふうをする。

部品の形状や大きさの設計は，使用材料に影響されることが多い。使用材料は，できるかぎり入手しやすい一般的なものがよい。また，部品は，適正な価格で入手しやすい，**標準化**[1]されたものを検討する。

しかし，小形で強い力に耐える必要性や，耐摩耗性・耐熱性・耐食性などがとくに要求される性質の部品には，それに応じた材料を選ぶようにする。図 15-3 は材料を選択する手順の一例である。

❶standardization
詳しくは，p.181 で学ぶ。

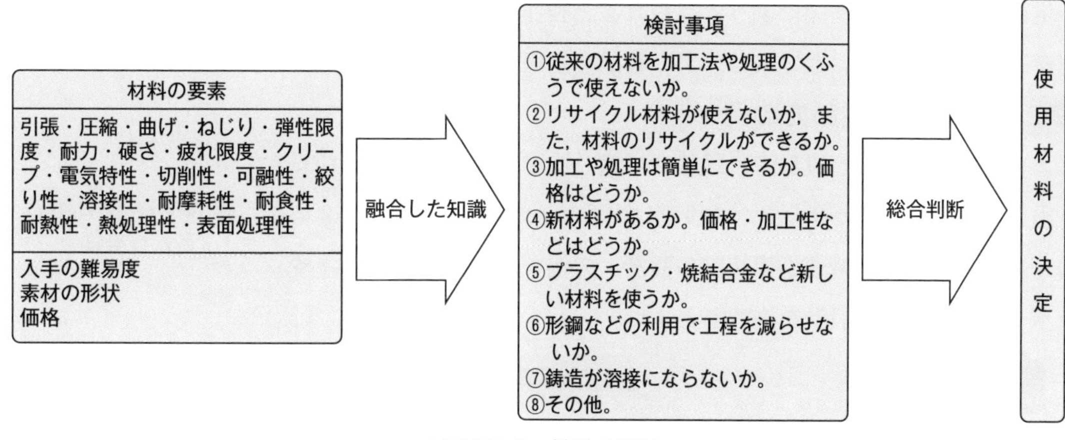

▲図 15-3　材料の選択

部品の形状や大きさが決まると，全体の構成について組立・分解や維持管理のしやすさ，操作性・安全性など総合的な見地から検討をする。操作ボタンやハンドルの配置が機械の使いやすさにつながる。また形状のつり合いやデザイン，色彩などの**意匠設計**[2]は，機能の良否に関係がなくても購買意欲に大きな影響があり，商品価値を高めるには，たいせつな要素であることも忘れてはならない。

❷design；建築設計では，architectural design

3　生産設計

機能設計によって基本設計図ができると，これを生産工場の立場から検討し，製作上の指示を加えて製作図にする。これを**生産設計**[3]という。この場合には，鋳造品を生産数量によって型鍛造品に変更したり，材料単価が高くても加工費の軽減が大きい場合には材料を変更したりするなど，生産工場の施設・設備に応じた設計変更もする。

❸production design

部品の製作には，特殊な技術を必要とする加工法はできるだけ避けるようにくふうし，形状・位置・姿勢などの精度，表面性状，はめあい，サイズ公差などは必要最小限に止めるようにする。また，歯車のバックラッシなどのように組立時の精度との関係があるものについては，中心距離など関連のあるサイズ公差に注意しなければならない。

転がり軸受やボルトなど，専門メーカでつくられるものは精度が高く，しかも安価なものが多いから，それらをできるだけ利用する。

生産設計❶で部品図・部分組立図・総組立図などの製作図をまとめるときに，部品ごとに質量計算を行い，図面の部品欄や明細表に記入する。これは，機械全体の質量や重心，原価計算，素材や購買品の手配などの資料となる。

生産は，すべて製作図❷によって行われる。製作図には，設計者の意思が明確に示されていなければ，よい製品を生産することができない。

4 設計の進め方の例

よい機械・器具は，設計者の経験や知識，すぐれた創造性からつくり出されるので，設計者の果たす役割は大きい。図 15-4 は，図 1-8❸に沿って進められた「減速歯車装置の設計」の例である。豆ジャッキやロボットも，同様に設計を進めるとよい。

❶機構設計，構造設計，材料設計，要素設計などの設計もある。

❷作業指示書などを作成し，製作担当者に渡すこともある。

❸「新訂機械要素設計入門 1」の p. 17 参照。

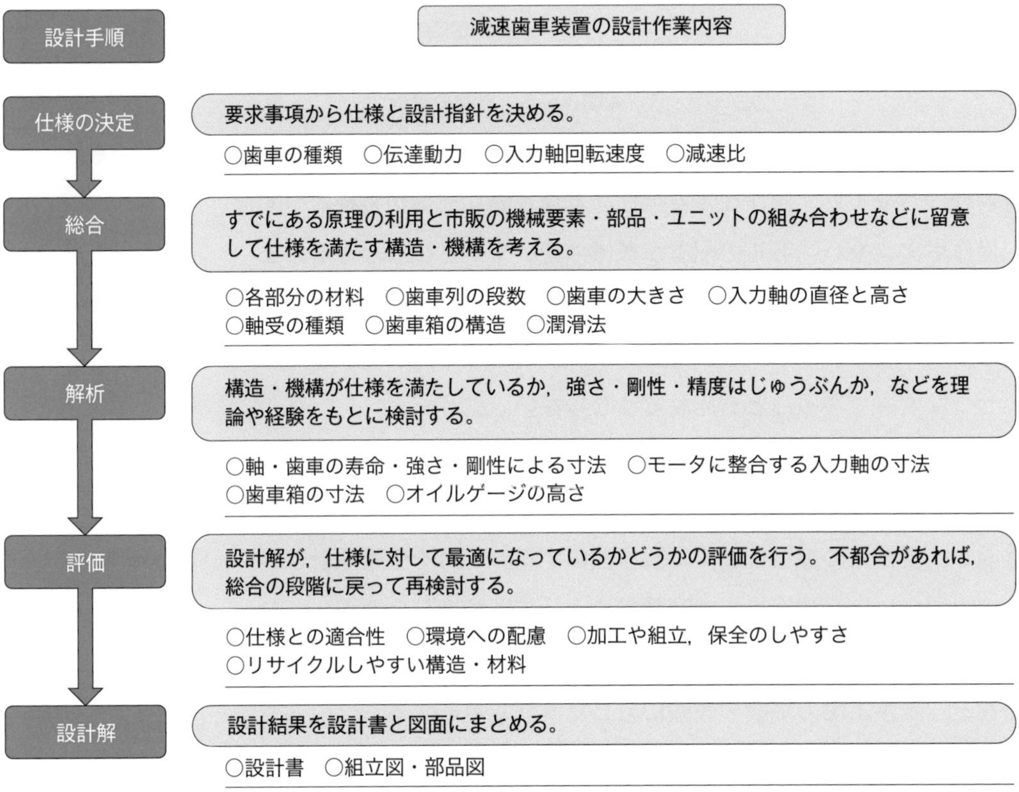

設計手順	減速歯車装置の設計作業内容
仕様の決定	要求事項から仕様と設計指針を決める。 ○歯車の種類　○伝達動力　○入力軸回転速度　○減速比
↓ 総合	すでにある原理の利用と市販の機械要素・部品・ユニットの組み合わせなどに留意して仕様を満たす構造・機構を考える。 ○各部分の材料　○歯車列の段数　○歯車の大きさ　○入力軸の直径と高さ ○軸受の種類　○歯車箱の構造　○潤滑法
↓ 解析	構造・機構が仕様を満たしているか，強さ・剛性・精度はじゅうぶんか，などを理論や経験をもとに検討する。 ○軸・歯車の寿命・強さ・剛性による寸法　○モータに整合する入力軸の寸法 ○歯車箱の寸法　○オイルゲージの高さ
↓ 評価	設計解が，仕様に対して最適になっているかどうかの評価を行う。不都合があれば，総合の段階に戻って再検討する。 ○仕様との適合性　○環境への配慮　○加工や組立，保全のしやすさ ○リサイクルしやすい構造・材料
↓ 設計解	設計結果を設計書と図面にまとめる。 ○設計書　○組立図・部品図

注 1）総合・解析・評価の作業は，同時に行われることが多い。
2）CADを利用すると，作業能率を高めることができる。
3）図面は，国際的に共通な製図に関するさまざまな約束ごとに従って作成する。

▲図 15-4　減速歯車装置の設計の進めかたの例

3 部品の精度とコスト

機械の組立や運転で，機能に支障を起こさず，組立・修理のさいに部品の互換性をよくするためには，部品の精度を決めておくことが必要である。部品の精度には，寸法の誤差や形状のゆがみ，仕上げ面の粗さなどがあり，その部品の作用や動きなどを考慮して程度を決める。

部品の精度を高くすれば，互換性や耐久性の向上になるが，加工の労力が著しく増加し，コスト高になる。したがって，部品の精度は許されるかぎりゆるやかにしたほうがよい。必要以上に精度を高くすることは避けるべきである。

部品の加工精度とコストは，図 15-5 のような関係にあり，全体のコストを最小にする部品の精度がある。

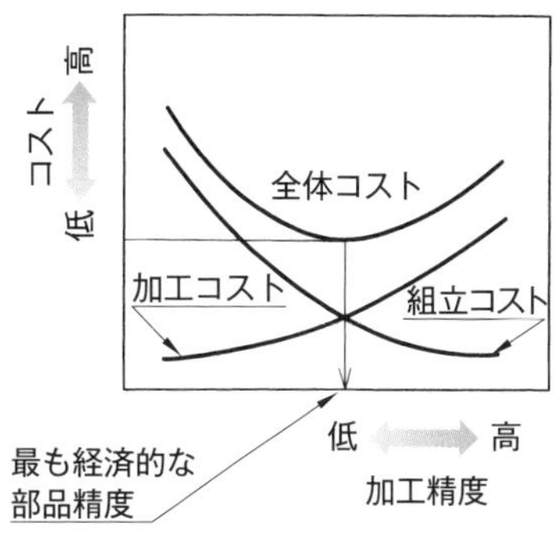

▲図 15-5　加工精度とコスト

4 標準化

1 標準化の目的

こんにちのように国家間で工業製品や情報がいきかう社会では，資材や製品，部品などの種類・品質・形状・寸法を統一して**共通化**[1]をはかることが必要となる。このように，形状や寸法などを統一することを**標準化**という。

標準化の目的は，いつでも・どこでも・容易に・適切な価格で機械要素・部品などが調達できるようにすることである。

また，近年では，研究開発による技術の普及，安全・安心の確保，環境の保護なども標準化の対象となっている。

2 標準化と規格

規格[2]とは，標準化されたものを決まった形式（たとえば，日本産業規格の形式）で定めたものをいう。

国際的な標準は，ISO[3]（**国際標準化機構**）によって推進されていて，**国際標準**[4]といわれる。広く普及している国際標準に従えば，日本から輸出した機械に不具合が生じても，輸出先で調達した部品を用いることができる。これによって，**メンテナンス**[5]も容易になり，機械の性能の維持，また，生産効率の向上，製品の適切な品質の確保などにもつながる。

❶commonalization

❷standard

❸International Organization for Standardization

❹global standard

❺maintenance；点検・調整や修理・部品交換などを指す。「新訂機械要素設計入門1」の p.140 参照。

3 国家規格

わが国では，**JIS**❶(**日本産業規格**)が制定されていて，ISO の規格にできるかぎり一致するようになっている。工業製品が該当する JIS に適合していることの認証を受けて証明されれば❷，その製品に図 15-6 に示す JIS マーク❸をつけることができる。

わが国と同様に，多くの国々はそれぞれ独自の**国家規格**❹をもっているが，ISO に一致していない規格もある。そのために，製品を輸出する場合，輸出国の規格❺に合わせなければならないことがあるため，注意が必要である。

一方，部品の加工法や**検査**❻などについて，企業が独自の規格を定めて，製品の品質を維持することがある。一般に，このような規格は社内規格または企業内規格といわれる。

(a) 鉱工業品

(b) 加工技術

(c) 特定側面

▲図 15-6　JIS マーク

❶Japanese Industrial Standards；1949 年以来，**日本工業規格**とよばれてきたが，2019 年 7 月 1 日に改称された。

❷第三者認証機関が，申請された製品が JIS に適合しているかどうかを審査する。

❸図 15-6 (a) JIS の基本マークで一般の鉱工業製品につかう。
(b)部品などを加工する技術に関係する JIS に適合した場合に使う。
(c)高齢者・障がい者配慮や環境配慮など特定の側面を規定した JIS に適合した場合に使う。

❹national standard

❺代表的な規格に，アメリカ合衆国；ANSI，イギリス；BS，ドイツ；DIN，中国；GB などがある。

❻inspection；ある基準に照らして合格か不合格かを調べること。

節末問題

1 設計解を表す図面は，ISO 規格に準拠した JIS B 0001 の機械製図の規格に従うとよい。その理由を考えよ。

Challenge

機械設計をするさいに留意すべきことを，第 1 章，第 4 章，第 15 章を基本に，各自の考えを加味した留意事項をまとめなさい。

また，身の回りにある機械，機器，製品などからその事例をさがしてみよう。

2節 コンピュータの援用による設計

コンピュータの性能は飛躍的に向上し，すぐれた**アプリケーションソフトウェア**❶が開発され，普及している。新製品の開発などにコンピュータを活用することにより，これまで技術者が頭の中や手がきで描いていたアイデアなどを効率よく具体化することができる。

ここでは，その現状や方法について調べてみよう。

CAD▶

1 CADシステム

1 CADシステムとそのねらい

設計には，過去の資料や各種の規格などいろいろなデータを活用し，機能を考え，強度計算を行い，製造方法まで検討して，図面を作成する作業がある。この間，設計条件や図面の全面的なみなおし，部分的な訂正・改善が行われる。このような，データをさがす作業や計算・作図，さらにそれらを修正する時間を短縮することができれば設計の能率を大きく向上させることができ，また，考える時間にゆとりができる。そこで，コンピュータのデータの記憶・保存機能，計算・作図機能を活用して，コンピュータの援用によって設計を効率よく進めようと考えられたシステムが**CAD❷システム**である。

CADシステムを用いた設計では，設計者が入力した情報によって，コンピュータ内に設計対象物のモデルを構築する。それによって計算・図形処理を行い，また，部品相互の干渉チェック，機構チェック，工具経路などを検討するシミュレーションの結果をディスプレイなどの表示装置に出力する。

設計者は，出力された処理結果を検討し，さらに訂正・変更などを行う。訂正すべき箇所がなければ，補助記憶装置❸に保存したり，プリンタなどに出力したりする。

このように，CADシステムは，コンピュータと対話しながら設計作業を効率よく進めることができる。また，記憶・保存されている過去の図面データの修正や膨大な設計データの利用も容易に行うことができるので，従来は，設計者がかなりの労力と時間を費やし，また，経験に頼っていた作業を合理的に，かつ短期間に処理することができ

❶application software，**応用プログラム**ともいい，ワープロや表計算などといった，コンピュータを「応用」する目的に応じた，コンピュータ・プログラム。

❷Computer Aided Design

❸記憶媒体ともいう。

る。

図 15-7 は，CAD システムを活用した製品開発の流れの例である。CAD システムデータを設計者間や他部門とも共有化することにより，品質の向上や各業務の効率化に役立っている。

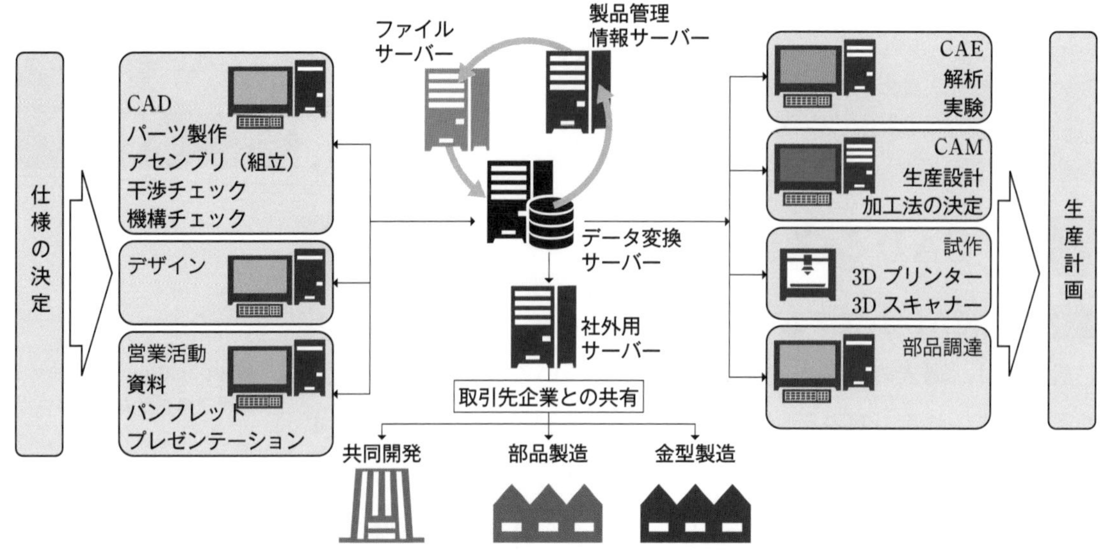

▲図 15-7　CAD システムを活用した製品開発の流れ

2　CAD システムの構成

図 15-8 に示すように，CAD システムは，処理装置と入力装置，出力装置，補助記憶装置などの周辺装置から構成される**ハードウェア**[1]と，これらを設計製図に有効に運用するための**ソフトウェア**[2]などからなっている。

[1] hardware
[2] software

CAD システムは，コンピュータの性能向上と低価格化，設計対象物や使用目的に合うすぐれたソフトウェアにより，以前に比べ導入しやすく使いやすい環境になっている。

CAD システムの利用により，設計業務や図面の出力から製作に至るまでの作業工程は短縮される。CAD システムは社内ネットワークにより情報の共有ができると同時にインターネットを通じて取引先や関連会社との連携を進める上で重要なものとなっている。

しかし，インターネットを通じての情報漏洩，データの誤送信，セキュリティ対策によるデータ管理などに細心の注意を払うことも，技術者の業務になっていることを理解する必要がある。

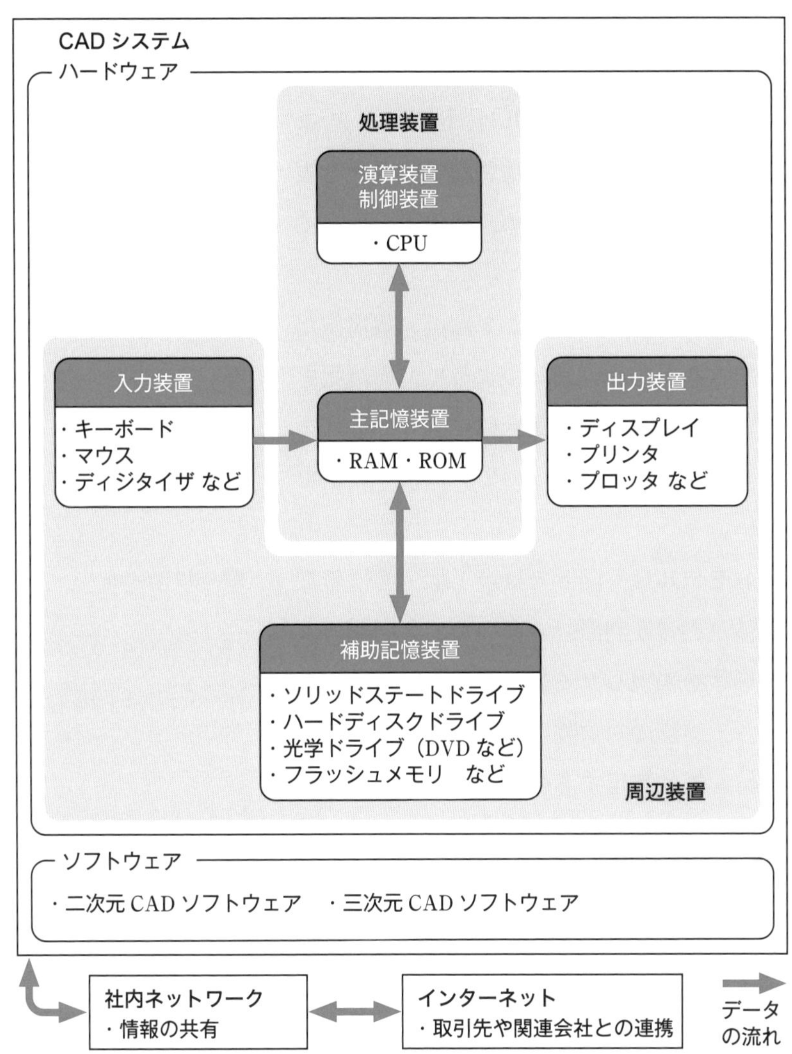

▲図 15-8　CAD システムとネットワーク

3　形状モデル（幾何（きか）モデル）

製図作業においては，設計者が，正面図，平面図，側面図などの二次元図形を組み合わせて，三次元の物体として解釈し，それに基づいて必要な計算を行っている。

CAD システムにおけるシミュレーションは，図形処理によって生成された**形状モデル**❶に基づいて行われるので，平面上あるいは三次元空間内の形状をどのように表現するかが重要となってくる。

❶geometric model；**幾何モデル**ともいう。

CADシステムで用いられる**三次元形状モデル**❶は，次のように分類される。

❶three-dimensional geometric model

●ワイヤフレームモデル　**ワイヤフレームモデル**❷は，図15-9(a)のように，三次元空間内の頂点を線で結んで，点・線情報だけで形状を表現したモデルである。物体の面は表現されないため，情報量が少なく高速に描画することができる。

❷wireframe model

●サーフェスモデル　**サーフェスモデル**❸は，図(a)では点・線情報だけで，それが空間か面か判断できないため，図(b)のように，面情報を付加して，形状を表現したモデルである。面の集合体によって形状を確定することができるが，中身という概念がないので，体積，質量を求めることには対応していない。

❸surface model

●ソリッドモデル　**ソリッドモデル**❹は，図(b)では点・線・面情報だけで，モデルのどちら側に実体があるか判断できないため，図(c)のように，体積情報を付加して，形状を表現したモデルである。頂点，稜線，面および質量の情報をもち，実際の対象物に最も近い形状を表現している。形状の中と外を幾何学的に表現するので，物体の体積，質量，重心の計算をしたり，断面を表示したりすることができる。

❹solid model

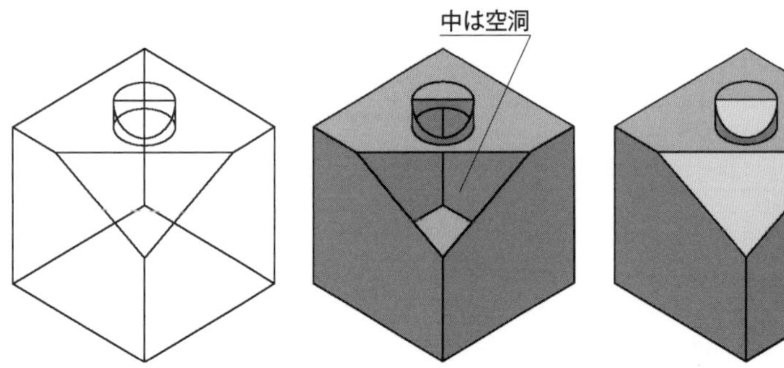

針金で稜線をつないだような構造

(a) ワイヤフレームモデル

表面だけをおおって中身は空洞のような構造

(b) サーフェスモデル

実物と同じように中身がつまったような構造

(c) ソリッドモデル

▲図15-9　三次元形状モデルの分類

CADシステムでは，これらのモデルによって，図面の作成や強度計算などができる。また，さまざまなシミュレーションを行うこともできる。

しかし，CADシステムですべての設計ができるわけではない。三次元の図面やデータでは，設計意図や注釈などを反映できない場合があるので，二次元CADも必要である。

2 CAD/CAM/CAE

1 CAD/CAM

CADシステムによって得られた形状モデルのデータから，加工時の切削工具の動きを模擬的に表示し，その結果を検討したうえで，NC工作機械を制御するデータを自動的に作成することもできる。このような，設計と生産とが関連した形態を**CAD/CAM**[❶]という(図15-7)。

CAD/CAMシステムでは，CADシステムの設計情報をそのまま生産情報として利用することによって，設計から生産までの期間を大幅に短縮することができる。

❶Computer Aided Manufacturing；コンピュータの援用による生産。

2 CAE

CAE[❷]とは，コンピュータを利用して，設計しようとしている製品の数値シミュレーションなどの工学解析を行うことである(図15-7)。

工学解析には，応力解析，流体解析，熱伝達解析，振動解析，電場磁場解析などがある。CAEを活用することによって，試作品をつくるまえにコンピュータ上でシミュレーションを繰り返し，製品の形状や強度などを検討することができる。これによって，製品開発期間の短縮と経費の削減につながる。

CAEを用いてシミュレーションを行う場合は，CADデータを読み込んで解析を行うことが多い。たとえば，応力解析では，材質，荷重，要素分割数などの必要な情報を入力して，応力値を求めるシミュレーションを行う。応力値の分布は色の違いによって表現される。

このように，CADシステムを活用することによって，設計から生産までの作業を合理的に，かつ，能率的に実行できる。また，それぞれのデータの保管・検索・変更などの管理も容易に行えるようになる。

しかし，設計は，あくまでも人間の創造的な作業であり，CADシステムは，それを支援する道具である。したがって，CADシステムを使いこなすためには，設計製図に対する基本的な知識と理解，さらに幅広い豊かな創造力が必要である。

❷Computer Aided Engineering；コンピュータの援用による製品開発。

3 3D プリンタ・3D スキャナ

コンピュータの高性能化に伴い，CAD・CAM・CAE に加え **3D プリンタ**[1]や 3D スキャナも加えたシステムが使われている (図 15-10)。

3D プリンタは三次元 CAD や三次元**コンピュータグラフィックス**[2]のデータを利用して立体 (三次元のオブジェクトや製品) を造形する機器である。高速に試作品を作るための技術ということから，**RP**[3] ともいわれ，レプリカや試作品の製作，組みつけの確認，色合い，質感の確認などに使われる。

❶3Dprinter
3 は x，y，z を表し，D は dimention の略。**三次元プリンタ**ともいう。
❷Computer Graphics
❸Rapid Prototype

造形法には，溶けた樹脂を積み重ねて形を作る積層造形法[4]や光造形法[5]，粉末焼結法など[6]がある。また，ステンレス，アルミニウムなどのメタル造形やカーボンファイバに対応した技術も開発され，3D プリンタで製作された部品を機械に組み込み，実際に稼働させてデータを収集することも行われている。

❹layered manufacturing
❺紫外線を照射することで硬化する液体樹脂を用いた造形法。
❻他に熱溶解積層法，シート積層法，インクジェット法など。

3D プリンタによる造形は，機械加工で製作できない形状でも製作できるので，設計の自由度を大きくすることに寄与している。

3D スキャナでは，成形品や製品の寸法検査 (検査，測定)，現物のスキャンによる**三次元データ化 (リバースデザイン**[7]**)** や寸法を整えた**三次元データ化 (リデザイン**[8]**)** などができる。

❼reverse design
❽redesign

▲**図 15-10　3D プリンタ**

Challenge

1 3D プリンタについて次の視点で調べなさい。

① 機械部品や歯などのように造形したもの (使用事例)。

② 対応材料と造形物 (製品) の関係。

2 3Dスキャナの原理，しくみについて調べなさい。

3節 器具の設計例

機械・器具を設計するときに必要な知識として，機械に働く力，材料の強さ，ねじや歯車などの機械要素などについて学んだ。

ここでは，それらの知識を用いて，具体的な設計例として豆ジャッキを設計し，器具を設計するときの手順，配慮することなど，基礎的な事項について理解しよう。

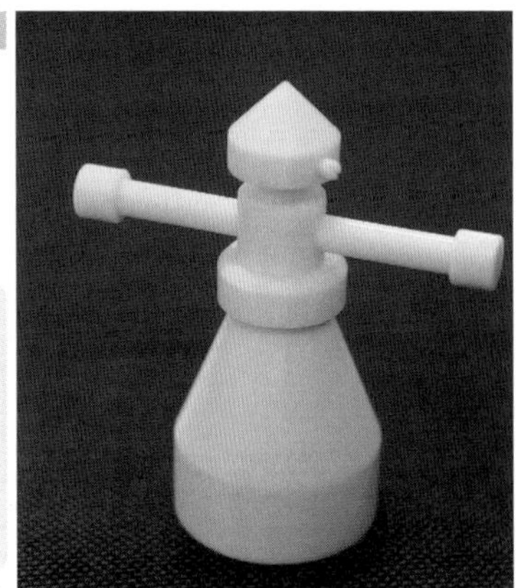

3D プリンタで製作した豆ジャッキ▶

豆ジャッキは，工作物を支え，水平や垂直に調整するための器具である。たとえば，形状の複雑な工作物を定盤の上で，けがき作業をするときに用いられる。

次の仕様を満たす豆ジャッキを設計してみよう。

〔仕　様〕

押上げ荷重が 1 kN で豆ジャッキの最小高さ 100 mm，リフト 20 mm，送りねじ棒は一般用メートルねじ M12，ピッチ 1.75 mm の三角ねじとする。

1 豆ジャッキの機構・計画

一般に，豆ジャッキは，図 15-11 のように，本体，送りねじ棒，キャップ，ハンドル棒などからなりたっている。

豆ジャッキを設計するにあたり，次のようなことを考えながら計画する。

① 各部がすべて分解・組立できる構造とする。

② 材料は，入手しやすく，加工しやすいものを選ぶ。

③ 送りねじ棒は，一般用メートル（並目）ねじを使用する。

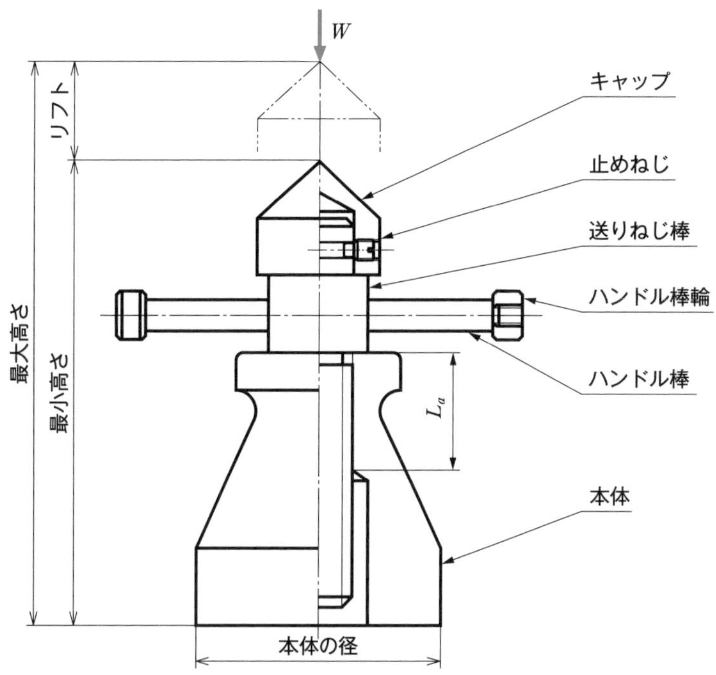

▲図 15-11　豆ジャッキの機構

2 主要部の設計

●ねじ部に働く力　ねじ部に働く力の算出には，三角ねじ（並目）を使用するので，ねじの有効径で考える。

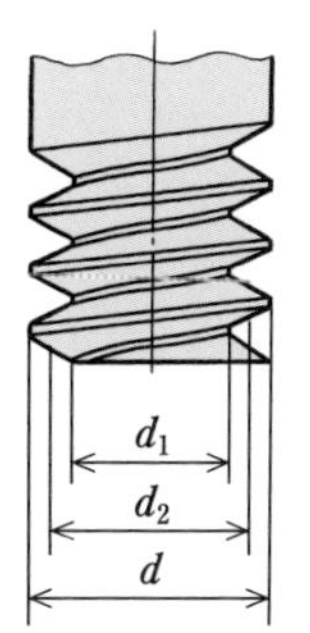

d ：おねじの外径
d_1：おねじの谷の径
d_2：おねじの有効径

▲図 15-12　おねじ各部の名称

M12 のねじの有効径 d_2 は 10.863 mm，ピッチが 1.75 mm であるから，ねじが 1 回転するときのリード l は 1.75 mm である。

図 15-13 のようにリード角 β は,

$$\tan\beta = \frac{l}{\pi d_2}$$

$$= \frac{1.75}{\pi \times 10.863}$$

$$= 0.05128$$

$$\beta = 2.936°$$

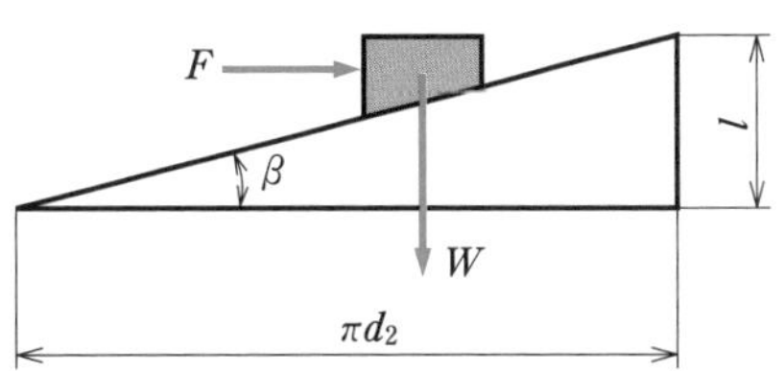

▲図 15-13　斜面に沿って押し上げる力

ゆえにリード角 β は $2.94°$ となる。

ねじを回すことによって，荷重 W [N] を水平方向の力 F [N] で押し上げることになる。

豆ジャッキでは滑りをよくするために潤滑剤を使用するので，ねじの接触部の静摩擦係数は $\mu_0 = 0.2$ とする。

$\mu_0 = \tan\rho$ ❶ であるから，摩擦角 ρ は次のようになる。

$$\tan\rho = 0.2 \qquad \rho = 11.31°$$

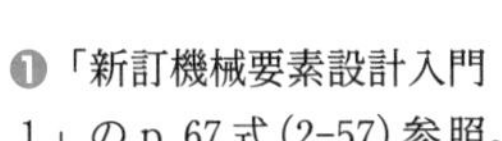
❶「新訂機械要素設計入門1」の p.67 式 (2-57) 参照。

したがって，水平方向の力 F は，荷重 $W = 1$ kN であるから，式 (5-2) ❷ より，

❷「新訂機械要素設計入門1」の p. 163 参照。

$$F = W\tan(\rho + \beta)$$

$$= 1 \times 10^3 \times \tan(11.31° + 2.94°)$$

$$= 254.0 \text{ N}$$

となる。

●ハンドル棒の長さと径　図 15-14 のように，送りねじ棒を回すときのハンドル棒の有効長さ L_1 [mm]，ハンドル棒を回す力 F_s [N] とすると，送りねじ棒を回すトルク T [N·mm] は，

$$T = F_s L_1$$

となり，このトルク T が送りねじ棒を押し上げるトルクとなるので，

$$F_s L_1 = \frac{F d_2}{2}$$

$$= \frac{254.0 \times 10.863}{2}$$

$$= 1380 \text{ N·mm}$$

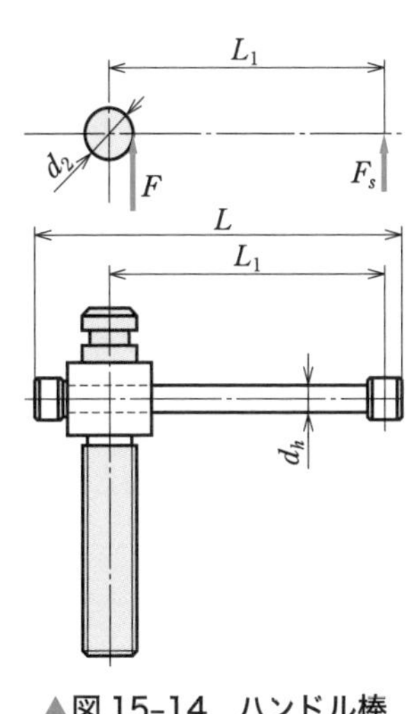

▲図 15-14　ハンドル棒

ハンドル棒を回す力 F_s を 40 N，ハンドル棒の有効長さ L_1 を 75 mm すると，

$$T = F_sL_1 = 40 \times 75$$
$$= 3000\ \mathrm{N\cdot mm}$$

となり，送りねじ棒を回すのに必要なトルクはじゅうぶんである。

送りねじ棒のハンドル棒がはいる部分の直径を 20 mm，ハンドル棒輪の幅を 10 mm として，ハンドル棒の全長 L は 100 mm とする。

ハンドル棒の材料は一般構造用圧延鋼材 SS400 を使用する。SS400 の曲げ応力 $\sigma = 400$ MPa，安全率 $S = 3$ とすると許容曲げ応力 σ_a は，

$$\sigma_a = \frac{\sigma}{S} = \frac{400}{3} = 133.3\ \mathrm{MPa}$$

となる。

ハンドル棒を回すときの曲げモーメント M [N・mm] は，T と等しいので断面係数を Z [mm³] とすると，式 (3-27)❶ より，

$$\sigma_a = \frac{M}{Z}$$

である。

円形断面の断面係数 Z [mm³] は，$\dfrac{\pi d_h{}^3}{32}$ であるから，ハンドル棒の直径 d_h [mm] は，

$$d_h = \sqrt[3]{\frac{32M}{\pi\sigma_a}}$$

$$d_h = \sqrt[3]{\frac{32 \times 3000}{\pi \times 133.3}} = 6.120\ \mathrm{mm}$$

となるので，ハンドル棒の直径は 8 mm とする。

●**本体ねじ部の長さ**　豆ジャッキ本体の材料は FC200，送りねじ棒の材料は S35C-D を使用すれば，送りねじ棒に荷重 W [N] が加わっているとき，ねじ部の許容面圧を q [MPa]，送りねじ棒の外径 d [mm]，本体のめねじの内径 D_1 [mm]，たがいに接触しているねじ山の数を z とすると，式 (5-13)❷ より，

$$z = \frac{4W}{\pi q(d^2 - D_1{}^2)}$$

❶「新訂機械要素設計入門 1」の p.115 参照。

❷「新訂機械要素設計入門 1」の p.170 参照。

ここで，おねじの外径 $d = 12$ mm，めねじの内径 $D_1 = 10.106$ mm，ねじ部の許容面圧を表 5-2❶ より $q = 15$ MPa とすると，

❶「新訂機械要素設計入門 1」の p.171 参照。

$$z = \frac{4 \times 1 \times 10^3}{\pi \times 15 \times (12^2 - 10.106^2)} = 2.027$$

となり，たがいに接触しているねじ山の必要な山数は 2.027 山となる。

M12 並目ねじのピッチは 1.75 mm であるから，本体めねじ部の必要な長さ L_a [mm] は，

$$L_a = 1.75 \times 2.027 = 3.547 \text{ mm}$$

となる。

リフトが 20 mm であること，安全率，全体のバランスなどを考慮して，本体ねじ部の長さ $L_a = 30$ mm とする。

●送りねじ棒の座屈　柱が短いときは，次のランキンの式❷を用いる。

❷「新訂機械要素設計入門 1」 の p.136 式 (3-40) 参照。

座屈荷重 W' [N] は，

$$W' = \frac{\sigma_c A}{1 + \dfrac{a}{n}\left(\dfrac{l}{k_0}\right)^2}$$

座屈強さ σ [MPa] は，

$$\sigma = \frac{\sigma_c}{1 + \dfrac{a}{n}\left(\dfrac{l}{k_0}\right)^2}$$

材料に S35C-D を用いるので，表 3-12❸ より，$\sigma_c = 480$ MPa，材料による実験定数 $a = \dfrac{1}{5000}$，細長比 $\dfrac{l}{k_0} < 85\sqrt{n}$ である。

❸「新訂機械要素設計入門 1」の p.136 参照。

送りねじ棒のねじの谷の径は $d_1 = 10.106$ mm であるから，ねじの谷の径の断面積 A mm² は，

$$A = \frac{\pi d_1{}^2}{4} = \frac{\pi \times 10.106^2}{4} = 80.21 \text{ mm}^2$$

となる。

送りねじ棒の主断面二次モーメント $I_0 = \dfrac{\pi d_1{}^4}{64}$ mm⁴❹ だから，主断面二次半径 k_0 は，

❹「新訂機械要素設計入門 1」の p.116 表 3-7 参照。

$$k_0 = \sqrt{\frac{I_0}{A}} = \sqrt{\frac{\dfrac{\pi d_1{}^4}{64}}{\dfrac{\pi d_1{}^2}{4}}} = \sqrt{\frac{d_1{}^2}{16}} = \frac{d_1}{4} = \frac{10.106}{4} = 2.527 \text{ mm}$$

豆ジャッキの本体から上に出ている部分の長さ l は，リフト (20 mm)，キャップの高さ (20 mm)，ハンドル棒挿入部の高さ (15 mm) の合計で 55 mm となる。

よって，細長比は次のようになる。

$$\frac{l}{k_0}=\frac{55}{2.527}=21.76$$

柱の端末条件と端末条件係数は，図 15-15 に示すように，自由端と固定端だから $n=0.25$❶ とすると，

$$85\sqrt{n}=85\sqrt{0.25}=42.5$$

$\dfrac{l}{k_0}<85\sqrt{n}$ となるので，ランキンの式を用いてよいことになる。

❶「新訂機械要素設計入門 1」の p.135 表 3-11 (e) 参照。

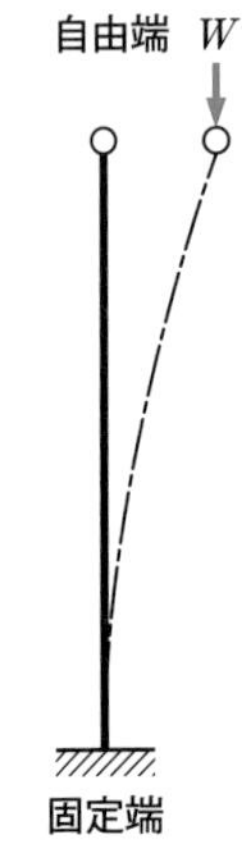

▲図 15-15　自由端と固定端

座屈荷重 W' は

$$W'=\frac{\sigma_c A}{1+\dfrac{a}{n}\left(\dfrac{l}{k_0}\right)^2}=\frac{480\times 80.21}{1+\dfrac{\dfrac{1}{5\,000}}{0.25}\times 21.76^2}=27.92\,\mathrm{kN}$$

となり，設計仕様の押上げ荷重 $W=1\,\mathrm{kN}$ に対して，じゅうぶん安全である。

図 15-16 に設計した豆ジャッキの外観図を示す。

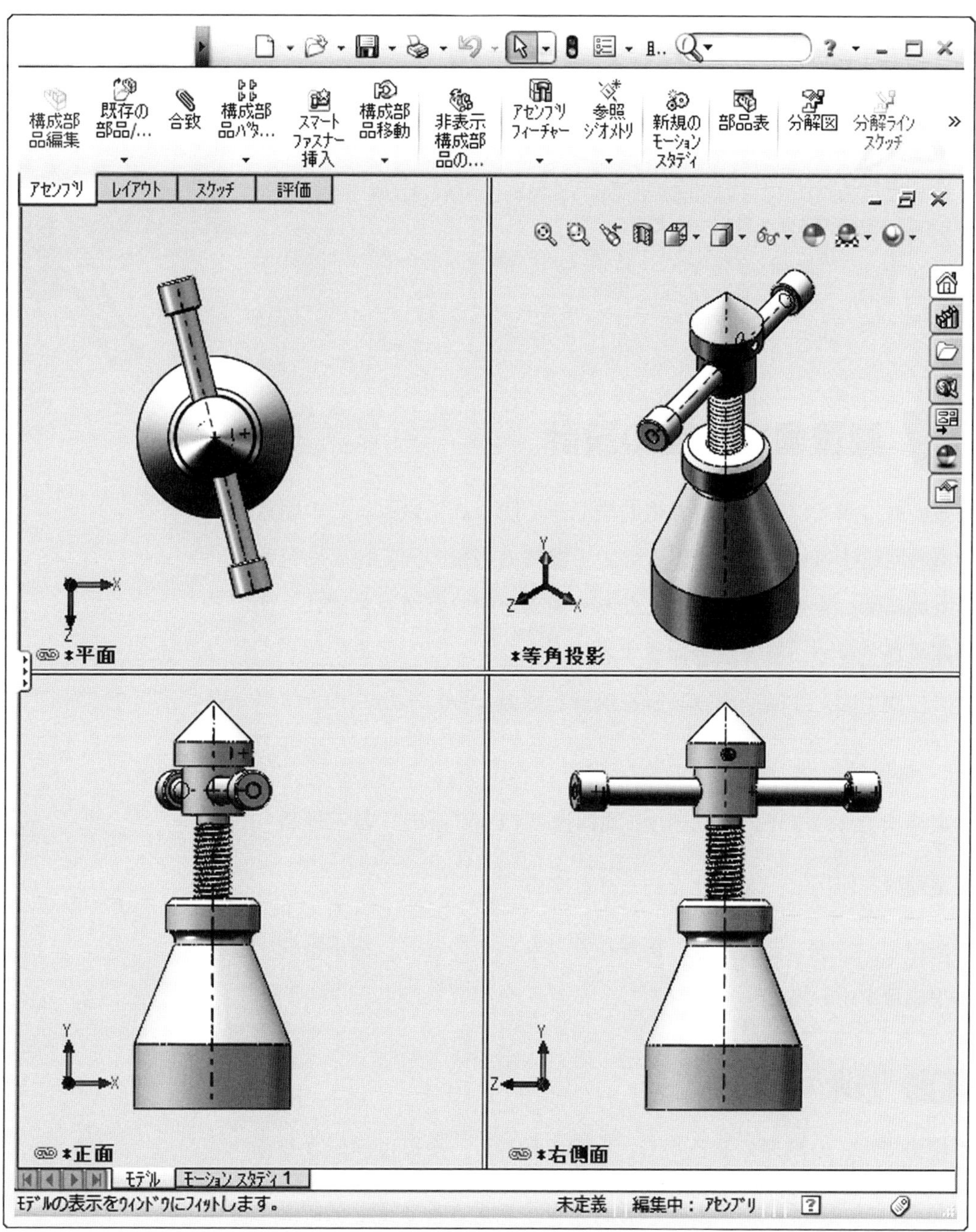

▲図 15-16　豆ジャッキの外観図

4節 機械の設計例

これまで機械設計で学んだ知識を活用して，簡単な機械の設計を行い，総合的な機械設計の技術を身につけよう。

ここでは，歯車による減速装置とワイヤロープを使って，品物の上げ・下げを行う手巻ウインチの設計について学ぼう。

手巻ウインチ▶

1 減速歯車装置の設計

機械の動力源には，三相誘導電動機が多く使われている。この場合，電動機の回転速度は決まっているので，機械の主軸の回転速度に合わせるためには，変速装置が必要となる。歯車を用いた減速装置は，比較的簡単な装置で，確実な動作をする。

次の仕様を満たす減速歯車装置を設計してみよう。

〔仕　様〕

定格出力 3.7 kW，回転速度（同期速度）1500 min^{-1} の三相誘導電動機を使用し，減速比を約 $\frac{1}{20}$ とする。

ただし，特別な負荷変動，衝撃荷重はないものとし，歯車は標準平歯車を用いる。

1 機構の決定

平歯車で $\frac{1}{20}$ の減速であるから，2 段減速とし，後段は前段より歯にかかる力が大きくなることからモジュールを大きくする。装置を小形にするために，入力軸と出力軸を同一中心線上に配置する。

歯車の材料は S43C[❶] を用い，形状および寸法は，表 9-10[❷] による。

かみあう歯車の歯数がたがいに素になるように考え，モジュールと歯数を決定する。

ただし，軸受は，単列深溝形玉軸受から選定する。

❶機械構造用炭素鋼鋼材

❷p. 58 参照。

歯車列の構想を図 15-17 に示す。

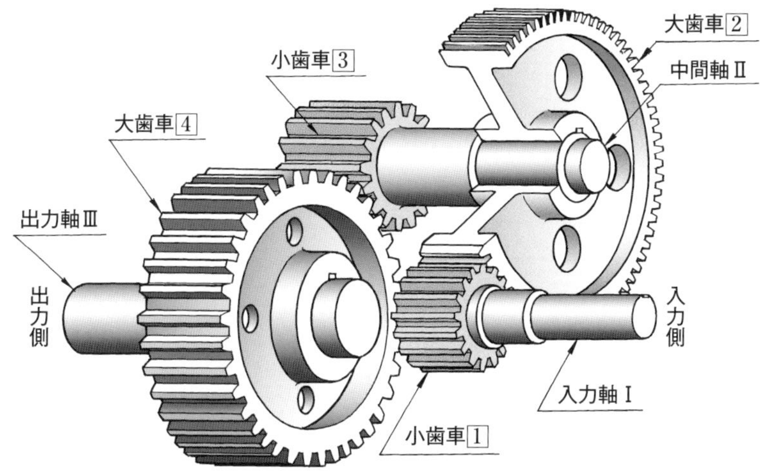

▲図 15-17　減速歯車装置の機構

2　歯車のモジュールと歯数

設計の手順として，減速歯車の歯数およびモジュールを仮定し，その仮定が適切であるかどうかを検討して決定する。

入力軸と出力軸を同一中心線上に配置するためには，入力軸と中間軸の中心距離と，中間軸と出力軸の中心距離とは，等しくなければならない。

したがって，歯車軸の中心距離を a [mm]，入力側の歯車のモジュールを m_1 [mm]，歯数を z_1，z_2，出力側の歯車のモジュールを m_2 [mm]，歯数を z_3，z_4 とすれば，式 (9-10)❶ から，

$$a = \frac{m_1(z_1 + z_2)}{2} = \frac{m_2(z_3 + z_4)}{2} \qquad \text{(a)}$$

いま，$m_1 = 3$ mm，$m_2 = 4$ mm と仮定し，z_1 と z_3 を切り下げ限界歯数の 17 とすれば，式(a)は次のようになる。

$$17 - 3z_2 + 4z_4 = 0 \qquad \text{(b)}$$

また，速度伝達比 i は，

$$i = \frac{z_2}{z_1} \times \frac{z_4}{z_3} = \frac{z_2}{17} \times \frac{z_4}{17} = 20 \qquad \text{(c)}$$

となり，式(b)，(c)の二つの条件から z_2，z_4 を求め，z_1 と z_2，z_3 と z_4 のかみあいで，たがいに素になるように歯数を選ぶと，たとえば，z_2=91，z_4=64 が得られる。

❶p. 38 参照。

この歯数から速度伝達比を求めると，

$$i = \frac{z_2}{z_1} \times \frac{z_4}{z_3} = \frac{91}{17} \times \frac{64}{17} = 20.15$$

となり，条件を満足する❶と考えてよい。

❶速度伝達比は，歯数をたがいに素に調整するために，実際の値と仕様の値とはわずかに違うのがふつうである。

したがって，歯車と1と2，3と4の中心距離 a_1 [mm]，a_2 [mm] は，次のようになる。

$$a_1 = \frac{m_1(z_1 + z_2)}{2} = \frac{3 \times (17 + 91)}{2} = 162\ \mathrm{mm}$$

$$a_2 = \frac{m_2(z_3 + z_4)}{2} = \frac{4 \times (17 + 64)}{2} = 162\ \mathrm{mm}$$

$$a_1 = a_2 = a$$

この結果，入力軸と出力軸は同一中心線上にあることになる。

3 軸と軸受

軸は，長さが比較的短いので，S43C を用いた場合，許容ねじり応力を 25 MPa とすることで，こわさや曲げ強さについては考慮しないこととする。軸受は，ふつうの使用時間であり，とくに衝撃や推力は認められないものとして，表 7-5❷ 単列深溝形玉軸受 (62 系列) から選ぶことにする。

❷「新訂機械要素設計入門 1」の p.218 参照。

入力軸　3.7 kW の誘導電動機の軸径❸は 28 mm になっているから，これに合わせて，$d_1 = 28$ mm とする。

❸JIS C 4210：2010 一般用低圧三相かご形誘導電動機 (E 種)。

ここで，誘導電動機の回転速度に 4 % の滑りがあるものとして，$n_1 = 1500 \times 0.96 = 1440\ \mathrm{min}^{-1}$ とする。軸に生じるねじり応力 τ [MPa] を式 (6-5)❹ で計算してみると，

❹「新訂機械要素設計入門 1」の p.181 参照。

$$d = 36.5\sqrt[3]{\frac{P}{\tau n}}$$

から，

$$\tau = \frac{P}{\left(\frac{d_{\mathrm{I}}}{36.5}\right)^3 n_{\mathrm{I}}} = \frac{3.7 \times 10^3}{\left(\frac{28}{36.5}\right)^3 \times 1440}$$

$$= 5.692\ \mathrm{MPa}$$

となり，許容ねじり応力 25 MPa より小さいので安全である。

軸受は，表 7-5❺ から，内径番号 07 (内径 35 mm) とする。

❺「新訂機械要素設計入門 1」の p.218 参照。

出力軸　出力軸の回転速度 n_{III} [min^{-1}]，軸径 d_{III} [mm] とすれば，出力軸径は，式 (6-5)❻ から求める。

❻「新訂機械要素設計入門 1」の p.181 参照。

$$n_{\mathrm{III}} = n_{\mathrm{I}}\frac{z_1}{z_2} \times \frac{z_3}{z_4} = 1\,440 \times \frac{17}{91} \times \frac{17}{64} = 71.46\ \mathrm{min}^{-1}$$

$$d_{\mathrm{III}} = 36.5\sqrt[3]{\frac{P}{\tau_a n_{\mathrm{III}}}} = 36.5\sqrt[3]{\frac{3.7 \times 10^3}{25 \times 71.46}} = 46.53\ \mathrm{mm}$$

付録3[❶]から，d_{III} は 48 mm として，軸受は，内径番号 11 (内径 55 mm) を用いる。

❶付録 p.246 参照。

●中間軸　中間軸の回転速度 n_{II} [min^{-1}]，軸径 d_{II} [mm] とすれば，出力軸と同様に，

$$n_{\mathrm{II}} = n_{\mathrm{I}}\frac{z_1}{z_2} = 1\,440 \times \frac{17}{91} = 269\ \mathrm{min}^{-1}$$

$$d_{\mathrm{II}} = 36.5\sqrt[3]{\frac{P}{\tau_a n_{\mathrm{II}}}} = 36.5\sqrt[3]{\frac{3.7 \times 10^3}{25 \times 269}} = 29.91\ \mathrm{mm}$$

となる。

中間軸は入・出力軸よりも長く，入力側大歯車2と出力側小歯車3を取りつけるので，計算値より太くし d_{II} は 40 mm とする。軸受は，内径番号 08 (内径 40 mm) にする。

4 歯車の設計

平歯車の設計[❷]に基づいて，歯数を決定するときに仮定した入力側と出力側の歯車のモジュールが，歯の強さからじゅうぶんであるかどうかを検討する。

❷p.49 参照。

ここでは，歯車が長時間の連続運転に耐えられることを考え，歯面強さによることにする[❸]。

❸p.53 参照。

●入力側の歯車のモジュール　モジュール $m_{\mathrm{I}} = 3$ mm，歯数 $z_1 = 17$ の仮定から，歯車の周速度 v_1 [m/s] は，基準円直径を d_1 [mm] とすると，式 (9-3)[❹] より

❹p.33 参照。

$$v_1 = \frac{\pi d_1 n_{\mathrm{I}}}{60 \times 10^3} = \frac{\pi m_1 z_1 n_{\mathrm{I}}}{60 \times 10^3} = \frac{\pi \times 3 \times 17 \times 1\,440}{60 \times 10^3} = 3.845\ \mathrm{m/s}$$

となるので，歯に働く円周力 F_1 [N] は，式 (9-12)[❺] から，

❺p.49 参照。

$$F_1 = \frac{P}{v_1} = \frac{3.7 \times 10^3}{3.845} = 962.3\ \mathrm{N}$$

となる。

小歯車1の歯面強さから，円周力 $F_1 = 962.3$ N を伝達するときに生じる接触応力 σ_H [MPa] を式 (9-15)[❻] で求める。

❻p.53 参照。

$$\sigma_H = \sqrt{\frac{F_1}{d_1 b} \cdot \frac{u_1 + 1}{u_1}}\, Z_H Z_E \sqrt{K_A}\sqrt{K_V}\, S_H$$

小歯車[1]の基準円直径，$d_1 = m_1 z_1 = 3 \times 17 = 51$ mm となる。歯幅 b [mm] は，$b = Km_1$ だから，歯幅係数 $K = 10$ とすれば，$m_1 = 3$ mm なので，$b = 10 \times 3 = 30$ mm となる。歯幅を，大歯車[2]は 32 mm，小歯車[1]は 35 mm とすると，かみあい歯幅は 32 mm となる。

歯数比　　$u_1 = \dfrac{z_2}{z_1} = \dfrac{91}{17} = 5.353$

領域係数❶　　$Z_H = 2.49$

材料定数係数 (表 9-7)❷　　$Z_E = 189.8\sqrt{\text{MPa}}$

使用係数 (表 9-4)❸　　$K_A = 1$ (均一負荷とする)

動荷重係数 (図 9-28)❹　　$K_v = 1.2$

歯面強さの安全率❺　　$S_H = 1.0$

❶p.53 参照。
❷p.54 参照。
❸p.52 参照。
❹p.51 参照。
❺p.53 参照。

$$\sigma_H = \sqrt{\frac{962.3}{51 \times 32} \times \frac{5.353+1}{5.353}} \times 2.49 \times 189.8 \times \sqrt{1} \times \sqrt{1.2} \times 1.0$$

$$= 433.1 \text{ MPa}$$

歯の強さを増すために，高周波焼入れの歯車を用いると表 9-8❻ で，S43C の歯面硬さ $HV = 520$ とすれば，許容接触応力 $\sigma_{H\lim} = 885$ MPa であり，$\sigma_H < \sigma_{H\lim}$ となるので，安全である。

❻p.54 参照。

以上のことから，$m_1 = 3$ mm と決定する。

●出力側の歯車のモジュール　モジュール $m_2 = 4$ mm，歯数 $z_3 = 17$ と仮定すると周速度は，

$$v_3 = \frac{\pi m_2 z_3 n_{\text{II}}}{60 \times 10^3} = \frac{\pi \times 4 \times 17 \times 269}{60 \times 10^3} = 0.9578 \text{ m/s}$$

となる。

入力側の歯車と同様に，円周力 $F_2 = \dfrac{P}{v_2} = \dfrac{3.7 \times 10^3}{0.9578} = 3863$N を伝達するときに生じる接触応力 σ_H [MPa] を式 (9-15)❼ で求めて，モジュール m_2 を決める。

❼p.53 参照。

小歯車[3]の基準円直径は，$d_3 = m_2 z_3 = 4 \times 17 = 68$ mm である。

歯幅 b は，入力側の歯車と同様に $K = 10$ とすれば，$b = Km_2 = 10 \times 4 = 40$mm となるので，大歯車[4]は 40 mm，小歯車[3]は 45 mm として，かみあい歯幅は 40 mm となる。

歯数比は　$u_2 = \dfrac{z_4}{z_3} = \dfrac{64}{17} = 3.765$ であり，各係数，安全率は，入

力側と等しい値を用いる。

$$\sigma_H = \sqrt{\frac{F_2}{d_3 b}\cdot\frac{u_2+1}{u_2}} Z_H Z_E \sqrt{K_A}\sqrt{K_V} S_H$$

$$= \sqrt{\frac{3863}{68\times 40}\times\frac{3.765+1}{3.765}}\times 2.49\times 189.8\times\sqrt{1}\times\sqrt{1.2}\times 1.0$$

$$= 694.1\ \text{MPa}$$

出力側の歯車も，高周波焼入れの歯車を用いるから，表 9-8❶ で歯面硬さ HV を 520 とすれば，$\sigma_{H\lim}$=885 MPa であり，安全である。

❶p. 54 参照。

したがって，モジュール m_2 を 4 mm と決定する。

●歯車の形状および各部の寸法　歯車の形状は，図 9-31❷ から大歯車[2]，[4]はウェブ付きC形とし，小歯車[1]，[3]は歯底円直径が小さいので，入力軸および中間軸とそれぞれ一体につくる。

❷p. 58 参照。

大歯車各部の寸法は，表 9-10❸ から次のように求める。

❸p. 58 参照。

1)　入力側大歯車[2]

基準円直径　$d_2 = m_1 z_2 = 3\times 91 = 273$ mm

歯先円直径　$d_{a2} = m_1(z_2+2) = 3\times(91+2) = 279$ mm

歯底円直径　$d_{f2} = m_1(z_2-2.5) = 3\times(91-2.5)$

$= 265.5$ mm

リムの厚さ　$l_{w2} = 3.15 m_1 = 3.15\times 3 = 9.45 \fallingdotseq 9.5$ mm

リムの内径　$d_{i2} = d_{f2} - 2 l_{w2} = 265.5 - 2\times 9.5 = 246.5$

$\fallingdotseq 246$ mm

ハブの穴径　中間軸軸受の内径が 40 mm であるから，

$d_{s2} = 45$ mm とする。

ハブの外径　$d_{h2} = d_{s2} + 7 t_2 = 45 + 7\times 3.8$

$= 71.6$　　$d_{h2} = 75$ mm とする。

ハブの長さ　$l_2 = b_2 + 2 m_1 + 0.04 d_2$

$= 32 + 2\times 3 + 0.04\times 273$

$= 48.92 \fallingdotseq 50$ mm

ウェブの厚さ　$b_{w2} = 3 m_1 = 3\times 3 = 9 \fallingdotseq 10$ mm

抜き穴の中心円の直径　$d_{c2} = 0.5(d_{i2} + d_{h2})$

$= 0.5\times(246+75)$

$= 160.5 \fallingdotseq 160$ mm

抜き穴の直径　$d_{p2} = 0.25(d_{i2} - d_{h2}) = 0.25 \times (246 - 75)$

$= 42.75 \fallingdotseq 42$ mm

抜き穴の数　4個とする。

2)　出力側大歯車[4]

基準円直径　$d_4 = m_2 z_4 = 4 \times 64 = 256$ mm

歯先円直径　$d_{a4} = m_2(z_4 + 2) = 4 \times (64 + 2) = 264$ mm

歯底円直径　$d_{f4} = m_2(z_4 - 2.5) = 4 \times (64 - 2.5)$

$= 246$ mm

リムの厚さ　$l_{w4} = 3.15 m_2 = 3.15 \times 4 = 12.6 \fallingdotseq 13$ mm

リムの内径　$d_{i4} = d_{f4} - 2 l_{w4} = 246 - 2 \times 13 = 220$ mm

ハブの穴径　出力軸軸受の内径が 55 mm であるから，

$d_{s4} = 60$ mm とする。

ハブの外径　$d_{h4} = d_{s4} + 7 t_2 = 60 + 7 \times 4.4 = 90.8$

$\fallingdotseq 90$ mm

ハブの長さ　$l_4 = b_4 + 2 m_2 + 0.04 d_4$

$= 40 + 2 \times 4 + 0.04 \times 256$

$= 58.24 \fallingdotseq 60$ mm

ウェブの厚さ　$b_{w4} = 3 m_2 = 3 \times 4 = 12$ mm

抜き穴の中心円の直径　$d_{c4} = 0.5(d_{i4} + d_{h4})$

$= 0.5 \times (220 + 90)$

$= 155$ mm

抜き穴の直径　$d_{p4} = 0.25(d_{i4} - d_{h4}) = 0.25 \times (220 - 90)$

$= 32.5 \fallingdotseq 32$ mm

抜き穴の数　4個とする。

5　歯車箱

特別な形状・寸法のものには溶接構造のものがあるが，一般には，ねずみ鋳鉄製 (FC200) が多い。ここでは鋳造によることにし，次のように設計する。

1)　軸受の中心で，上部と下部に分割できるようにし，組立・分解・点検のしやすいようにする。

2)　入・出力軸の軸受台は，歯車箱と一体構造とする。

3)　潤滑は大歯車の歯先によるはねかけ式とするため，歯車箱の下部を油だめとし，油抜きやオイルゲージを設ける。

4)　歯車箱の上部には，注油口を兼ねた点検窓，内部の温度上昇を防ぐための空気抜きを設ける。

5)　軸受ふたの軸穴は，オイルシールで密封する。

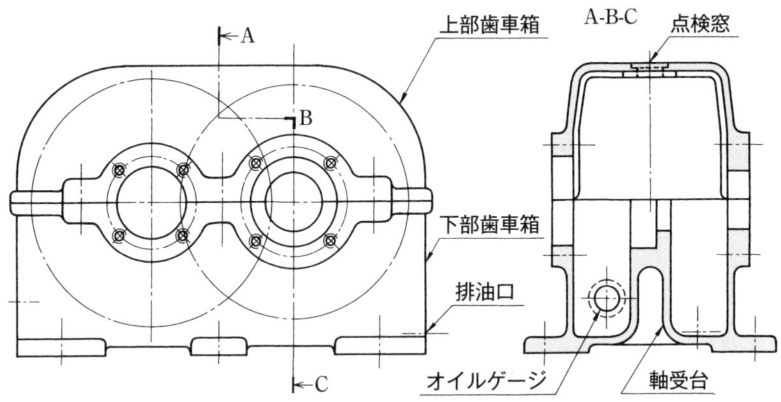

▲図 15-18　歯車箱

以上のことから，歯車の諸元は表 15-1，その組立図は図 15-19 のようになる。

▼表 15-1　歯車の諸元　　[単位 mm]

名　称		記　号	入力側		出力側	
			小歯車[1]	大歯車[2]	小歯車[3]	大歯車[4]
歯車の形			軸と一体	ウェブ付きC形	軸と一体	ウェブ付きC形
モジュール		m	3		4	
歯　数		z	17	91	17	64
歯　幅		b	35	32	45	40
基準円直径		d	51	273	68	256
歯先円直径		d_a	57	279	76	264
歯底円直径		d_f	43.5	265.5	58	246
リム	内　径	d_i		246		220
リム	厚　さ	l_w		9.5		13
ハブ	穴　径	d_s		45		60
ハブ	外　径	d_h		75		90
ハブ	長　さ	l		50		60
キー	寸　法	$b \times h$		14×9		18×11
キー	溝の深さ	t_2		3.8		4.4
ウェブの厚さ		b_w		10		12
抜き穴	穴　径	d_p		42		32
抜き穴	中心円の直径	d_c		160		155
抜き穴	個　数			4		4

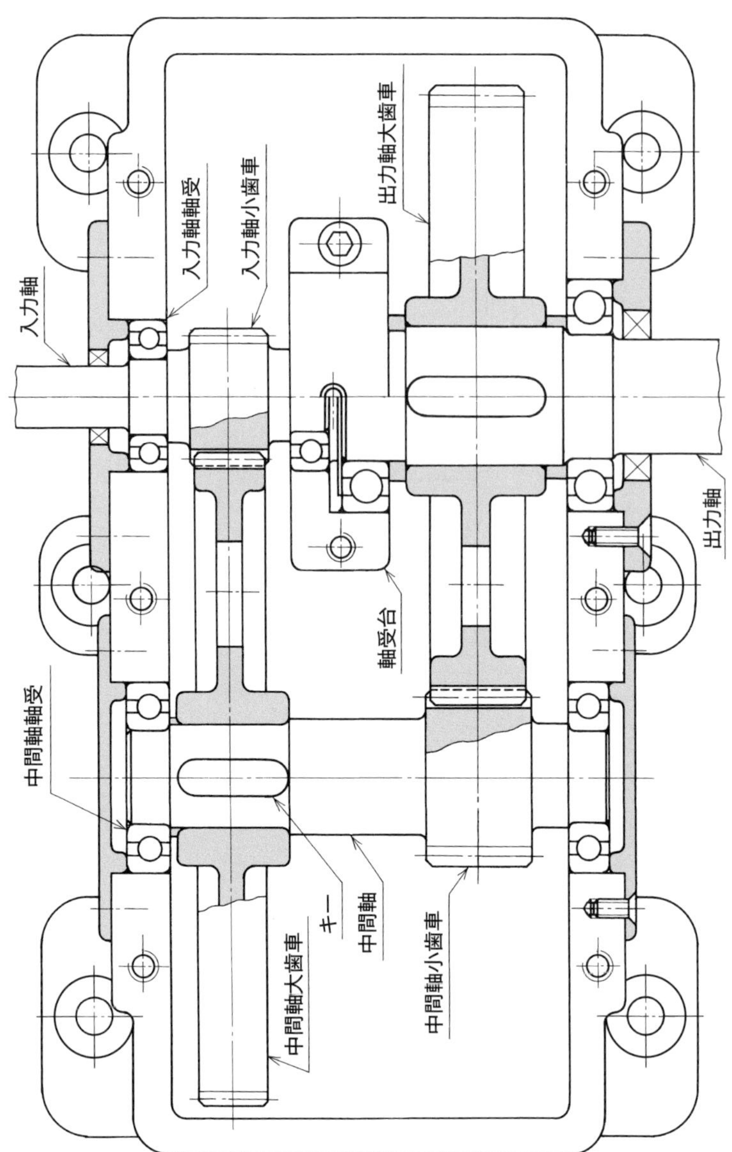

▲図 15-19　減速歯車装置

2 手巻ウインチの設計

ウインチは，重い物の上げ・下げや移動などに使われる機械である。ウインチの動力は，電動機によるものが多い。軽量のものを扱うときには，人の力によって動かす手巻ウインチが用いられる場合もある。

次の仕様を満たす手巻ウインチを設計してみよう。

〔仕　様〕

土木工事用の 1 人で操作するウインチで，最大引き上げ荷重 10 kN，ワイヤロープは 1 層巻き，長さ 15 m とする。

1 手巻ウインチの計画

手巻ウインチの機構は図 15-20 に示すように，人力によってハンドルを回し，歯車装置によって巻胴を回転させ，これにワイヤロープを巻き取って重量物を引き上げる。

このとき，ハンドルを回す力 F [N] と引き上げ荷重 W [N] との関係は，次のようになる。

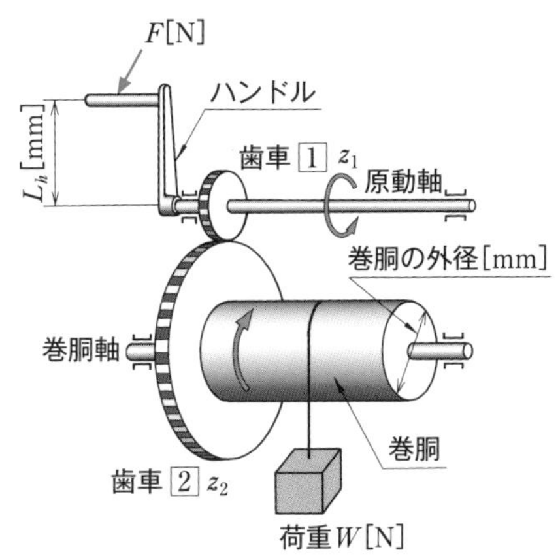

▲図 15-20　手巻ウインチの機構(1)

$$F = W \times \frac{\text{巻胴の半径}}{\text{ハンドルの腕の長さ}} \times \frac{1}{\text{速度伝達比}}$$

$$= W \times \frac{\text{巻胴の半径}}{\text{ハンドルの腕の長さ}} \times \frac{1}{\dfrac{\boxed{2}\text{の歯数}}{\boxed{1}\text{の歯数}}}$$

いま，巻胴の半径とハンドルの腕の長さとの比を $\frac{1}{4}$，歯車の速度伝達比を 7，引き上げ荷重 $W = 10\ \mathrm{kN}$ とすると，

$$F = 10 \times 10^3 \times \frac{1}{4} \times \frac{1}{7} = 357.1\ \mathrm{N}$$

となる。

ハンドルを回す 1 人の力は，100～200 N であるので，図 15-20 の機構では適当でない。

図 15-21 のような機構にすると，力 F [N] と荷重 W [N] の関係は，

$$F = W \times \frac{\text{巻胴の半径}}{\text{ハンドルの腕の長さ}} \times \frac{1}{\text{速度伝達比}}$$

$$= W \times \frac{\text{巻胴の半径}}{\text{ハンドルの腕の長さ}} \times \frac{1}{\dfrac{\boxed{2}\text{の歯数}}{\boxed{1}\text{の歯数}} \times \dfrac{\boxed{4}\text{の歯数}}{\boxed{3}\text{の歯数}}}$$

となり，巻胴の半径とハンドルの腕の長さとの比を $\frac{1}{4}$，歯車列の速度伝達比を 20 と見積もると，$W = 10\ \mathrm{kN}$ に対して，F は 125 N となる。

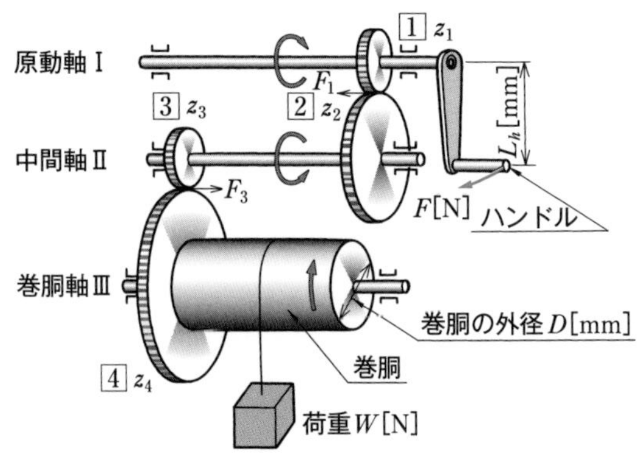

▲図 15-21　手巻ウインチの機構(2)

したがって，この機構を採用し，F を 150 N として設計する。

ハンドルは 1 人で操作するので，荷重が小さいときやワイヤロープを早巻き込みしたい場合には，ハンドルを中間軸に差しかえて逆方向に回す。ワイヤロープを軽く引き出すには，歯車3を右に滑らせて歯車4とのかみあいをはずす機構にする。

巻上げのとき，逆転を自動的に防止する，ねじブレーキを用いる。

2　主要部の計算

ワイヤロープ　手巻ウインチには，ワイヤロープの安全率などの規格がないので，電動ウインチのJIS[1]を参考にする。

ワイヤロープの安全率を 5 とすれば，最大引き上げ荷重が 10 kN のとき，ワイヤロープの破断荷重は 10 × 5 = 50 kN になるので，表 15-2 から 24 本線 6 よりA種，ロープ径 12 mm（破断荷重が 71.0 kN）のものを使うことにする。

巻　胴　巻胴は，鋳鉄・鋳鋼・鋼板などでつくられるが，ここでは JIS[2] の一般構造用炭素鋼鋼管（STK490）を使用する。

ワイヤロープは 1 層巻きとして巻き溝をつけない。

1)　巻胴のロープピッチ円直径・外径　図 15-22 のように巻胴のロープピッチ円直径 D_D [mm] と，ワイヤロープの直径 d [mm] との比は，11.2～25 以上が一般的なので，18 とすれば，ピッチ円直径 D_D は，

$$D_D = 18d = 18 \times 12 = 216\ \mathrm{mm}$$

となる。

巻胴の外径 D [mm] は，

$$D = D_D - d = 216 - 12 = 204\ \mathrm{mm}$$

となるので，鋼管の規格から $D = 190.7$ mm を使用すると，

$$D_D = 190.7 + 12 = 202.7\ \mathrm{mm}$$

したがって，D_D は 203 mm とする。

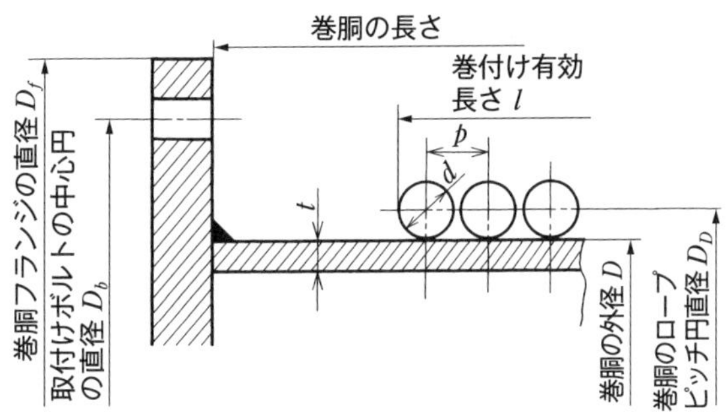

▲図 15-22　巻胴

[1] JIS B 8813：2013 電動ウインチ。

[2] JIS G 3444：2015 一般構造用炭素鋼鋼管。

[3] JIS では破断力としている。

▼表 15-2　ワイヤロープ 6 × 24 の破断荷重[3]

ロープ断面 (24 本線 6 より)		
ロープ径 [mm]	破断荷重 [kN]	
	普通より	
	めっき	裸
	G 種	A 種
8	29.3	31.6
9	37.1	39.9
10	45.8	49.3
12	65.9	71.0
14	89.7	96.6
16	117	126
18	148	160
20	183	197
22	222	239
24	264	284
26	309	333
28	359	387
30	412	444

（JIS G 3525：2013 による）

2) 巻胴の長さ　巻胴の長さは，ワイヤロープの長さ L [m] によって決まる。

必要な巻数 z は，

$$z = \frac{L \times 10^3}{\pi D_D} = \frac{15 \times 10^3}{\pi \times 203} = 23.52 \fallingdotseq 24 \text{ 巻}$$

となる。

ワイヤロープを巻き付けたときのピッチを p [mm]，巻胴の巻付け有効長さを l [mm] とすれば，p は余裕をもたせてワイヤロープの直径 d に 1 mm 加えた値とし，

$$p = d + 1 = 12 + 1 = 13 \text{ mm}$$

とすれば，

$$l = pz + d = 13 \times 24 + 12 = 324 \text{ mm}$$

となるので，ワイヤロープ止め金具を取りつける余裕とワイヤロープの伸びを考えて，巻胴の長さは 380 mm と決める。

ウインチを使用するさい，ワイヤロープの取りつけ端に直接荷重が加わらないよう安全のために，ワイヤロープの全部は繰り出さず，巻胴に 2 巻き以上を残すようにする。

したがって，ワイヤロープが有効に巻き取られる長さは，

$$15 - 2 \times \frac{\pi D_D}{1 \times 10^3} = 15 - 2 \times \frac{\pi \times 203}{1 \times 10^3} = 13.72 \text{ m}$$

となる。

3) 巻胴の肉厚　巻胴の肉厚 t [mm] は次の式で計算される。

1 層巻き　$t = \dfrac{W}{\sigma_c p}$

2 層巻き　$t = (1.5\sim1.7)\dfrac{W}{\sigma_c p}$

W：引き上げ荷重 [N]　σ_c：許容圧縮応力 [MPa]

p：ワイヤロープのピッチ [mm]

巻胴には $D = 190.7$ mm の鋼管を使うことにしたので，鋼管の許容圧縮応力を 140 MPa として，厚さ t を計算すると，

$$t = \frac{W}{\sigma_c p} = \frac{10 \times 10^3}{140 \times 13} = 5.495 \text{ mm}$$

したがって，厚さ $t = 6$ mm の鋼管を使うこととする。

4)　**巻胴フランジ**　巻胴フランジは，巻胴の表面から $3d \sim 4d$ 高くしているので，$3.5d$ とすれば，巻胴フランジの直径 D_f [mm] は，

$$D_f = D + 3.5d \times 2 = 190.7 + 3.5 \times 12 \times 2 = 274.7\ \text{mm}$$

となる。

したがって，D_f は 280 mm とする (図 15-22)。

5)　**ロープ止め金具**　図 15-23 のようなものを用いる。巻胴面に差し込む部分の直径 d' [mm] は，材料を SS400 として，許容せん断応力 τ_a を 60 MPa とすると，$W = \dfrac{\pi}{4} d'^2 \tau_a$ から，

$$d' = \sqrt{\frac{4}{\pi} \times \frac{W}{\tau_a}} = \sqrt{\frac{4 \times 10 \times 10^3}{\pi \times 60}} = 14.57\ \text{mm}$$

となる。

したがって，d' は 15 mm とする。

荷重はロープ止め金具の差込み部に加わり，取付けボルトにはほとんど加わらないと考えて，取付けボルトには M12 を用いる。

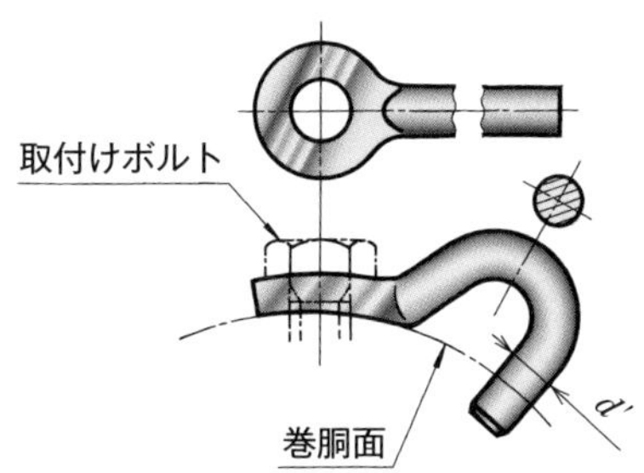

▲図 15-23　ロープ止め金具

●歯　車

1)　**歯　数**　図 15-21 の歯車[1]，[2]，[3]，[4]のモジュールはすべて同じにし，歯数をそれぞれ z_1，z_2，z_3，z_4 とする。また，歯車・軸受などの機械効率 η を 0.83 とする。

ハンドルの腕の長さ L_h を 350 mm とし，1 人でハンドルを回すときの力 F を 150 N とすれば，歯車列の速度伝達比 i は，

$$i = \frac{z_2}{z_1} \times \frac{z_4}{z_3} = \frac{W}{F} \times \frac{D_D}{2L_h} \times \frac{1}{\eta} = \frac{10 \times 10^3}{150} \times \frac{203}{2 \times 350} \times \frac{1}{0.83}$$

$$= 23.29 \fallingdotseq 24$$

$\dfrac{z_2}{z_1} = 4$，$\dfrac{z_4}{z_3} = 6$ として，歯車の 2 軸間の距離をなるべく小さくし，最小歯数を $z_1 = z_3 = 16$ とすれば，$z_2 = 64$，$z_4 = 96$ となる。

いま，かみあう歯車の歯数がたがいに素になるように $z_2 = 63$，$z_4 = 95$ とすれば，速度伝達比 i は，

$$i = \frac{z_2}{z_1} \times \frac{z_4}{z_3} = \frac{63}{16} \times \frac{95}{16} = 23.38$$

となり，歯数は $z_1 = 16$，$z_2 = 63$，$z_3 = 16$，$z_4 = 95$ と決める。

2)　モジュール　　モジュール m を 5 mm と仮定すれば，歯車$\boxed{1}$と$\boxed{3}$の基準円直径 d_1，d_3 は 80 mm となるので，歯車$\boxed{1}$に加わる円周力 F_1 [N] は，図 15-21 で，ハンドルに加わる力のモーメントのつり合いから，次のようになる。

$$F_1\frac{d_1}{2} = FL_h \qquad F_1 = \frac{2FL_h}{d_1} = 2 \times 150 \times \frac{350}{80} = 1\,313\ \mathrm{N}$$

また，歯車$\boxed{3}$に加わる円周力 F_3 [N] は，次のようにして求められる。

$$F_3\frac{d_3}{2} = F_1\frac{d_2}{2} \qquad F_3 = F_1\frac{d_2}{d_3}$$

歯車$\boxed{2}$，$\boxed{3}$はモジュールが同じであるから，$\dfrac{d_2}{d_3} = \dfrac{z_2}{z_3} = \dfrac{63}{16}$ となるので，

$$F_3 = 1\,313 \times \frac{63}{16} = 5\,170\ \mathrm{N}$$

となる。

歯車$\boxed{3}$と$\boxed{4}$に大きい力が加わるので，これらの歯の強さが仮定のモジュールでじゅうぶんであるかを検討する。

まず，歯車$\boxed{3}$について，歯の曲げ強さで計算する❶。

歯数 16 の歯形係数 Y は，図 9-28❷ から 3.03 となる。手巻ウインチなので表 9-4❸ から使用係数 $K_A = 1.25$，動荷重係数は速度がきわめて小さいので図 9-28❹ から $K_V = 1.0$，材料を S35C❺ とし，表 9-5❻ から，その最大許容曲げ応力 $\sigma_{F\lim} = 180$ MPa とする。

歯幅 b [mm] を表 9-6❼ から $8m$ [mm]，曲げ破損に対する安全率を図 9-28❽ より $S_F = 1.2$ として，式 (9-13)❾ は，

$$\sigma_F = \frac{F_3}{8m \times m} YK_AK_VS_F \leqq \sigma_{F\lim}$$

だから，$m = \sqrt{\dfrac{F_3YK_AK_VS_F}{8\sigma_{F\lim}}}$

$$= \sqrt{\frac{5170 \times 3.03 \times 1.25 \times 1 \times 1.2}{8 \times 180}} = 4.040\ \mathrm{mm}$$

❶p. 50 参照。
❷p. 51 参照。
❸p. 52 参照。
❹p. 51 参照。
❺S35C 機械構造用炭素鋼鋼材
❻p. 52 参照。
❼p. 53 参照。
❽p. 51 参照。
❾p. 51 参照。

となる。

次に，歯車[4]について同様に計算する。歯数が 95 であるから Y は 2.18，材料を SC450 とし，$\sigma_{F\min}$ は 90.6 MPa，歯幅 b を $8m$ とすると，モジュールは，次のようになる。

$$m = \sqrt{\frac{F_3 Y K_A K_V S_F}{8\sigma_{F\lim}}}$$

$$= \sqrt{\frac{5170 \times 2.18 \times 1.25 \times 1 \times 1.2}{8 \times 90.6}} = 4.830\ \mathrm{mm}$$

したがって，モジュール $m = 5$ mm でよい。

3)　歯車の寸法　　モジュール $m = 5$ mm とすると，歯幅 b は，歯車[2]は 40 mm，歯車[4]は 45 mm，歯車[1]，[3]は移動することを考えて 50 mm とする。

したがって，歯車[1]，[2]，[3]および[4]の寸法は表 15-3 のようになる。

▼表 15-3　歯車の寸法

歯　車	モジュール [mm]	歯　数	基準円直径 [mm]	歯先円直径 [mm]	歯　幅 [mm]
[1]	5	16	80	90	50
[2]	5	63	315	325	40
[3]	5	16	80	90	50
[4]	5	95	475	485	45

歯車[4]と巻胴は 6 本のボルトで締結し，歯車[4]の回転モーメントを巻胴に伝えるものとする。ボルトは，巻胴の取付けボルトの中心円の直径を $D_b = 240$ mm とし，この円周上に等分に配置する。安全のために，ボルトの本数の $\frac{1}{4}$ で歯車の回転モーメントを巻胴に伝えるものとして，ボルトの太さを求める。

1 本のボルトが受けるせん断力 W_s [N] は，ボルトに働く回転モーメントから，

$$\frac{6W_s}{4} \times \frac{D_b}{2} = W \times \frac{D_D}{2}$$

$$W_s = \frac{4 \times 2 \times 10 \times 10^3 \times 203}{6 \times 240 \times 2} = 5639\ \mathrm{N}$$

となる。

ボルトの許容せん断応力を $\tau_a = 40$ MPa とすれば，ボルトの外径 d [mm] は，式 (5-12)❶ から，

$$d = \sqrt{\frac{4W_s}{\pi\tau_a}} = \sqrt{\frac{4 \times 5639}{\pi \times 40}} = 13.4 \text{ mm}$$

❶「新訂機械要素設計入門 1」の p.169 参照。

となり，付録❷ 4 から M16 のボルトを使用する。

❷付録 p.247 参照。

●軸と軸受　軸は，すべて S35C を使う。

1)　原動軸の直径　原動軸は，曲げはほとんど受けないので，ねじりだけを受けるものとし，許容せん断応力を $\tau_a = 40$ MPa として計算する。原動軸に働くねじりモーメント T_{I} [N·mm] は，

$$T_{\mathrm{I}} = FL_h = 150 \times 350 = 52500 \text{ N·mm}$$

だから，丸軸部の軸径 d_{I} [mm] は式 (6-3)❸ より，

$$d_{\mathrm{I}} = \sqrt[3]{\frac{5.09\,T_{\mathrm{I}}}{\tau_a}} = \sqrt[3]{\frac{5.09 \times 52500}{40}} = 18.83 \text{ mm}$$

❸「新訂機械要素設計入門 1」の p.180 参照。

となる。ハンドルは中間軸にも使用することがあるので，差込み部の計算は，中間軸とともに考えることにする。

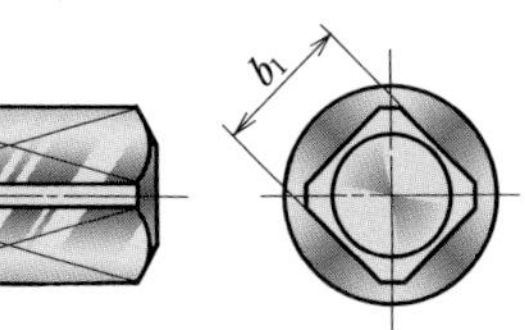

▲図 15-24　ハンドルの差込み部

2)　中間軸の直径　原動軸と同様にねじりだけを受けるものとして計算する。中間軸に作用するねじりモーメント T_{II} [N·mm] は，

$$T_{\mathrm{II}} = FL_h\frac{z_2}{z_1} = 150 \times 350 \times \frac{63}{16} = 206700 \text{ N·mm}$$

となるので，中間軸の軸径 d_{II} [mm] は，

$$d_{\mathrm{II}} = \sqrt[3]{\frac{5.09\,T_{\mathrm{II}}}{\tau_a}} = \sqrt[3]{\frac{5.09 \times 206700}{40}} = 29.74 \text{ mm}$$

となり，表 6-2❹ から d_{II} は 32 mm とする。

❹「新訂機械要素設計入門 1」の p.179 参照。

ハンドルの正方形の 1 辺 b_1 は，構造上 $d_{\mathrm{II}} \geqq \sqrt{2}\,b_1$ であるから，

$$b_1 \leqq \frac{32}{\sqrt{2}} = 22.63 \text{ mm}$$

となるので，b_1 は 22 mm とする。ハンドルは中間軸と共用であるから，原動軸の直径は中間軸と同じとし，d_{I} は 32 mm とする。

3)　**巻胴軸の直径**　　巻胴軸はフレームに固定し，巻胴に軸受を取りつけて巻胴軸に対して回転するようにする。したがって，巻胴軸にはねじりが加わらないから，曲げだけを考えて軸径を決める。

巻胴軸に加わる力のおもなものは，引き上げ荷重，歯車を回す力などであるから，ここでは，その二つの力による曲げ作用について考える。軸に最大曲げモーメントが働くのはワイヤロープが巻胴の端にきたときで，図 15-25 から，鉛直方向 (引き上げる荷重の方向) だけの力を考えて，巻胴軸に働く最大曲げモーメントを求める。

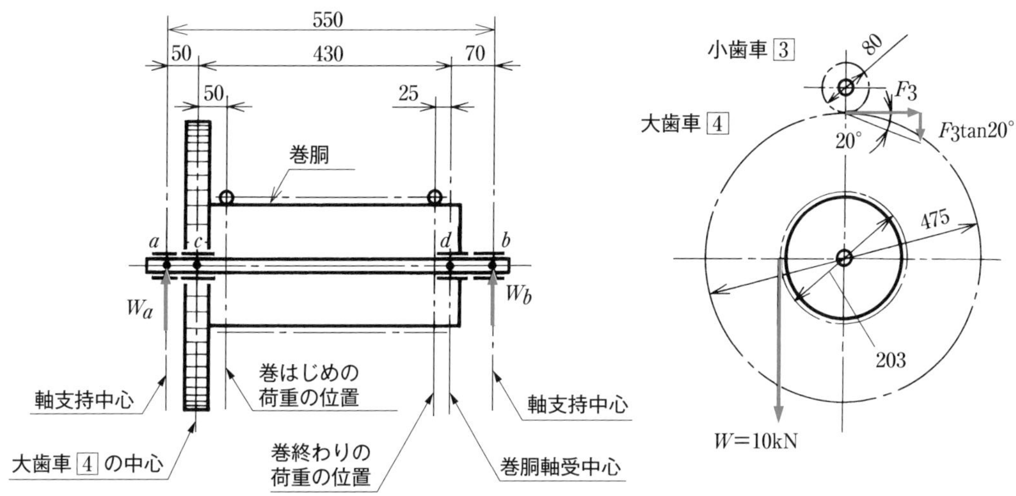

▲図 15-25　巻胴と巻胴軸に加わる力(1)

歯車[4]に加わる円周力 F_3 は，歯車の寸法を決めるときに用いた値をとり，$F_3 = 5170$ N である。

この円周力 F_3 は，歯車の作用線の方向に働く力の水平方向の分力である。また，歯車の作用線の方向に働く力の鉛直方向 (引き上げる荷重の方向) の分力は，次のとおりである。

$$F_3 \tan 20° = 5170 \times 0.364 = 1882 \text{ N}$$

巻胴軸に加わる荷重は，図 15-26 から，巻胴を支えている軸受の点 c と点 d に働き，巻はじめでは点 c に，巻終わりでは点 d に最大の反力が生じる。したがって，巻胴軸に加わる最大曲げモーメント M_{max} [N·mm] は，巻はじめと巻終わりの巻胴軸に働く力による最大曲げモーメントについて調べることにする。

図 15-26(a)から，巻はじめに巻胴軸に働く最大曲げモーメントを求める。

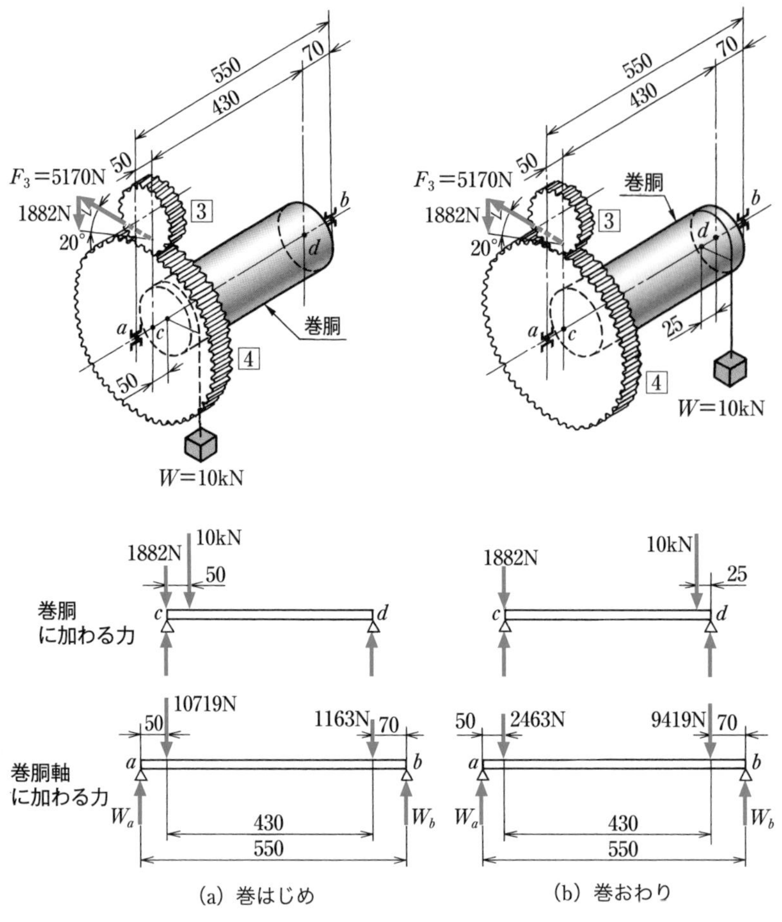

▲図 15-26　巻胴と巻胴軸に加わる力(2)

荷重 10 kN による点 c の反力は，$10 \times 10^3 \times \dfrac{430 - 50}{430} = 8\,837$ N,

点 c に働く力 W_c [N] は，点 c の反力 + 歯車による力であり，

$$W_c = 8\,837 + 1\,882 = 10\,719 \text{ N}$$

点 d に働く力 W_d [N] は，

$$W_d = 10 \times 10^3 - 8\,837 = 1\,163 \text{ N}$$

点 c と点 d に働く力による巻胴軸の支点 a の反力 W_a [N] は，

$$W_a = \frac{10\,719 \times 500 + 1\,163 \times 70}{550} = 9\,893 \text{ N}$$

となり，このとき，点 c に働く最大曲げモーメント M_c [N·mm] は，

$$M_c = 9\,893 \times 50 = 494\,700 \text{ N·mm}$$

となる。これと同様にして，図(b)から巻終わりにおける巻胴軸に働く

最大曲げモーメントを求める。

荷重 10 kN による点 d の反力は，

$$10 \times 10^3 \times \frac{430 - 25}{430} = 9\,419\ \mathrm{N}$$

点 c に働く力は，点 c の反力 + 歯車による力であり，

$$(10 \times 10^3 - 9\,419) + 1\,882 = 2\,463\ \mathrm{N}$$

点 d と点 c に働く力による巻胴軸の支点 b の反力 W_b [N] は，

$$W_b = \frac{9\,419 \times 480 + 2\,463 \times 50}{550} = 8\,444\ \mathrm{N}$$

となり，このとき，点 d に働く最大曲げモーメント M_d [N·mm] は，次のとおりである。

$$M_d = 8\,444 \times 70 = 591\,100\ \mathrm{N \cdot mm}$$

以上の結果から M_d を巻胴軸の最大曲げモーメント $M_{\max}$ とする。

許容曲げ応力を $\sigma_a = 90$ MPa とすれば，巻胴軸の軸径 d_{III} [mm] は，式 (6-7)❶ から，

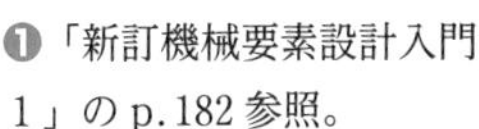

❶「新訂機械要素設計入門 1」の p.182 参照。

$$d_{\mathrm{III}} = \sqrt[3]{\frac{10.2 M_d}{\sigma_a}} = \sqrt[3]{\frac{10.2 \times 591\,100}{90}} = 40.61\ \mathrm{mm}$$

となり，表 6-2❷ の規格から，d_{III} は 42 mm とする。

❷「新訂機械要素設計入門 1」の p.179 参照。

4) 軸　受　軸受は，JIS❸ の滑り軸受用ブシュの 1 種 (青銅鋳物製) から選定して使用する。

❸JIS B 1582：2017 滑り軸受ーブシュ。

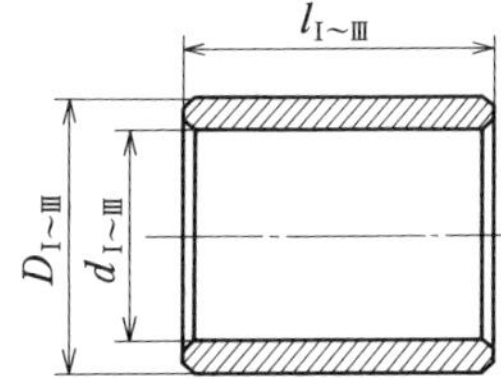

▲図 15-27　滑り軸受用ブシュ (1 種)

原動軸と中間軸の軸受ブシュは，

内径 $d_{\mathrm{I}} = d_{\mathrm{II}} = 32$ mm，外径 $D_{\mathrm{I}} = D_{\mathrm{II}} = 40$ mm

長さ $l_{\mathrm{I}} = l_{\mathrm{II}} = 50$ mm

巻胴軸の軸受ブシュは，

内径 $d_{\mathrm{III}} = 42$ mm，外径 $D_{\mathrm{III}} = 52$ mm

長さ $l_{\mathrm{III}} = 63$ mm

とする。

巻はじめのとき，巻胴軸の点 c の軸受に最大荷重が加わるので，このときの軸受圧力 p [MPa] を求めてみる。

軸受に加わる荷重 W_C は 10720 N であり，軸径 $d_{\mathrm{III}} = 42$ mm，軸受の長さ l_{III} は 63 mm であるから式 (7-3)❶ から，

$$p = \frac{W_c}{d_{\mathrm{III}} l_{\mathrm{III}}} = \frac{10720}{42 \times 63} = 4.051 \text{ MPa}$$

となり，この値は，表 7-3❷ の最大許容圧力以下であるから，軸受の寸法は先に決めたようにする。

❶「新訂機械要素設計入門 1」の p. 210 参照。

❷「新訂機械要素設計入門 1」の p. 210 参照。

●ハンドル　原動軸の軸端は 22 mm の正方形断面としたから，ハンドルの差込み部には正方形の穴をもつボスをつくり，腕に溶接する。腕は長方形断面の鋼板とし，腕の根元の大きさを幅 $s = 60$ mm，厚さ $t = 9$ mm とする (図 15-28)。

❸「新訂機械要素設計入門 1」の p. 116 参照。

根元に加わる曲げモーメント M [N·mm] は，

$$M = FL_h = 150 \times 350$$
$$= 52500 \text{ N·mm}$$

断面係数 Z [mm³] は表 3-7❸ から，

$$Z = \frac{ts^2}{6} = \frac{9 \times 60^2}{6}$$
$$= 5400 \text{ mm}^3$$

曲げ応力 σ_b [MPa] は，

$$\sigma_b = \frac{M}{Z} = \frac{52500}{5400}$$
$$= 9.722 \text{ MPa}$$

ハンドルの材料は SS400 で，許容曲げ応力は，90 MPa とすれば，ハンドルの強さはじゅうぶんである。

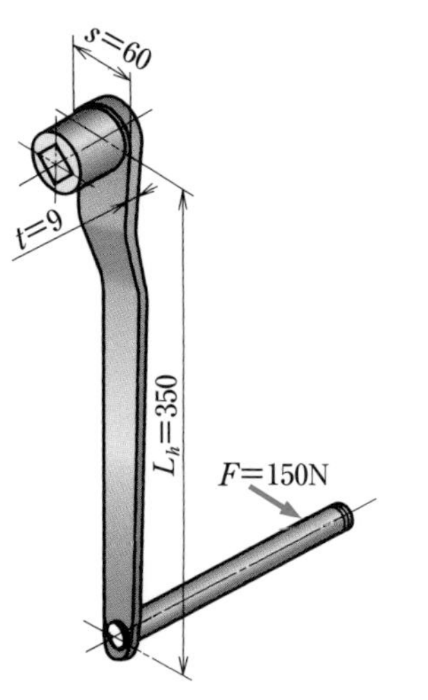

▲図 15-28　ハンドル

ブレーキ　図11-11[1]のようなねじブレーキを使用し，これを原動軸に取りつける。このねじブレーキでは，引き上げの場合には，

荷重がブレーキ軸を回そうとするモーメントは，$F_1\dfrac{d_1}{2}$

摩擦円板が圧着して生じるモーメントは，$\mu W_t\dfrac{D_0}{2}$

ねじが締め付けられたために生じるモーメントは，式(5-4)[2]より，

$$W_t\frac{d_2'}{2}\tan(\rho+\beta)$$

であるから，次の式がなりたつ。

$$F_1\frac{d_1}{2}=W_t\left\{\mu\frac{D_0}{2}+\frac{d_2'}{2}\tan(\rho+\beta)\right\}$$

F_1：荷重によって歯車①に加わる力[N]

d_1：歯車①の基準円直径[mm]　　W_t：スラスト荷重[N]

d_2'：ねじの有効径[mm]　　D_0：摩擦円板の平均直径[mm]

μ：摩擦円板の摩擦係数　　β：ねじのリード角[°]

ρ：ねじの摩擦角[°]

荷重を任意の位置に引き上げた状態から，巻きおろすのに必要な回転モーメントT[N·mm]は，次のようになる。

$$T=W_t\left\{\mu\frac{D_0}{2}-\frac{d_2'}{2}\tan(\rho+\beta)\right\}$$

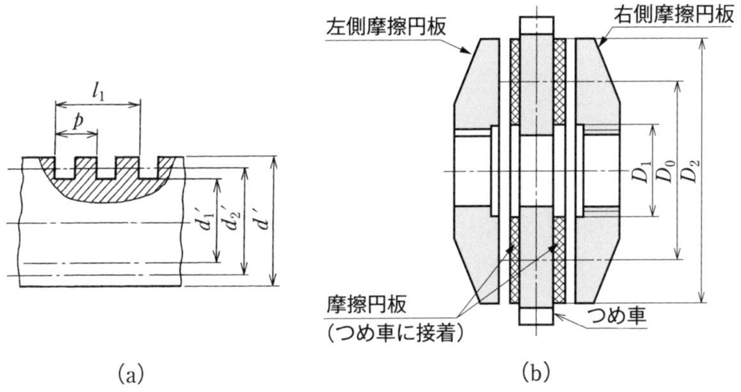

▲図15-29　ねじブレーキ

圧着力がじゅうぶんに作用して荷重が自重で落下しないためには，

$$\mu\frac{D_0}{2}\geqq\frac{d_2'}{2}\tan(\rho+\beta)$$

の必要がある。

❶p.116参照。

❷「新訂機械要素設計入門1」のp.164参照。

原動軸の直径を基準にして，次のように各部の寸法を仮定する。

図 15-29(a)のおねじは，

$d' = 44\,\mathrm{mm}$，$d_1' = 36\,\mathrm{mm}$，$d_2' = 40\,\mathrm{mm}$，$l_1 = 16\,\mathrm{mm}$，

2 条左角ねじ

図(b)の摩擦円板は，

$$D_1 = 85\,\mathrm{mm},\ D_2 = 125\,\mathrm{mm},\ D_0 = \frac{85 + 125}{2} = 105\,\mathrm{mm}$$

巻胴に巻き上げられた荷重が原動軸を回そうとする力のモーメントは，次のようになる。

$$W\frac{D_D}{2} \times \frac{z_1}{z_2} \times \frac{z_3}{z_4}\eta = 10 \times 10^3 \times \frac{203}{2} \times \frac{16}{63} \times \frac{16}{95} \times 0.83$$

$$= 36\,030\,\mathrm{N\cdot mm}$$

ハンドルに力を加えて原動軸を回す力のモーメントは，

$$FL_h = 150 \times 350 = 52\,500\,\mathrm{N\cdot mm}$$

となり，巻き上げられた荷重が原動軸を回そうとする力のモーメントより大きいから，荷重を巻き上げることができる。

ねじブレーキで，荷重が自重で自然に落下しないためには，$\mu = 0.2$ とすれば，

$$\mu\frac{D_0}{2} = 0.2 \times \frac{105}{2} = 10.5\,\mathrm{mm}$$

また，

$$\tan\beta = \frac{l_1}{\pi d_2'} = \frac{16}{\pi \times 40} = 0.1273, \qquad \beta = 7.255^\circ,$$

$\tan\rho = 0.15$ とすれば，$\rho = 8.531^\circ$，

$$\frac{d_2'}{2}\tan(\rho + \beta) = \frac{40}{2}\tan(8.531^\circ + 7.255^\circ)$$

$$= 20\tan 15.79^\circ = 20 \times 0.2828$$

$$= 5.656\,\mathrm{mm}$$

となり，$\mu\frac{D_0}{2} > \frac{d_2'}{2}\tan(\rho + \beta)$ がなりたち，荷重の自重による自然落下はなく，安全である。

摩擦円板に加わるスラスト荷重 W_t [N] は，引き上げの式から，

$$W_t = \frac{F_1 \dfrac{d_1}{2}}{\mu \dfrac{D_0}{2} + \dfrac{d_2'}{2} \tan(\rho + \beta)}$$

$$= \frac{1313 \times \dfrac{80}{2}}{0.2 \times 52.5 + 20 \times \tan 15.79^\circ}$$

$$= 3251\ \mathrm{N}$$

となり，摩擦面の押付け圧力 p_0 [MPa] は，

$$p_0 = \frac{W_t}{\dfrac{\pi}{4}(D_2{}^2 - D_1{}^2)} = \frac{3251}{\dfrac{\pi}{4} \times (125^2 - 85^2)} = 0.4928\ \mathrm{MPa}$$

である。摩擦円板はモールド系の摩擦片を使うので，この値は，表11-5[❶] から，ブレーキの押付け圧力として安全である。

❶p. 118 参照。

したがって，おねじと摩擦円板の寸法を仮定したとおりに決める。

つめ車　図 15-30 において，つめ車の歯先円直径を D_R [mm]，歯数を z とし，歯車の場合と同じようにモジュールを m_1 [mm]，ピッチを p [mm] とすれば，

$$m_1 = \frac{D_R}{z}$$

$$p = \frac{\pi D_R}{z}$$

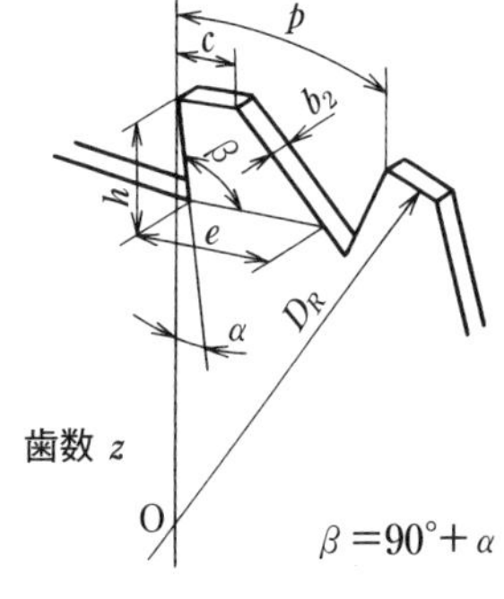

▲図 15-30　つめ車

ふつう，$z = 6 \sim 25$，$m_1 = 10 \sim 18$ mm，歯の角度 $\alpha = 15 \sim 20^\circ$ とする。

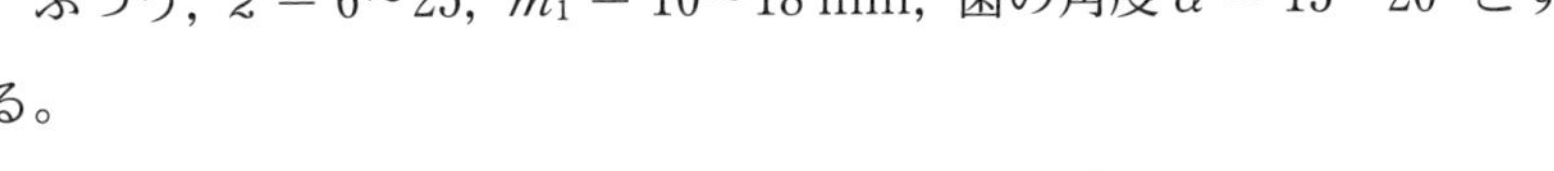

各部の寸法は，モジュール m_1 を基準とすれば，一般に，次のようにする。

歯たけ	$h = 1.09 m_1$	
歯先の厚さ	$c = 0.78 m_1$	
歯元の厚さ	$e = 1.6 m_1 \sim 2.5 m_1$	
歯幅	$b_2 = 1.6 m_1$	（鋳鉄の場合）
	$b_2 = 0.9 m_1 \sim 1.6 m_1$	（鋳鋼・鋼の場合）

つめ車は，材料 S45C で歯部を焼入れする (HRC25)。

歯先円直径 D_R を 150 mm，歯数 z を 15 とすれば，モジュール $m_1 = 10$ mm となり，各部の寸法は次のようになる。

歯たけ　$h = 1.09m_1 = 10.90 \fallingdotseq 11$ mm

歯先厚さ　$c = 0.78m_1 = 7.80 \fallingdotseq 8$ mm

歯幅　$b_2 = 1.6m_1 = 16$ mm

歯の角度　$\alpha = 15°$

つめ車に生じるトルクは，つり下げられた荷重が原動軸を回そうとする力のモーメントに等しいから，トルク T [N·mm] は，

$$T = W\frac{D_D}{2} \times \frac{z_1}{z_2} \times \frac{z_3}{z_4} \times \eta$$

となる。

機械効率 $\eta = 0.83$ とすると，

$$T = 10 \times 10^3 \times \frac{203}{2} \times \frac{16}{63} \times \frac{16}{95} \times 0.83 = 36\,030\ \text{N·mm}$$

である。

歯に加わる力を F_0 [N] とすると，次のようになる。

$$F_0 = \frac{2T}{D_R} = \frac{2 \times 36\,030}{150} = 480.4\ \text{N}$$

歯元での曲げモーメントは F_0h [N·mm] であるから，歯元の厚さ $e = 1.8m_1 = 18$ mm とすれば，曲げ応力 σ_b [MPa] は，

$$F_0h = \sigma_b Z = \sigma_b\frac{b_2e^2}{6}$$

から，

$$\sigma_b = F_0h\frac{6}{b_2e^2} = 480.4 \times 11 \times \frac{6}{16 \times 18^2} = 6.116\ \text{MPa}$$

となる。つめ車の許容曲げ強さを 100 MPa とすれば，じゅうぶんな強さをもっている。

つめ軸は，控えボルトを利用し，つめに加わる力は，図 15-31 のようになる。つめに加わる力による曲げモーメント M [N·mm] は，

$$M = \frac{ab}{l}F_0 = \frac{445 \times 105}{550} \times 480.4 = 40\,810\ \text{N·mm}$$

となる。

許容曲げ応力 $\sigma_a = 70$ MPa とすれば，控えボルトの直径 d は，式 (6-7)[❶] から，

$$d = \sqrt[3]{\frac{10.2M}{\sigma_a}} = \sqrt[3]{\frac{10.2 \times 40\,810}{70}} = 18.12\ \text{mm}$$

構造上，他の控えボルトも同じ寸法にし，d を 25 mm とする。

❶「新訂機械要素設計入門 1」の p.182 参照。

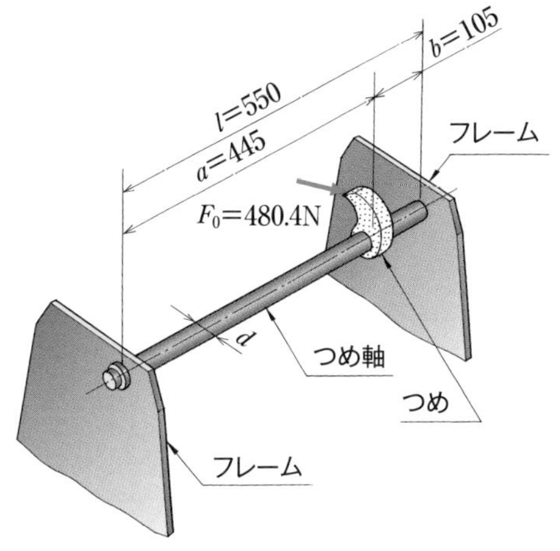

▲図 15-31　つめに加わる力

フレーム　人が作業しやすいように，ふつう，ハンドルの位置は，床上から 700～1100 mm にすることが多い。

原動軸から巻胴軸までの距離と歯車の大きさを考えて，ハンドル軸の高さを 745 mm に決める。

フレームは，厚さ 9 mm の鋼板を使用し，形状・寸法は図 15-32 のようにする。控えボルトは 25 mm のものを 3 本使用する。

他の部分は各部のつり合いなどを考えて設計する。

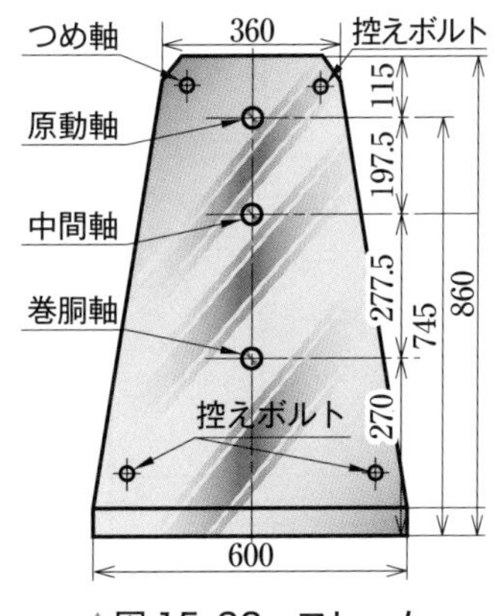

▲図 15-32　フレーム

図 15-33 に手巻ウインチの組立図を示す。

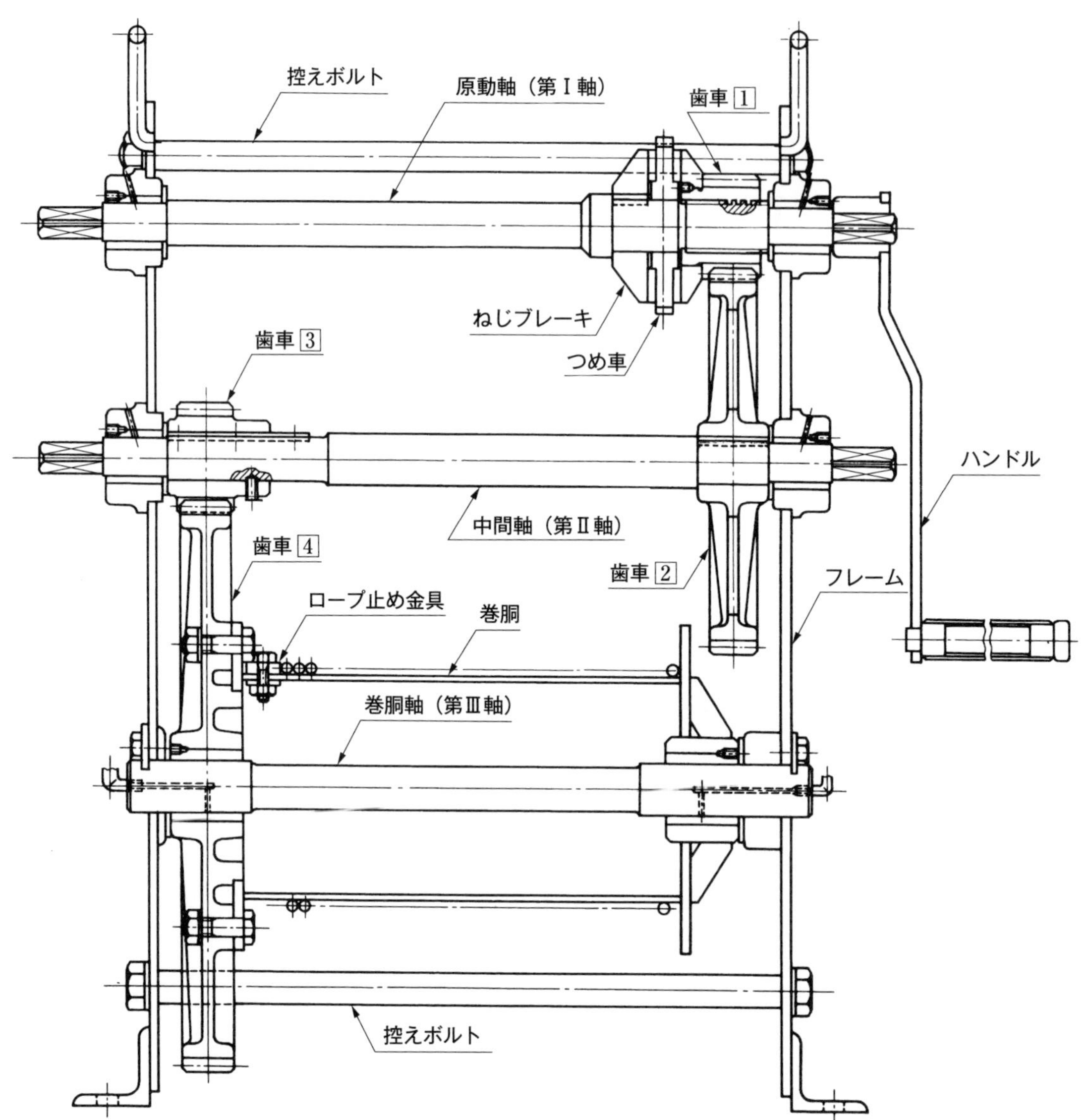

▲図 15-33　手巻ウインチの組立図

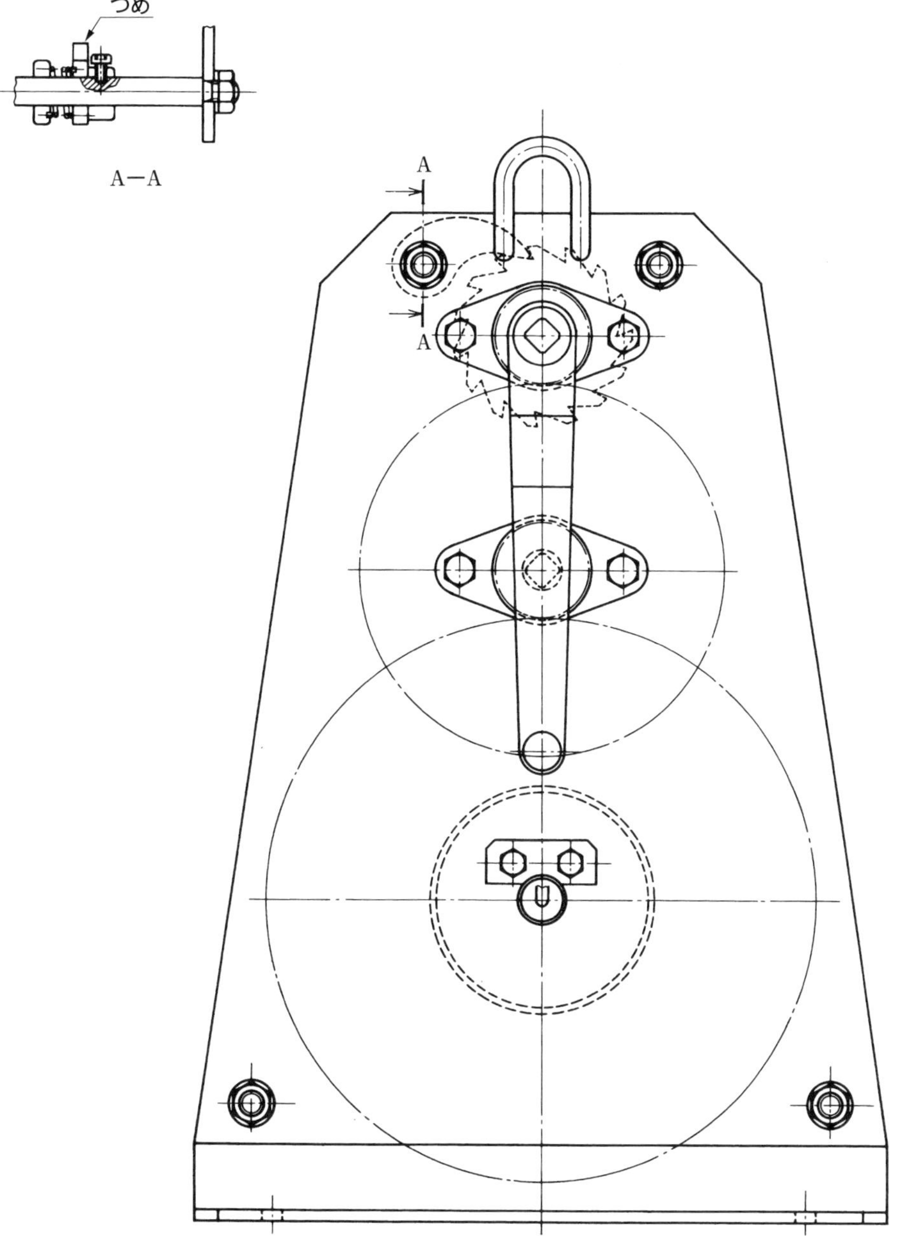
つめ
A－A
A
A

節末問題

1 出力 5.5 kW，回転速度 1800 min^{-1} の電動機に直接接続し，回転速度を約 $\frac{1}{25}$ に減速する歯車減速装置を設計せよ。ただし，減速装置には特別な負荷変動や衝撃はなく，長時間連続運転するものとする。なお，歯車は標準平歯車とする。

2 定格出力 400 W，回転速度 1800 min^{-1} の電動機に接続し，回転速度を約 $\frac{1}{12}$ に減速する歯車減速装置を設計せよ。ただし，減速装置には特別な負荷変動や衝撃はなく，長時間連続運転をするものとし，歯車は標準平歯車とする。

3 最大引き上げ荷重 7.5 kN，ロープの長さ 20 m の，1 人で操作する土木工事用手巻ウインチを設計せよ。

5節 探究活動 ロボットの設計

ロボットの設計は，これまで学んだ機械設計に関するさまざまな知識を活用し取り組まなければならない。

ロボットにはさまざまな種類があるが，本節では，図 15-34 のような水平多関節ロボットに取り組む。本節で学んだ知識や経験を生かし，さらなるロボット製作に挑戦してみよう。

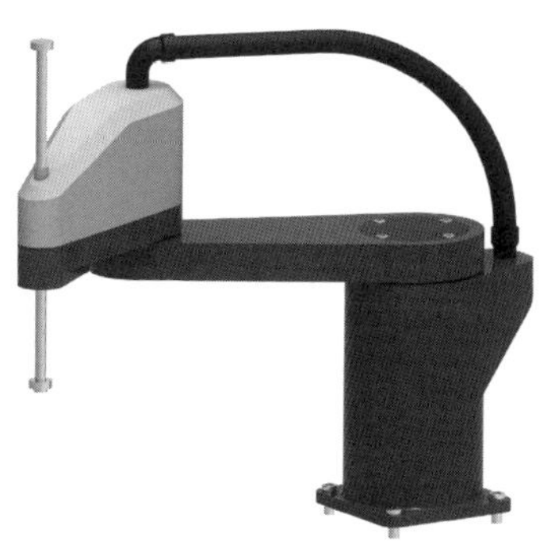
産業用水平多関節ロボット▶

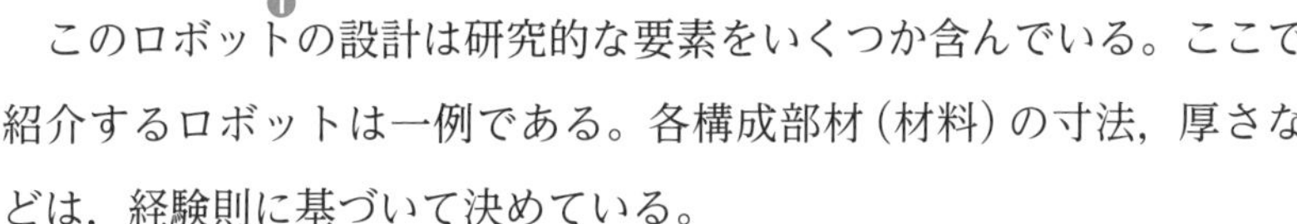

このロボット[1]の設計は研究的な要素をいくつか含んでいる。ここで紹介するロボットは一例である。各構成部材（材料）の寸法，厚さなどは，経験則に基づいて決めている。

したがって，各部材の寸法を含めた，各種材料の選定については，力学的検討は概略にして，仕様に対してじゅうぶんなもの（安全性の高いもの）を選んでいる。

このロボットを参考にして，ロボットの様々な形状・動作を研究し，構造をくふうするなどとともに，各部材の強度計算を行って適切な寸法を決め，より軽い材料を採用したり，各部材の加工方法，市販部品の活用などについて，考えたり，調べてみよう。

[1] robot

▲図 15-34　水平多関節ロボット

1 課題・仕様

課　題　以下の仕様を満たし，図 15-35 に示すような，小形水平多関節ロボットを設計してみよう。

15-1

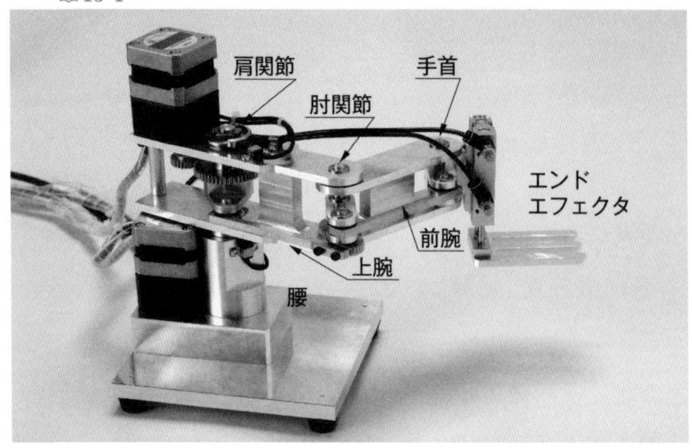

腰　：ウェスト(waist)　　肩　：ショルダ(shoulder)
上腕(二の腕)：アッパアーム(upper arm)　　肘　：エルボ(elbow)
前腕：フォアアーム(forearm)　　手首：リスト(wrist)
エンドエフェクタ(end effector)：ハンド(hand)ともいわれる。

▲図 15-35　水平多関節ロボット（ロボット各部の名称）の例

〔仕　様〕

①**構　造**　腰・肩関節❶・肘関節・手首とエンドエフェクタ❷で構成される。

②**エンドエフェクタ**　腰の回転軸❸に対してつねに半径方向を向き，質量 0.5 kg で一辺 60 mm の立方体ケースを載せ，水平を保って上下動するフォーク❹とする。

③**作業領域**❺　水平面上では手首の関節部分が移動できる範囲，及び鉛直方向ではエンドエフェクタのフォークの上面が移動できる範囲とし，図 15-37 にその範囲を示す。

$\theta_w \fallingdotseq 240°$，$R_o \fallingdotseq 160$ mm，$R_i \fallingdotseq 80$ mm，$H_h \fallingdotseq 30$ mm，$H_o \fallingdotseq 55$ mm

④**上腕・前腕などの最小回転角**　0.03° 以下にする。

⑤**制　御**　単純な電子回路を用いた手動制御とする。

⑥**腕などの加工**　NC 加工機または工作機械で加工できればよい。

❶joint；**ジョイント**ともいう。

❷end effector；作業対象に作用する部分で作用部ともいわれる。溶接ノズルやつかみ部など。

❸体の一部をひねったり回したりすることを，ロボットでは「回転」と表現する。

❹fork, pitchfork；ものを載せたり刺したりする櫛状の道具。

❺working space；手首に設けた基準点が到達できる領域（JIS B 0134：2015）

2 ロボットのしくみと各部の名称

水平多関節ロボットの図記号❶を図 15-36，作業領域を図 15-37 に示す。[Note 15-1]

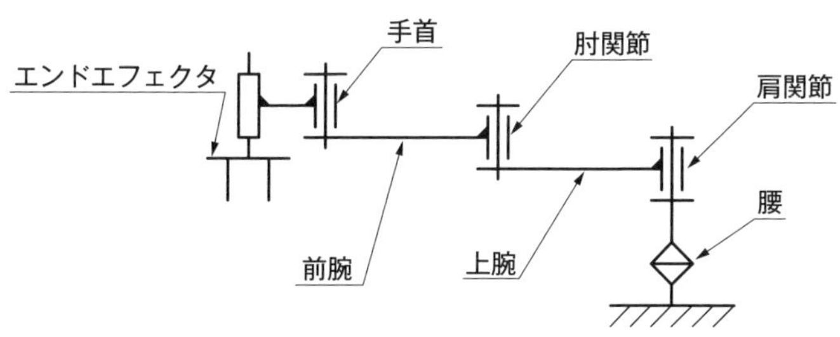

(1) 腰の回転軸の半径方向（図では左右方向）への手首の移動は，上腕と前腕によって行う。
(2) 腰の回転軸回りの手首の回転は，腰の回転によって行う。

▲図 15-36　図記号による水平多関節ロボットの表現

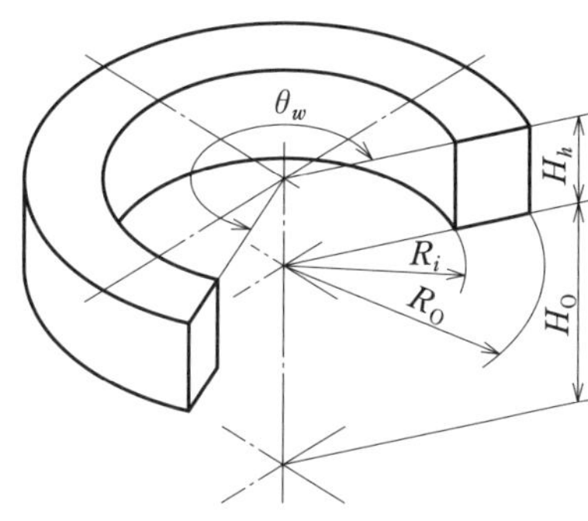

▲図 15-37　作業領域

ロボットの関節（ジョイント）や腕（アーム）の名称❷は，図 15-36 のように人間の腕や関節などに関連づけると覚えやすい。

❶この章に関連する産業用ロボットの図記号（JIS B 0138：1996）は，図のようになる。

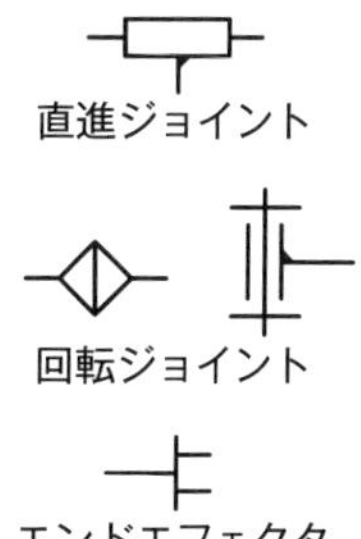

❷「関節１」，「アーム１」などのように名づけることもある。

Note 15-1　水平多関節ロボット

産業界では，部品などの搬送や取りつけ，加工や組立などを行うロボットが活躍している。水平多関節ロボットは，医療やバイオの分野で，検査用の試験管のはいったケースを培養器に移すなど，ものの移動に使われる。エンドエフェクタを変えれば，組立用ロボットにもなる。

水平方向のみの剛性を意図的に低くし，組立作業時の柔軟性をもたせたこの種のロボットは，スカラロボット❸とよばれる。

❸SCARA：Selective Compliance Assembly Robot arm

3 設計指針

●上腕・前腕の機構と作業領域　仕様❶を満たす平行クランク機構❷を用いる。また，作業領域の限界の検出は，リミッタの機能をもつ図15-38の近接センサによって行う。

📖15-2

●駆動モータと制御回路　表15-4の特徴をもつステッピングモータ❸（パルスモータともいう）を用いる。ステッピングモータは，パルス❹を送るとパルス数に比例した角度の回転をする。モータの制御は，手動による制御とし，IC❺を用いた制御回路にする。

▼表15-4　ステッピングモータの長所・短所

長　　所	短　　所
○入力パルス数によりモータの回転角が決まる。 ○始動・停止の応答がよい。 ○ブラシなどの接触部分がなく，信頼性が高い。 ○停止しているときに外力が加わっても停止位置を保つ機能（ホールディングトルク❻という）がある。	●振動が発生しやすい。 ●高速回転には適さない。

●エンドエフェクタの駆動　空気圧シリンダを用いる。

●各部のしくみと設計の方向付け

1)　材料・機械要素　　表15-5のように，材料はできるかぎり加工しやすく軽いものを選び，機械要素は標準品を用いて，必要があれば目的の形に加工❼する。

2)　信頼性・安全性　　フールプルーフ設計，フェールセーフ設計など❽を考慮して，信頼性と安全性を高める設計を行う。

Note📖15-2　近接センサ

近接センサは，ターゲット（対象物）が近づくと信号を発生するセンサで，渦電流方式や光センサ，赤外線センサなどがよく使われる。これらのセンサには，図15-38のスイッチと同じように，常時開（NO：normally opened，通常はOFFになっていて，ターゲットが近づくとONになる）の機能と，常時閉（NC：normally closed，通常はONになっていて，ターゲットが近づくとOFFになる）の機能をもつものがある。

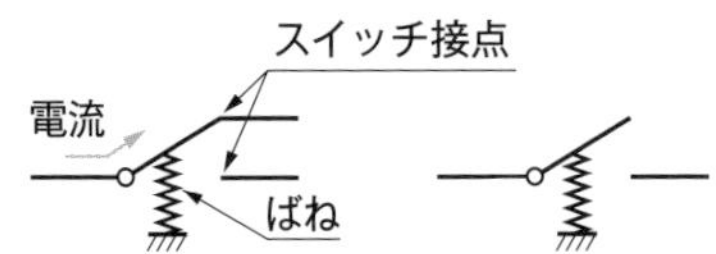

(a) NCの接続方法　(b) NOの接続方法

▲図15-38　リミッタのNC，NO接続

❶「仕様の決定」と「総合」の作業を同時に行っている。

❷p.16参照。

❸ステッピングモータは，自起動領域で使用することが望ましい。ある周波数のパルス信号を与えたときに，停止しているモータが回転をはじめることができる最大負荷トルクを引込みトルク（プルイントルク）といい，パルス周波数との関係を引込みトルク特性という。引込みトルク以下の範囲を**自起動領域**という。

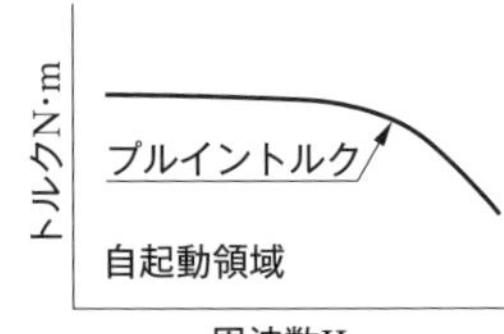

❹pulse；幅の狭い矩形（くけい）波状の電気信号。

❺Integrated Circuit；集積回路。

❻ホールディングトルクのほかに，ステッピングモータによっては，電源を切っても磁石の吸引力によって保持トルクが維持できる機能をもっている。

❼**追加工**ともいう。

❽「新訂機械要素設計入門1」のp.143参照。

▼表 15-5　各部の材料・機械要素

要素・部材	材料・機構・機械要素
歯車	平歯車
上腕・前腕のリンク	平行クランク機構
各部の関節の軸受	フランジ付きや止め輪付きの転がり軸受 15-3
本体の部材	A7075P（アルミニウム合金展伸材）❶
リンク・軸	C3560（快削黄銅❷）

●**強度計算**　搬送物や上腕・前腕などの質量は小さいので，歯車などの強度計算は省略する。

4 上腕・前腕・腰❸

●**平行クランク機構**❹　仕様②の「エンドエフェクタは腰の回転軸に対してつねに半径方向を向く」は，エンドエフェクタが図 15-39 の AB の方向を向きながら，手首が AB 線上を動くことである。

図の二つの平行クランク機構の組み合わせだけでは，リンク w_b に固定されたエンドエフェクタは，CD に対して直角な方向を向くことはできるが，手首がつねに AB 上にくるようにすることはできない。

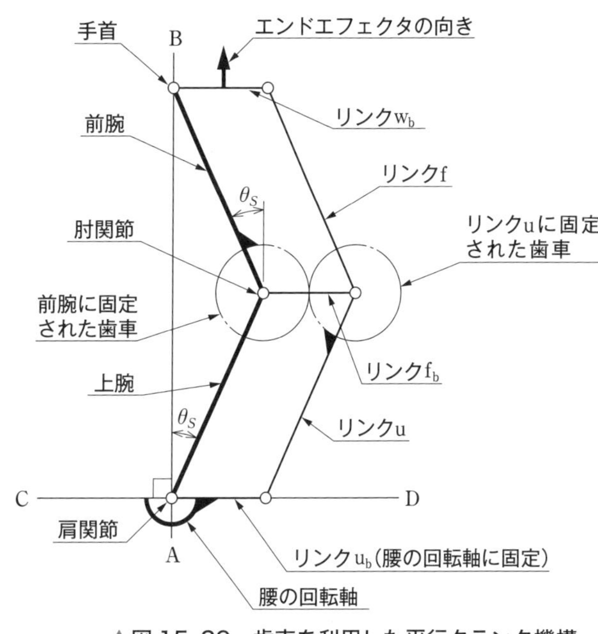

▲図 15-39　歯車を利用した平行クランク機構

❶超々ジュラルミンともいわれている。加工しやすく軽量であるという特徴がある。
❷加工しやすさとさびにくさの観点から黄銅を用いる。ステンレス鋼などでもよいが，加工がしにくくなる。
❸「解析」と「評価」の作業を同時に行っている。
❹p. 16 参照。

Note 15-3　フランジ付き・止め輪付きの軸受

負荷が小さい場合，フランジ付きや止め輪付きの軸受を用いれば，段付き穴やフランジがいらなくなる。そのために，加工が簡単になり，部品点数も少なくなる。例として，呼び番号 F685ZZ の F はフランジ付きを表し，呼び番号 6900ZZNR の NR は止め輪付きを表す❺。

❺付録 6 p. 249 参照。

そこで，上腕の長さと前腕の長さ（関節間の距離）を等しくし，上腕を θ_S 回転させ❶，前腕を $-\theta_S$ 回転（上腕とは逆方向）させれば，手首はつねに AB 上にくる。図に示すように，モジュールと歯数が同じ歯車の一つを上腕のリンク u に固定し，もう一つの歯車を前腕に固定すれば，目的の回転が得られる。図をもとにして設計した上腕・前腕・手首の例を図 15-40 に示す。

❶一般に，時計まわり（CW；clockwise）を負（−）の回転角，反時計まわり（CCW；counterclockwise）を正（+）の回転角にすることが多い。

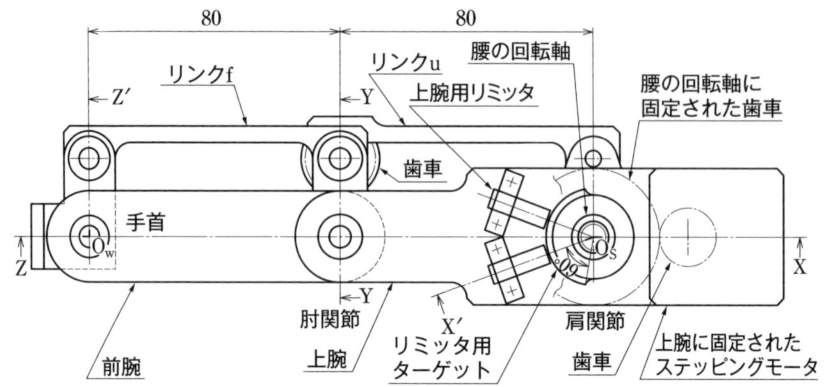

▲図 15-40　上腕・前腕・手首

リンク u_b を腰の回転軸に固定して腰の回転軸を回すと，図 15-39 に示されている全体が回転する。

上腕・前腕の寸法　上腕と前腕の長さを l_s [mm] とすると，仕様③から，$R_o = 2l_S \fallingdotseq 160$ mm だから，

$$l_S \fallingdotseq 80 \text{ mm}$$

となる。

上腕の回転角 θ_S の限界を $\theta_{S\mathrm{lim}}$ [°] とすると，仕様③と図 15-39 から，$R_i = 2l_S \cos\theta_{S\mathrm{lim}} \fallingdotseq 80$ mm だから，

$$\theta_{S\mathrm{lim}} = \pm 60°$$

となる。

●肩関節・腰のしくみ　図 15-40 の X-O_S-X′ 断面を図 15-41❶に示す。上腕の回転は，上腕に固定されたステッピングモータ軸の小歯車を，腰の回転軸に固定された大歯車にかみあわせて行う。

腰の回転軸は，軸受用ナット AN00 と止め輪付き深溝玉軸受 6900ZZNR を用いて，腰と肩関節に組み込む。

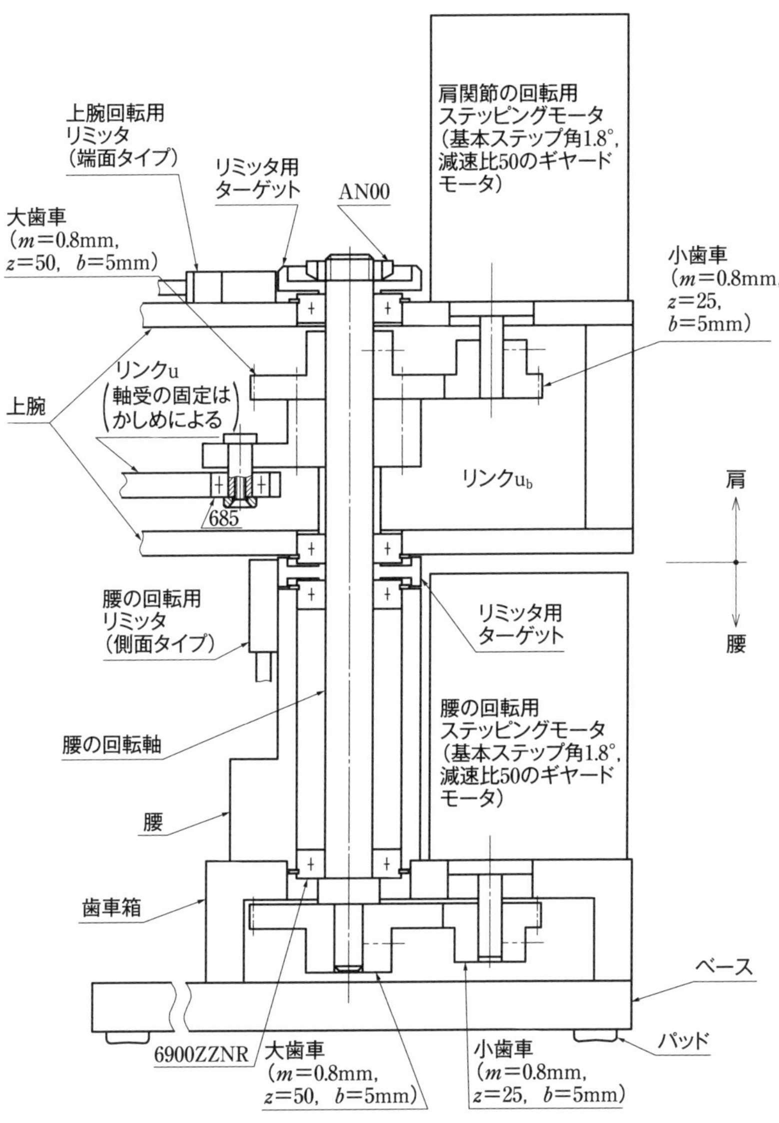

▲図 15-41　肩関節と腰の断面（図 15-40 の X-O_S-X′ 断面）

❶図中のかしめ（加締め；swaging）とは，穴のふちをたがね（鋼製のみ）などでたたいてすき間をなくす加工法である。

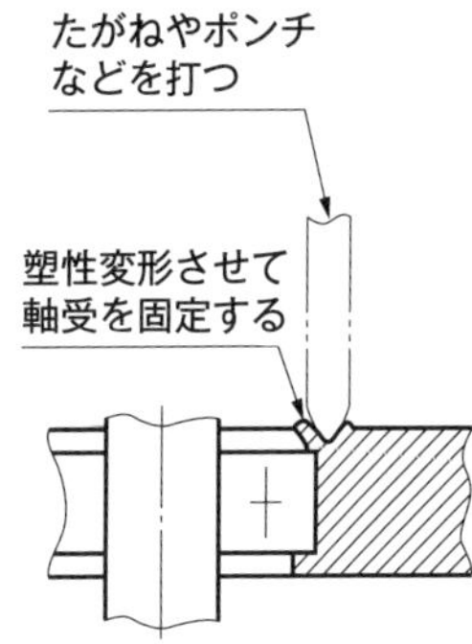

腰と上腕は，ステッピングモータの回転を，減速比 2 の平歯車列(モジュール $m = 0.8$ mm，歯幅 $b = 5$ mm，小歯車の歯数 $z_1 = 25$，大歯車の歯数 $z_2 = 50$) によって駆動する。

●ステッピングモータ　腰の回転や上腕の回転は，基本ステップ角[1] 1.8°，引込みトルク 0.16 N･m，減速比 50 の減速装置付きステッピングモータ[2]によって行う。この場合，モータの出力軸の回転は，1 パルスあたり $\dfrac{1.8^\circ}{50} = 0.036^\circ$ となる。

腰と上腕を回転させる歯車列の減速比は 2 であるから，1 パルスあたりの腰と上腕の回転角は $\dfrac{0.036^\circ}{2} = 0.018^\circ$ となり，仕様④の 0.03° を満たしている。

●肘関節のしくみ　肘の構造を表す図 15-40 の Y-Y 断面を図 15-42 に示す。リンク u と前腕に固定される平歯車は，同じ歯数の $z = 30$ とし，モジュール $m = 0.8$ mm，歯幅 $b = 5$ mm とする。

❶モータ単体の 1 パルスあたりの回転角。

❷減速装置つきモータをギヤードモータ (geared moter) という。

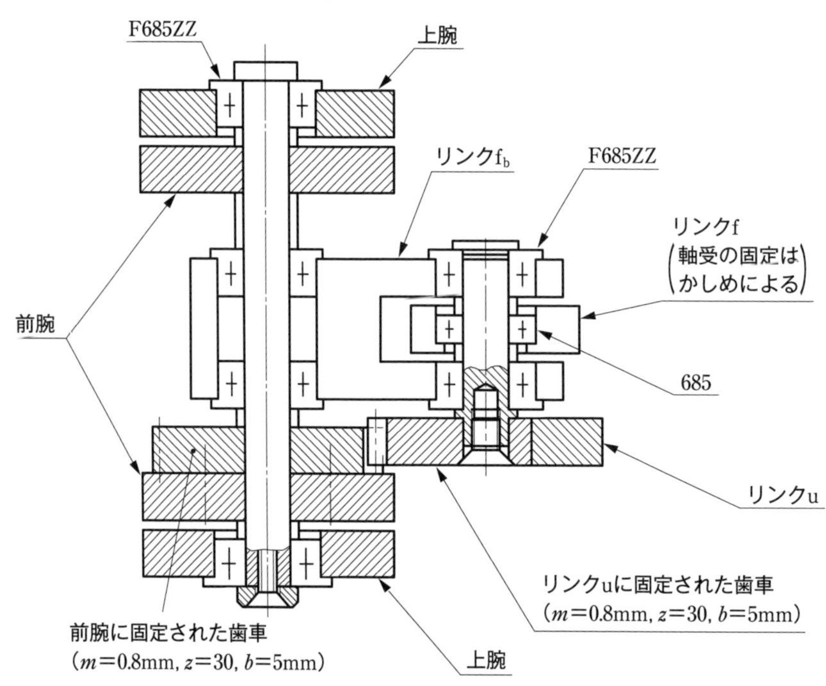

▲図 15-42　肘関節の断面 (図 15-40 の Y-Y 断面)

●手首のしくみ　手首の構造とエンドエフェクタの取りつけ例を，図 15-43 に示す。エンドエフェクタは，リンク f によってつねに半径方向を向く。

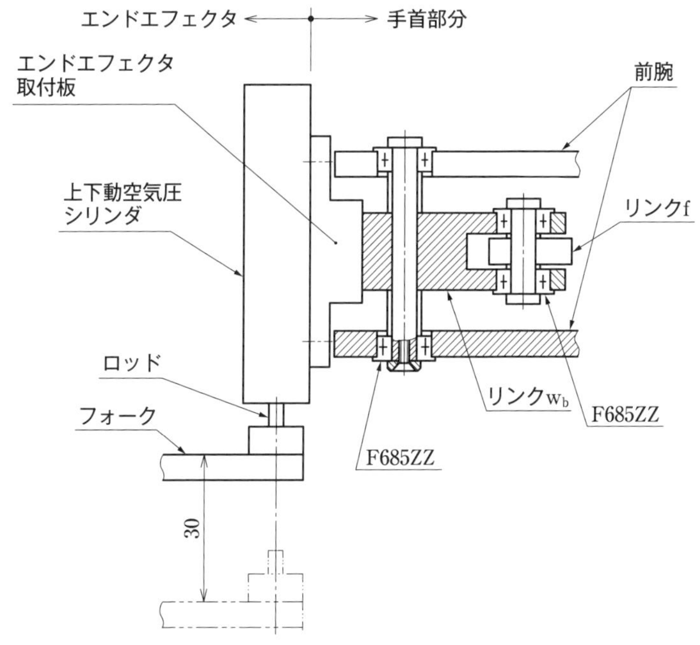

▲図 15-43　手首とエンドエフェクタの断面
(図 15-40 の Z-O_W-Z′ の断面)

●リミッタ　腰や上腕が作業領域の限界にきたとき，ターゲット❶が離れてリミッタが OFF になって❷，ステッピングモータを停止させる。📖15-4

腰の回転の範囲 θ_w が 240° を超えたとき，側面タイプ❸の近接センサが OFF になるように，図 15-41 の腰の回転軸に固定されるターゲットの形を設計する。

❶target；標的。ここでは回転の限界となる対象物。
❷ターゲットが近接センサの検知部分（ターゲットがあるかどうかを検出する部分で＋印が刻印されている）にきたとき，リミッタが ON または OFF になるものとする。
❸角柱形のセンサの側面が検知部になっているもの。

Note📖 15-4　フェールセーフ設計

近接センサに不具合が生じたり，配線が断線するなどの故障が発生したときは，ターゲットを検出することができなくなり，リミッタは OFF の状態になってモータは停止する。これによって，ターゲットを検出できなかったために発生する事故を防止することができる。これは，フェールセーフ設計❹になる。

❹「新訂機械要素設計入門 1」の p.142 参照。

また，上腕が作業領域 $\theta_{S\max}$ (= ± 60°) を超えたとき，上腕上面に取りつけられた図 15-40 の上腕用リミッタ (端面タイプ[1]の近接センサ) が OFF になるように，ターゲットの形を設計する。

腕の形状　仕様の⑥を満たすための前腕や上腕の例を，図 15-44 に示す。

ベース　図 15-41 に示すベースは，ロボットが倒れない大きさとし，安定して置けるようにゴム製のパッドを4 箇所に取りつけるとよい。

❶角柱形のセンサの端面が検知部になっているもの。

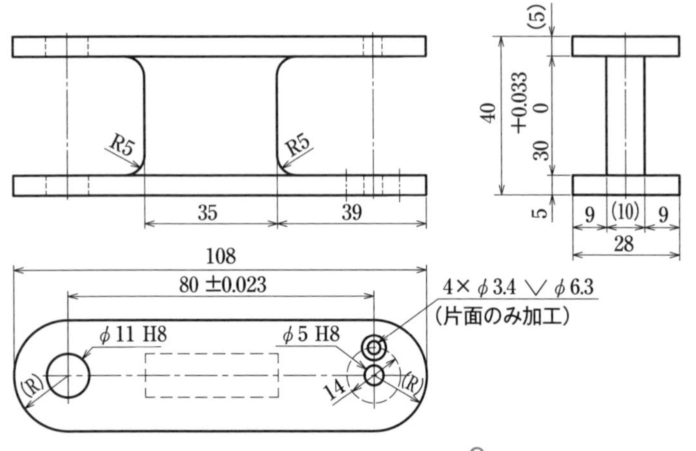

▲図 15-44　前腕の設計例[2]

5　エンドエフェクタ[3]

アクチュエータとフォーク　エンドエフェクタは，手首に取りつけて作業をする部分で，仕様②から物体 (質量 0.5 kg で一辺 60 mm の立方体のケース) を載せ，上下方向に最大約 30 mm 移動できるフォークである。フォークを図 15-45 のようにし，ストローク[4]が約 30 mm の空気圧シリンダ[5]を上下動用アクチュエータ[6]として用いる。

搬送する物体の質量は 0.5kg であるが，フォーク自体の質量[7]を加え，さらに安全を見込んで 1 kg とする。空気圧シリンダに働く力 W は，重力加速度 $g = 9.8\mathrm{m/s^2}$ として，

$$W = 1 \times g = 9.8\,\mathrm{N}$$

となる。2 本のロッドからなる図 15-46 の空気圧シリンダは，この重力をじゅうぶんに支えることができる。

❷図中の記号 ∨；皿ざぐり。付録 7，p.249 参照。

❸「解析」と「評価」の作業を同時に行っている。

❹stroke；ピストンが一端から他端まで動く距離。

❺複動形片ロッドのピストンとシリンダの図記号は次のように表す。

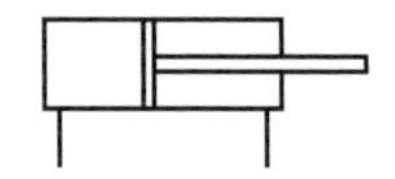

(JIS B 0125-1：2007)

❻actuator；空気圧や電気などによって回転運動したり直線運動したりする機器。

❼図 15-45 のフォークの質量は，アルミニウム合金の密度を約 $2.7 \times 10^3\,\mathrm{kg/m^3} = 2.7 \times 10^{-3}\,\mathrm{g/mm^3}$ とし，フォークに切れ目がないものとすれば，フォークの質量 = 体積 × 密度 $= (70 \times 40 \times 5) \times (2.7 \times 10^{-3}) = 37.8\,\mathrm{g}$ となる。

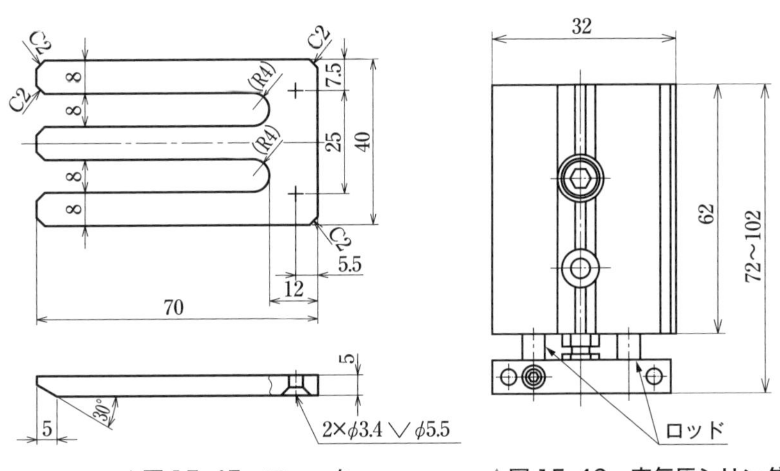

▲図 15-45　フォーク　　▲図 15-46　空気圧シリンダ❶

❶ストローク 30 mm，空気圧が 0.4 MPa のときの最小の力 12.4 N。

●空気圧回路　空気圧シリンダの動く方向や速度を制御する空気圧回路❷の設計例を図 15-47❸に示す。これに用いられている 5 ポート 3 位置方向制御弁は図 15-48 のようになっている。

📖 15-5

❷pneumatic circuit；ここでは，空気圧シリンダの動きを空気圧によって制御するための機器を組み合わせたもの。

❸図 15-47 はメータアウト方式 (meter-out system) をとっている。これは，シリンダ出口側に速度制御弁を用いる方式で，ピストンに逆 (負) の力が働いてもピストンは自走しない。

❹減圧弁 (pressure regulator) は，圧力を設定圧力 (空気圧源の圧力以下) に保つ弁。

❺速度制御弁 (speed controller) は，空気の流れる量を制御する弁。

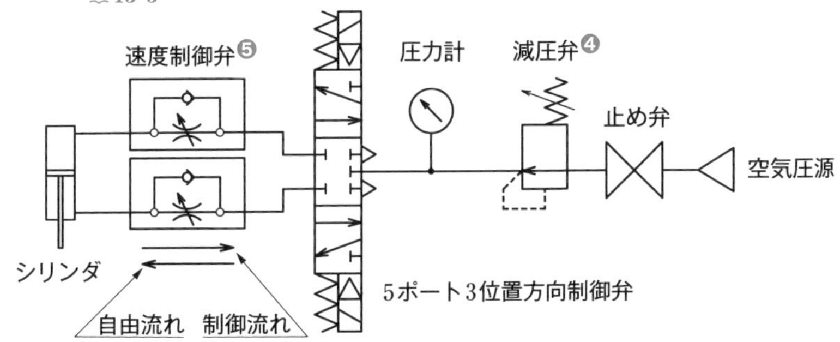

▲図 15-47　空気圧回路

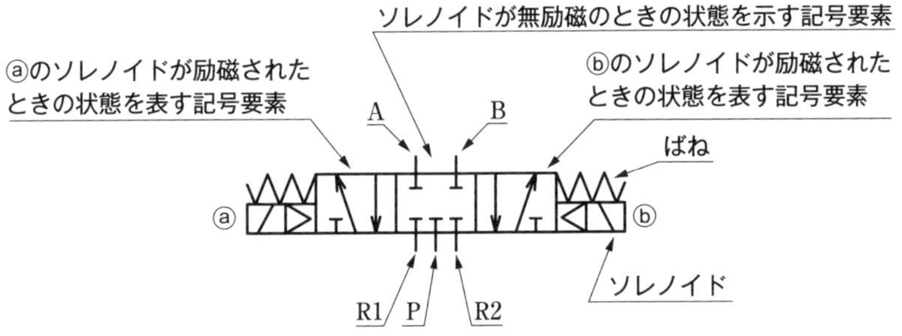

▲図 15-48　5 ポート 3 位置方向制御弁

Note 📖 15-5　制御弁

図 15-48 は，5 ポート 3 位置方向制御弁である。ポート P (空気の給気口)，R1，R2 (空気の排気口)，シリンダにつながる A，B，合計して五つの口 (port：ポート) がある。これを 5 ポートという。この弁では，P と A および R2 と B がつながる場合，P と B および R1 と A がつながる場合，A と B がどこもつながらない場合，の三つの状態のいずれかにすることができる。これを 3 位置という。3 位置の切り替えは，ソレノイド❻によって行うが，この弁の作動状態は図 15-48 に示されている。

❻solenoid；ソレノイドは絶縁線で巻いたコイルである。図 15-48 の場合は，電流を流すとソレノイドに磁場が生じ，この磁場によって鉄心が動いて弁を切り替える。

6 制御回路の設計・評価❶

❶「解析」と「評価」を同時に行っている。

手動制御回路　手動操作によるロボットの制御を次の手順で設計する。

① 制御する軸の選択

② 駆動する方向の設定

③ 起動・停止の指令❷

❷駆動モータの速度を決めるパルス周波数の設定，モータの加速・減速時の加速度制御，2軸同時制御などが行われる。

ICの原理　図15-49は，本節で用いるICなどの名称・記号・論理である。論理の1，0は，信号があるとき1，ないとき0を表す。

AND素子は入力端子AとBの両方（A and B；AとB）に信号1が入力されると，出力信号が1になる。

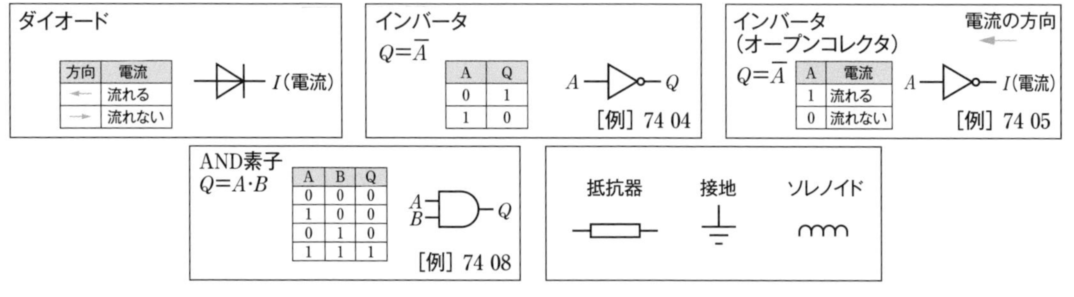

▲図15-49　本節で用いるICなどの記号と動作原理

インバータは，出力信号を入力信号とは逆にする素子で，入力信号が1（または0）のときは出力信号が0（または1）になる。

オープン・コレクタのインバータは，スイッチの機能をもち，入力信号が1のときはスイッチがONとなって電流が流れる状態になる。

これらのICを組み合わせることによって，機械の制御を行うことができる。

モータの制御回路　ステッピングモータを駆動する基本的な回路を図15-50に示す。

駆動する軸が，腰か肩か，または両者であるかを軸選択スイッチで設定し，スプリング・リターン・スイッチ❸のレバーを指でCW（時計まわり）またはCCW（反時計まわり）の指示方向に倒すと，モータはそれぞれの方向にまわり，指を離すと停止する。軸が作業領域を超えれば，モータは停止する。

❸スイッチのレバーから指を離すとばねによってもとの状態に戻るタイプのスイッチ。図15-50に示されているスイッチの図記号は，JIS C 0617-7：2011による。

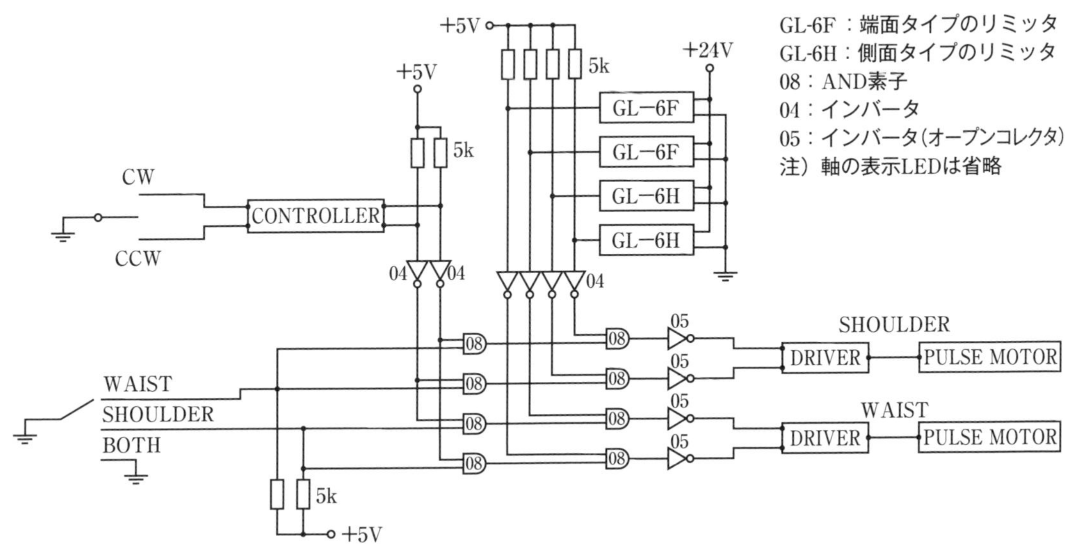

▲図 15-50　モータ駆動用制御回路の例

方向制御弁の制御回路　フォークの上方向(UPWARD)または下方向(DOWNWARD)への移動の切り替えは，スプリング・リターン・スイッチによって操作される3位置方向制御弁によって行う。スイッチが中間(UPでもDOWNでもない位置)にあれば，任意の位置で空気圧シリンダは停止する。

このような電磁弁を使った回路では，スイッチをOFFにするとソレノイドに逆起電力❶が発生する。これがノイズとなって，周囲の回路が誤作動することがある。その対応として，図15-51のようにダイオード(一方向だけに電流が流れる素子)を取りつけて逆起電力を解消する。

❶back electromotive force；供給する電圧とは逆向きに発生する電圧。

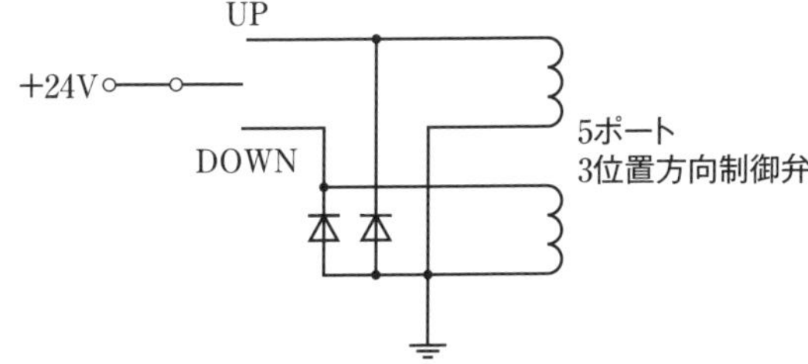

▲図 15-51　ソレノイドに発生する逆起電力への対応
(逆起電力が弱い場合の例)

コントロールボックス　制御回路を収めたコントロールボックスの正面パネル(操作パネル)の設計例を図15-52に示す。

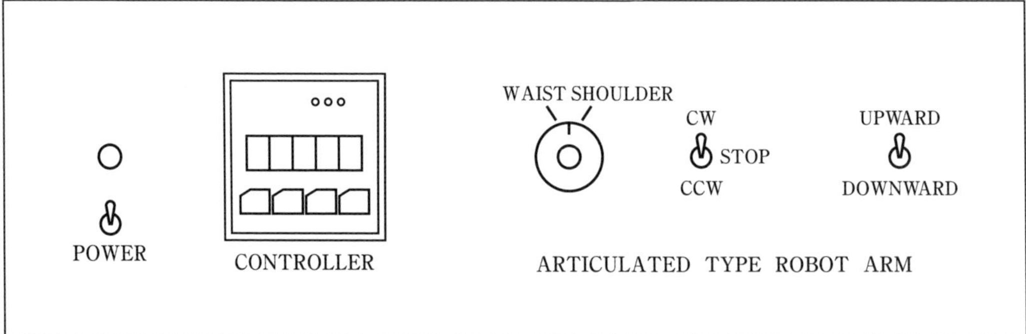

▲図 15-52　コントロールボックスの正面パネル

7 組立図

ロボットの組立図を図 15-53 に示す。ロボットが完成したら，操作を確認してみよう。

8 研究・探究・検討

ロボットをよりよいものにするために次のことを検討してみよう。

① ロボットの各部材の材料の厚みが，仕様を満足する厚みとして適当か考えてみよう。

② 大量生産することを想定し，材料が無駄になっていないか，製作する過程に無駄がないか考えてみよう。改善するにはどうしたらよいかも考えよう。

③ 制御回路にコンピュータを活用できるか考えよう。コンピュータを使って電子回路を制御する方法を考えてみよう。

④ 学校にある材料，モータ，その他の部品などを活用できるかどうか検討してみよう。

⑤ より大きい物体，重い物体を運ぶためには，ロボットをどのように改良すればよいか考えよう。

さらに探究活動を進めるには，

① エンドエフェクタをくふうして異なった作業をさせてみよう。

② 制御回路をコンピュータやスマートフォン，タブレットに接続して，コンピュータなどによる制御を試してみよう。

③ 無線による制御も可能なので，確認してみよう。

などの改良に取り組もう。

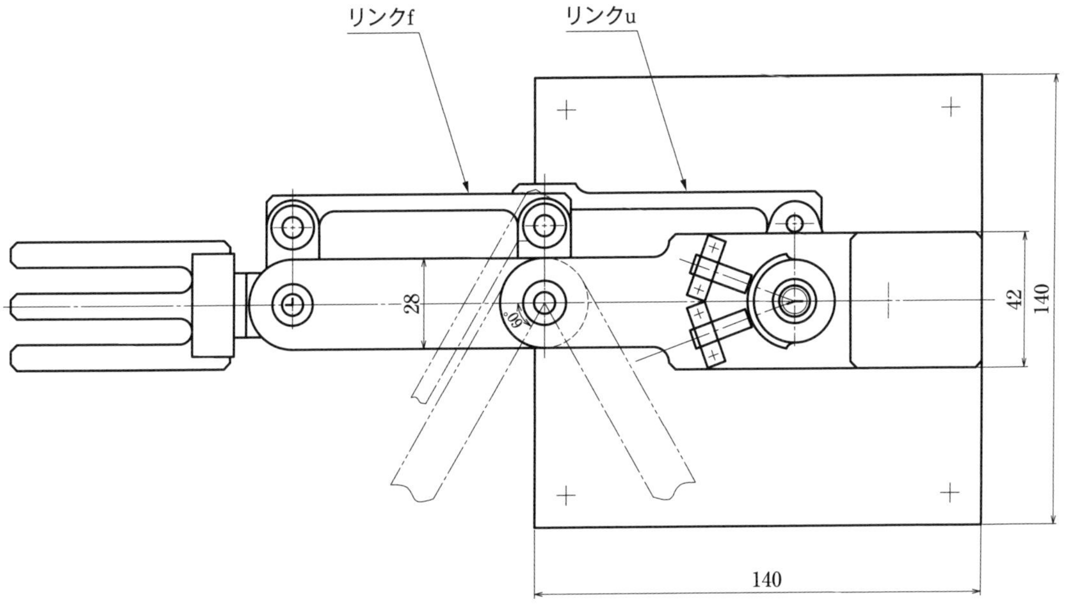

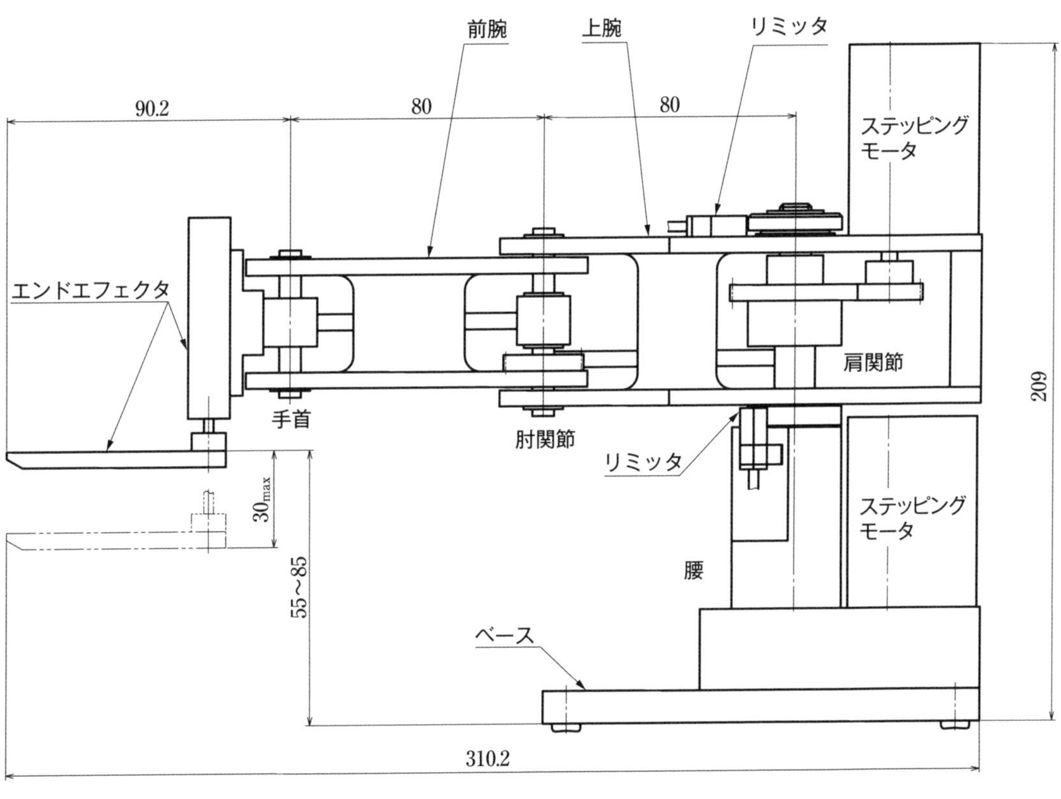

▲図 15-53　ロボットの組立図

Challenge＋

❶ 事故原因の究明

課題研究の授業で，労働災害の事例を調査・研究をした。

ある日の新聞に次のような内容のワイヤロープ破断の事故の記事があったので，その原因を探ることになった。次の状況から，破断の原因を考えてみよう。

【事例】

A社は製品を出荷するため，クレーンを使用し運搬作業をしていた。作業中にワイヤロープが突然破断し，1年かけて設計・製作した高価な製品が落下して，一瞬で大きな損害を被った。また，近隣は突然の大きな衝撃音で大騒ぎになった。A社のコメントは「大きな損害ではあったが，けが人もなく最悪のことが起きなくてよかった。近隣の方々に迷惑をかけてしまい申し訳なく思っている。会社としてはその原因を調査中である。」

事故の状況は次のようなことが記載されていた。

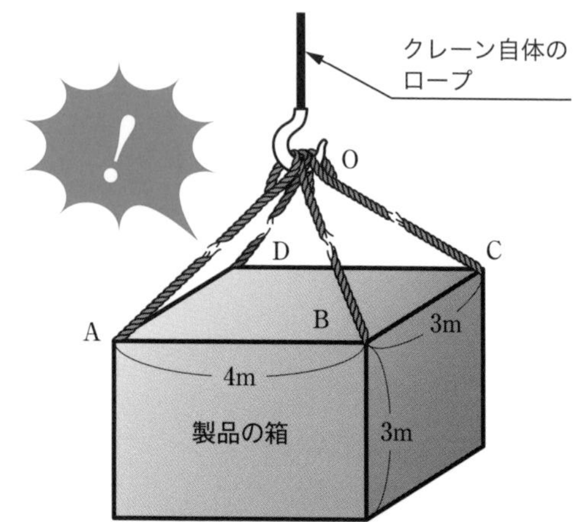

▲図1　クレーンによる製品の箱の運搬模式図

◇状況1 ▶図1のような状況でつり上げており，OA，OB，OC，ODが破断した。

◇状況2 ▶製品は箱に梱包され，その箱の大きさは横4 m，縦3 m，高さ3 mで約40 kNの荷重で，重心はほぼ中心であった。

◇状況3 ▶製品の箱の4つのかどABCDにそれぞれ一般的な玉掛け用ワイヤロープをかけ，4本のワイヤロープをOでまとめていた。

◇状況4 ▶使用したワイヤロープ1本が耐えられる荷重は50 kNであった。

◇状況5 ▶OA＝OB＝OC＝OD＝2.54 m であった。

◇状況6 ▶当日は風もなく，クレーンの操作に誤りはなく，製品の箱はゆっくりと持ち上げられていた。

参考　玉掛け作業

重量物をつり上げる作業を玉掛け作業といい，作業には，細いワイヤをより合わせた，柔軟で強じんなワイヤロープや，合成繊維で作られた軽く扱いやすいベルトスリングなどの用具を使う。これらの用具では，安全につり上げられるつり荷の最大荷重が決められており，つり荷の重量以上の安全荷重の玉掛け用具を使用しなければならないとされる。

かつて，現場につり荷の重量以下の安全荷重である細いワイヤロープしかなかったので，これを使用して作業を進めたところ，作業中にワイヤロープが切れて，つり荷が落下し作業員が下敷きになった，という労働災害も発生している。機械が重量物の場合，重心の位置やつり上げるワイヤロープの強さなどを綿密に計算し，事故を未然に防ぐことが求められる。

Challenge +

❷ ワインディングマシーンの設計

近年の腕時計は，太陽光などの光を活用するものが多くなっているが，竜頭を巻く手動式，自動巻き，電池式，などの方式の時計もある。

自動巻きの時計は，着用時に手の動きで時計内部のロータを回転させ，自動でぜんまいを巻くしくみとなっている。しかし，長時間使わない状態が続くと，歯車などの内部の油が凝固するため，故障や不調の原因となる。そこで，時計を使わないときに図2のような自動で巻き上げる装置（ワインディングマシーンという）を設計，製作し，コレクションの自動巻きの時計をベストな状態で保管したいと思っている。

以下の条件でワインディングマシーンを考案してみよう。

なお，時計メーカにより，いくつかの回転パターンがあるが，今回は回転させるための機構のみを考えるものとする。

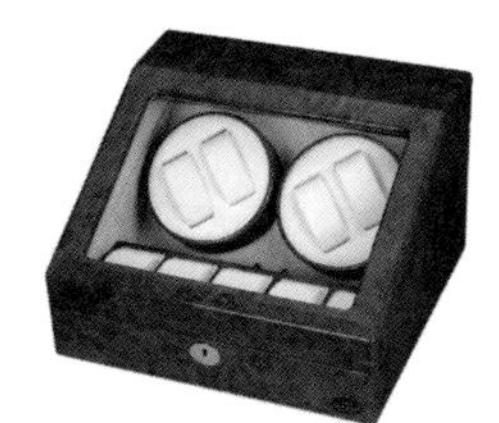

(a) ワインディングマシーン

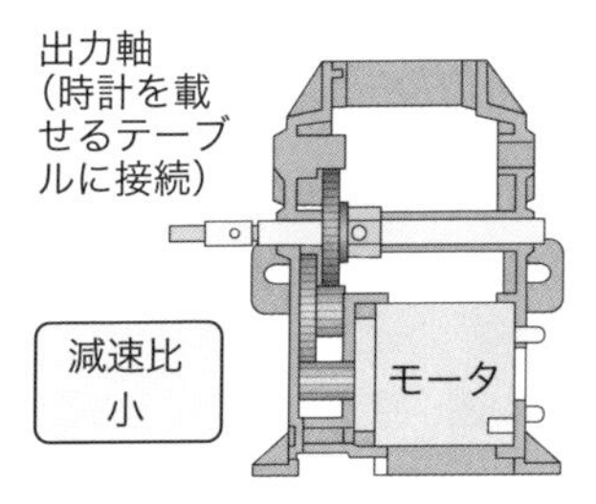

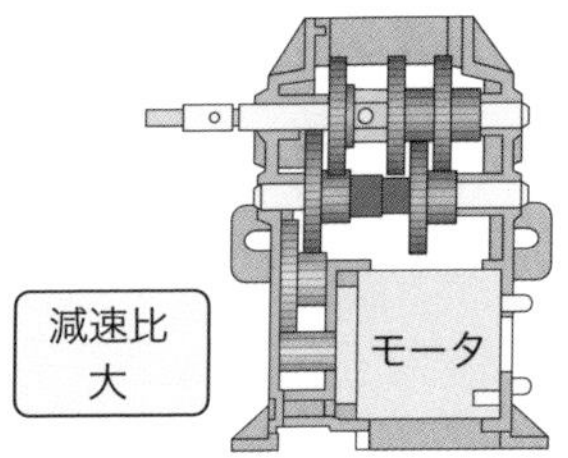

(b) 減速機の例

▲図2　ワインディングマシーン

◇条件1 ▶モータは負荷をかけた時に9540 min^{-1} するものを使う。

◇条件2 ▶時計の回転数は1回転あたり，8秒とする。

◇条件3 ▶時計を取りつける台は2つで，同時に同じ方向に回転させる。

◇条件4 ▶駆動の機構は，歯車，プーリなどを基本に考える。

参考

ワインディングマシーンの回転パターンの例と制御方法

● 回転パターンの例

①1分間時計回りに回転し，8分間停止する。

②1分間反時計回りに回転し，8分間停止する。

③1分間時計回りに回転し，30分間停止する。

④1分間反時計回りに回転し，30分間停止する。

などがある。

● 回転パターンの制御方法

555タイマーICなどを利用した電子回路で設定し，同時に，駆動モータの正逆転の制御を行う。

Challenge＋

③ 井戸くみ装置の設計

日本は開発途上国に様々な支援をしている。支援の一つに飲料水の確保の支援がある。

図3は，外務省の「草の根・人間の安全保障事業」の一環で設置されたポンプを使って水をくみ上げるようすである。しかし，このポンプの設置には高額な費用が必要である。

図4は特定非営利活動法人日本水フォーラムが支援し，インドの村に設置した井戸の水くみをするようすである。水くみの状況をみると，球形のつぼのようなものを井戸に入れて，水をくんでいるようすがわかるが効率がよくない。

図5はジンバブエでの水くみのようすである。手動ハンドルを回して水をくみ上げている。そこで，図5を参考にして，図4のインドの井戸で使える水くみ装置を設計してみよう。

(a) 実施前

(b) 実施後

▲図3　コンゴ民主共和国　平成28年度「マルク区手押しポンプ付井戸建設計画」

▲図4　インドの水くみのようす

▲図5　ジンバブエの水くみのようす

◇条件1 ▶ 女性の力（50 N～100 N）でくみ上げることができる。女性の身長は150 cmとする。

◇条件2 ▶ 井戸の深さは5 mとする。

◇条件3 ▶ 巻き上げ装置の土台は鋼製とし，四角の井戸に設置する。

◇条件4 ▶ 1回に水をくむ量は10 Lとする。

◇条件5 ▶ 水くみのために井戸に入れる容器も考える。なお，容器の質量は1.0 Kgとする。

◇条件6 ▶ 巻き上げのドラムは，外形254 mm肉厚8.0 mm（48.5 Kg/m）の鋼管を使う。長さは状況に合わせて調整。土台やハンドルは，表1，表2の角鋼管，丸鋼管を使う。

◇条件7 ▶ 各部材はあらかじめ準備，加工を行い，現地で組立作業のみを行う。

▼表１　角鋼管表

外径サイズ角 (mm)	肉厚 t (mm)	kg/m
9 × 9	1.0	0.289
13 × 13	1.2	0.53
16 × 16	1.2	0.621
	1.6	0.813
19 × 19	1.2	0.716
	1.6	0.939
20 × 20	2.3	1.31
21 × 21	1.6	1.07
22 × 22	1.2	0.811
25 × 25	1.2	0.906
	1.6	1.28
	2.3	1.67
28 × 28	1.6	1.44
30 × 30	2.3	2.03
	3.2	2.75
31 × 31	1.6	1.44
32 × 32	1.6	1.62
35 × 35	3.2	3.30
38 × 38	1.6	1.94
40 × 40	1.6	1.94
	2.0	2.41
	2.3	2.62
	3.2	3.76
	4.5	4.89
45 × 45	1.6	2.33
	2.3	3.10
	3.2	4.25

▼表２　丸鋼管の表

外形サイズ ϕ (mm)	肉厚 t (mm)	kg/m
10.0	2.0	0.395
	2.5	0.462
	3.0	0.518
12.0	2.0	0.493
	2.5	0.586
	3.0	0.666
	4.0	0.789
13.8	3.5	0.889
	4.0	0.967
15.0	2.0	0.641
	2.5	0.771
	3.0	0.888
	3.5	0.993
	4.0	1.09
	4.5	1.17
16.0	2.0	0.690
	2.5	0.832
	3.0	0.962
	3.5	1.08
	4.0	1.18
	4.5	1.28
17.3	3.5	1.19
	4.0	1.31
	4.5	1.42
18.0	3.5	1.11
	4.0	1.25
	4.5	1.38
19.0	2.0	0.838
	2.5	1.02
	3.0	1.18
	3.5	1.34
	4.0	1.48
	4.5	1.61
20.0	2.0	0.888
	2.5	1.08
	3.0	1.26
	3.5	1.42
	4.0	1.58
	5.0	1.85
	6.0	2.07

外形サイズ ϕ (mm)	肉厚 t (mm)	kg/m
21.7	4.0	1.75
	5.0	2.06
	6.0	2.32
22.0	2.0	0.986
	3.0	1.41
	3.5	1.60
	4.5	1.94
	5.0	2.10
25.0	2.0	1.03
	2.5	1.39
	3.0	1.63
	3.5	1.86
	4.0	2.07
	5.0	2.47
	5.5	2.64
	6.0	2.81
	7.0	3.11
25.4	3.5	1.89
	4.0	2.11
	4.5	2.32
27.2	4.5	2.52
	5.0	2.74
	6.0	3.14
	7.0	3.49
28.6	3.5	2.17
	5.0	2.91
	7.0	3.73
30.0	2.0	1.38
	3.0	2.00
	3.5	2.29
	4.0	2.56
	4.5	2.83
	5.0	3.08
	6.0	3.55
	7.0	3.97
	8.0	4.34

付録

1 標準数

経験によれば，工業上用いられているいろいろな大きさの数列は，一般に等比数列的になっていることが多い。これは，ある品物の大きさをそれより一つ上，または一つ下のものと区別しようとするときには，その差によるよりも，比によったほうが多くの場合きわめて自然であるためである。たとえば，紙の寸法規格では，その寸法公比が $\sqrt{2}$ となっている。産業標準化や設計などにおいて，段階的に数値を決める場合には，等比数列的に決めた**標準数**を用い，単一の数値を決める場合でも標準数から選ぶようにしている。以下に標準数の例を示す。

▼表 1　標準数

基本数列の標準数				配列番号			計算値①	特別数列の標準数		計算値②
R5	R10	R20	R40	0.1 以上 1 未満	1 以上 10 未満	10 以上 100 未満		R80		
1.00	1.00	1.00	1.00	−40	0	40	1.0000	1.00	1.03	1.0292
			1.06	−39	1	41	1.0593	1.06	1.09	1.0902
		1.12	1.12	−38	2	42	1.1220	1.12	1.15	1.1548
			1.18	−37	3	43	1.1885	1.18	1.22	1.2232
	1.25	1.25	1.25	−36	4	44	1.2589	1.25	1.28	1.2957
			1.32	−35	5	45	1.3335	1.32	1.36	1.3725
		1.40	1.40	−34	6	46	1.4125	1.40	1.45	1.4538
			1.50	−33	7	47	1.4962	1.50	1.55	1.5399
1.60	1.60	1.60	1.60	−32	8	48	1.5849	1.60	1.65	1.6312
			1.70	−31	9	49	1.6788	1.70	1.75	1.7278
		1.80	1.80	−30	10	50	1.7783	1.80	1.85	1.8302
			1.90	−29	11	51	1.8836	1.90	1.95	1.9387
	2.00	2.00	2.00	−28	12	52	1.9953	2.00	2.06	2.0535
			2.12	−27	13	53	2.1135	2.12	2.18	2.1752
		2.24	2.24	−26	14	54	2.2387	2.24	2.30	2.3041
			2.36	−25	15	55	2.3714	2.36	2.43	2.4406
2.50	2.50	2.50	2.50	−24	16	56	2.5119	2.50	2.58	2.5852
			2.65	−23	17	57	2.6607	2.65	2.72	2.7384
		2.80	2.80	−22	18	58	2.8184	2.80	2.90	2.9007
			3.00	−21	19	59	2.9854	3.00	3.07	3.0726
	3.15	3.15	3.15	−20	20	60	3.1623	3.15	3.25	3.2546
			3.35	−19	21	61	3.3497	3.35	3.45	3.4475
		3.55	3.55	−18	22	62	3.5481	3.55	3.65	3.6517
			3.75	−17	23	63	3.7584	3.75	3.87	3.8681
4.00	4.00	4.00	4.00	−16	24	64	3.9811	4.00	4.12	4.0973
			4.25	−15	25	65	4.2170	4.25	4.37	4.3401
		4.50	4.50	−14	26	66	4.4668	4.50	4.62	4.5973
			4.75	−13	27	67	4.7315	4.75	4.87	4.8697
	5.00	5.00	5.00	−12	28	68	5.0119	5.00	5.15	5.1582
			5.30	−11	29	69	5.3088	5.30	5.45	5.4639
		5.60	5.60	−10	30	70	5.6234	5.60	5.80	5.7876
			6.00	−9	31	71	5.9566	6.00	6.15	6.1306
6.30	6.30	6.30	6.30	−8	32	72	6.3096	6.30	6.50	6.4938
			6.70	−7	33	73	6.6834	6.70	6.90	6.8786
		7.10	7.10	−6	34	74	7.0795	7.10	7.30	7.2862
			7.50	−5	35	75	7.4989	7.50	7.75	7.7179
	8.00	8.00	8.00	−4	36	76	7.9433	8.00	8.25	8.1752
			8.50	−3	37	77	8.4140	8.50	8.75	8.6596
		9.00	9.00	−2	38	78	8.9125	9.00	9.25	9.1728
			9.50	−1	39	79	9.4406	9.50	9.75	9.7163

注　計算値①は，標準数 R 80 の左側の値に，計算値②は，標準数 R 80 の右側の値に相当するものである。

(JIS Z 8601：1954 による)

標準数は，1から10までの間がみな等比数列的段階となるように区分されている。すなわち，公比がそれぞれ$\sqrt[5]{10}$，$\sqrt[10]{10}$，$\sqrt[20]{10}$，$\sqrt[40]{10}$，$\sqrt[80]{10}$の等比数列の各項の計算値を，実用上便利な値に整理したものである。これらの数列を，それぞれR5，R10，R20，R40，R80の記号で表す。

これらの数列は1から10までであるが，十進法によっているから，標準数の小数点を移して，あらゆる大きさの範囲に用いることができる。

たとえば，R5でいうと，0.100，0.160，…，0.630；1.00，1.60，…6.30；10.0，16.0，…，63.0；…のように用いる。

表から数値をとる場合には，**基本数列**（R5，R10，R20，R40の数列）の中で，できればR5の数列からとり，この中のものでは不適当な場合には，R10，R20，R40の順でとる。

なお，基本数列によれない場合だけ**特別数列**（R80数列）を用いる。

配列番号は，標準数の積・商・べき・乗根を，番号の加減乗除で計算した数値で求めることができる。

〔例〕 3.15 × 1.6の場合　配列番号の和 20 + 8 = 28

配列番号28の5.00は，3.15 × 1.6の値である。

2 鉄鋼の許容応力

▼表2　鉄鋼の許容応力　［単位 MPa］

応力	荷重	軟鋼	中硬鋼	鋳鋼	鋳鉄
引張り	a	88 ～ 147	117 ～ 176	59 ～ 117	29
	b	59 ～ 98	78 ～ 117	39 ～ 78	19
	c	29 ～ 49	39 ～ 59	19 ～ 39	10
圧縮	a	88 ～ 147	117 ～ 176	88 ～ 147	88
	b	59 ～ 98	78 ～ 117	59 ～ 98	59
せん断	a	70 ～ 117	94 ～ 141	47 ～ 88	29
	b	47 ～ 88	62 ～ 94	31 ～ 62	19
	c	23 ～ 39	31 ～ 47	16 ～ 31	10
曲げ	a	88 ～ 147	117 ～ 176	73 ～ 117	－
	b	59 ～ 98	78 ～ 117	49 ～ 78	－
	c	29 ～ 49	39 ～ 59	24 ～ 39	－
ねじり	a	59 ～ 117	88 ～ 141	47 ～ 88	－
	b	39 ～ 78	59 ～ 94	31 ～ 62	－
	c	19 ～ 39	29 ～ 47	16 ～ 31	－

注　a：静荷重　b：動荷重　c：繰返し荷重

（日本規格協会編「JISに基づく機械システム設計便覧」による）

3 軸の直径

▼表3　軸の直径　　　　[単位 mm]

4○□	10○□*	40○□*	100○□*	400○□*
			105□	
	11*	42*	110□*	420□*
	11.2○		112○	440□*
4.5○		45○□*		450○*
	12□*		120□*	460□*
	12.5○	48*	125○*	480□*
5○□		50○□*		500○□*
			130□*	530□*
		55□*		
5.6○	14○*	56○*	140○□*	560○□*
	15□		150□*	
6□*	16○*	60□*	160○□*	600□*
	17□		170□*	
6.3○	18○*	63○*	180○□*	630○□*
	19*		190□*	
	20○□*		200○□*	
	22□*	65□*	220□*	
7□*	22.4○	70□*	224○	
7.1○		71○*		
	24*	75□*	240□*	
8○□*	25○□*	80○□*	250○*	
		85□*	260□*	
9○□*	28○□*	90○□*	280○□*	
	30□*	95□*	300□*	
	31.5○		315○	
	32□*		320□*	
			340□*	
	35□*			
	35.5○		355○	
			360□*	
	38*		380□*	

○印は JIS Z 8601(標準数による。)
□印は JIS B 1512(転がり軸受の主要寸法)の軸受内径による。
*印は JIS B 0903(円筒軸端)の軸端の直径による。

(JIS B 0901：1977 から抜粋)

4 一般用メートルねじ（ねじ部品用に選択したサイズの抜すい）

▼表 4　一般用メートルねじ（ねじ部品用に選択したサイズの抜すい）

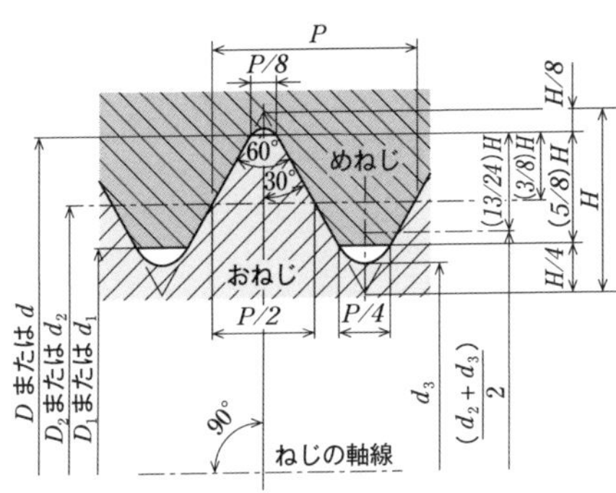

D：めねじ谷の径の基準寸法（呼び径）
d：おねじ外径の基準寸法（呼び径）
D_2：めねじ有効径の基準寸法
d_2：おねじ有効径の基準寸法
D_1：めねじ内径の基準寸法
d_1：おねじ谷の径の基準寸法
H：とがり山の高さ

$$H = \frac{\sqrt{3}}{2} P = 0.866\,025\,404P$$

P：ピッチ
$A_{s,\mathrm{nom}}$：有効断面積

$$A_{s,\mathrm{nom}} = \frac{\pi}{4}\left(d - \frac{13}{12}H\right)^2$$

［単位 mm］

呼び径 d, D	ピッチ P	有効径の基準寸法 d_2, D_2	おねじ谷の径の基準寸法 d_1 めねじ内径の基準寸法 D_1	有効断面積 $A_{s,\mathrm{nom}}$ [mm²]
2	0.4	1.740	1.567	2.07
3	0.5	2.675	2.459	5.03
＊3.5	0.6	3.110	2.850	6.78
4	0.7	3.545	3.242	8.78
5	0.8	4.480	4.134	14.2
6	1	5.350	4.917	20.1
＊7	1	6.350	5.917	28.9
8	1.25 1	7.188 7.350	6.647 6.917	36.6 39.2
10	1.5 1.25 1	9.026 9.188 9.350	8.376 8.647 8.917	58.0 61.2 64.5
12	1.75 1.5 1.25	10.863 11.026 11.188	10.106 10.376 10.647	84.3 88.1 92.1
＊14	2 1.5	12.701 13.026	11.835 12.376	115 125
16	2 1.5	14.701 15.026	13.835 14.376	157 167
＊18	2.5 2 1.5	16.376 16.701 17.026	15.294 15.835 16.376	192 204 216
20	2.5 2 1.5	18.376 18.701 19.026	17.294 17.835 18.376	245 258 272

呼び径 d, D	ピッチ P	有効径の基準寸法 d_2, D_2	おねじ谷の径の基準寸法 d_1 めねじ内径の基準寸法 D_1	有効断面積 $A_{s,\mathrm{nom}}$ [mm²]
＊22	2.5 2 1.5	20.376 20.701 21.026	19.294 19.835 20.376	303 318 333
24	3 2	22.051 22.701	20.752 21.835	353 384
＊27	3 2	25.051 25.701	23.752 24.835	459 496
30	3.5 2	27.727 28.701	26.211 27.835	561 621
＊33	3.5 2	30.727 31.701	29.211 30.835	694 761
36	4 3	33.402 34.501	31.670 32.752	817 865
＊39	4 3	36.402 37.051	34.670 35.752	976 1030
42	4.5 3	39.077 40.051	37.129 38.752	1120 1210
＊45	4.5 3	42.077 43.051	40.129 41.752	1310 1400
48	5 3	44.752 46.051	42.587 44.752	1470 1600
＊52	5 4	48.752 49.402	46.587 47.670	1760 1830
56	5.5 4	52.428 53.402	50.046 51.670	2030 2140

注　呼び径の選択には，無印のものを最優先にする。表の＊印の呼び径は第 2 選択のものである。ピッチは並目である。複数のピッチの表示があるものは，最上段のピッチが並目で，以下細目である。

ねじの呼びかた　　並目：M（呼び径）　　例　M20
　　　　　　　　　細目：M（呼び径）×ピッチ　　例　M20 × 2

（JIS B 0205 1～5：2001，JIS B 1082：2009 から作成）

5 キーおよびキー溝の形状・寸法

▼表5　キーおよびキー溝の形状・寸法

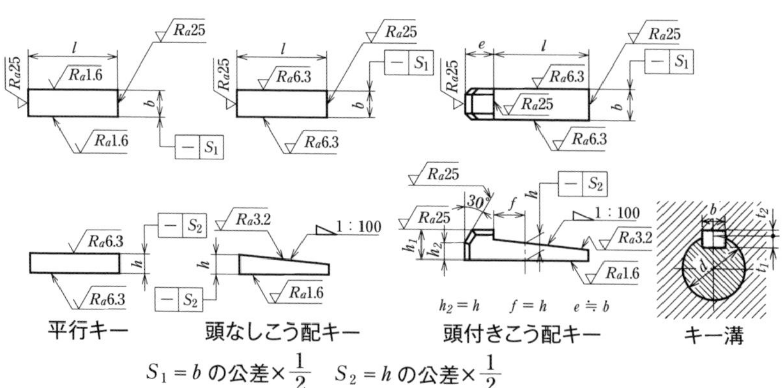

$S_1 = b$ の公差$\times\dfrac{1}{2}$　$S_2 = h$ の公差$\times\dfrac{1}{2}$

主要寸法　[単位 mm]

キーの呼び寸法 $b \times h$	hの基準寸法			l①	t_1の基準寸法	t_2の基準寸法		参考
	平行キー	こう配キー	h_1			平行キー	こう配キー	適応する軸径 d②
2 × 2	2		—	6～ 20*	1.2	1.0	0.5	6～ 8
3 × 3	3		—	6～ 36	1.8	1.4	0.9	8～ 10
4 × 4	4		7	8～ 45	2.5	1.8	1.2	10～ 12
5 × 5	5		8	10～ 56	3.0	2.3	1.7	12～ 17
6 × 6	6		10	14～ 70	3.5	2.8	2.2	17～ 22
(7 × 7)	7	7.2	10	16～ 80	4.0	3.3	3.0	20～ 25
8 × 7	7		11	18～ 90	4.0	3.3	2.4	22～ 30
10 × 8	8		12	22～110	5.0	3.3	2.4	30～ 38
12 × 8	8		12	28～140	5.0	3.3	2.4	38～ 44
14 × 9	9		14	36～160	5.5	3.8	2.9	44～ 50
(15 × 10)	10	10.2	15	40～180	5.0	5.3	5.0	50～ 55
16 × 10	10		16	45～180	6.0	4.3	3.4	50～ 58
18 × 11	11		18	50～200	7.0	4.4	3.4	58～ 65
20 × 12	12		20	56～220	7.5	4.9	3.9	65～ 75
22 × 14	14		22	63～250	9.0	5.4	4.4	75～ 85
(24 × 16)	16	16.2	24	70～280	8.0	8.4	8.0	80～ 90
25 × 14	14		22	70～280	9.0	5.4	4.4	85～ 95
28 × 16	16		25	80～320	10.0	6.4	5.4	95～110

注　以下 $b \times h = 100 \times 50$ まで規定されている。ただし，(　)をつけた呼び寸法のものはなるべく使用しない。

①　l は表の範囲内で次の中から選ぶ。6，8，10，12，14，16，18，20，22，25，28，32，36，40，45，50，56，63，70，80，90，100，110，125，140，160，180，200，220，250，280，320，360，400。＊こう配キーは 6～30。

②　参考として示した適応する軸径は，一般の用途の目安を示したにすぎないものであって，キーの選択にあたっては，軸のトルクに対応してキーの寸法および材料を決めるのがよい。なお，キーの材料の引張強さは 600 MPa 以上でなければならない。

(JIS B 1301：2009 より作成)

6　フランジ付き軸受・止め輪付き軸受

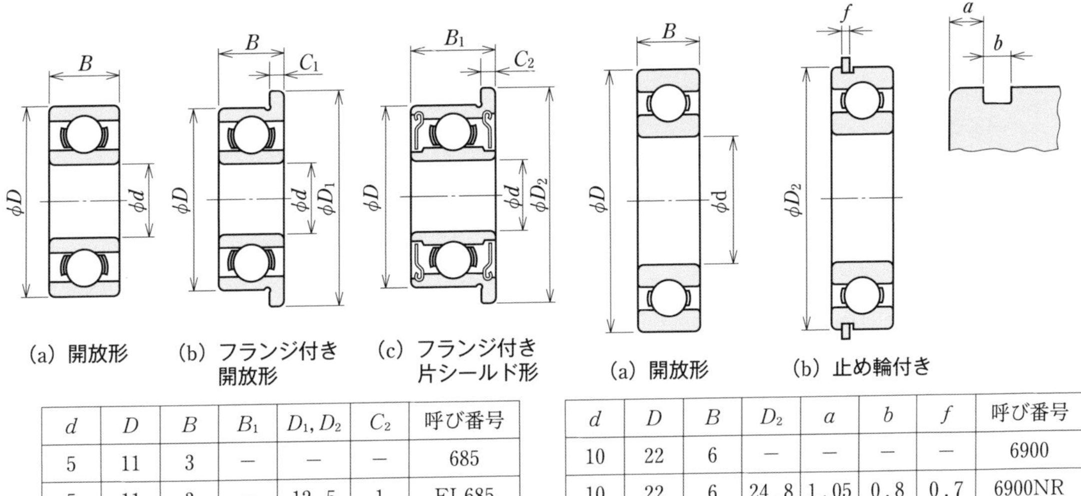

(a) 開放形　(b) フランジ付き開放形　(c) フランジ付き片シールド形

d	D	B	B_1	D_1, D_2	C_2	呼び番号
5	11	3	—	—	—	685
5	11	3	—	12.5	1	FL685
5	11	—	5	12.5	1	FLW685Z

▲図１　フランジ付き軸受の例

(a) 開放形　(b) 止め輪付き

d	D	B	D_2	a	b	f	呼び番号
10	22	6	—	—	—	—	6900
10	22	6	24.8	1.05	0.8	0.7	6900NR

▲図２　止め輪付き軸受の例

7　寸法補助記号

▼表６　寸法補助記号

記号	意味	呼び方	指示方法
ϕ	円の直径	まる，ふぁい	ϕ20
$S\phi$	球の直径	えすまる，えすふぁい	$S\phi$20
□	正方形の辺	かく	□20
R	半径	あーる	R20
CR	コントロール半径	しーあーる	CR20
SR	球の半径	えすあーる	SR10
⌒	円弧の長さ	えんこ	⌒50
C	45°の面取り	しー	C1
t	厚さ	てぃー	t5
⌴	ざぐり，深ざぐり(ざぐり直径)	ざぐり，ふかざぐり	⌴ ϕ17.5
⌵	皿ざぐり(ざぐり穴入り口の直径)	さらざぐり	⌵ ϕ12
↧	穴の深さ(ざぐり深さ)	あなふかさ	↧10.8

(JIS B 0001：2010 より作成)

問題解答

第8章　リンク・カム

p.8　**問1**　$v_C = 3.14$ m/s，水平方向，
$v_P = 6.28$ m/s，水平方向，
$v_Q = 4.44$ m/s，水平から反時計回りに45° 方向

p.10　**問2**　略

p.15　**問3**　略

p.16　**問4**　$\frac{\alpha_1}{\alpha_2} = 1.55$

p.17　**問5**　略　**問6**　略

p.20　**節末問題**
1. $v_A = 104$ km/h
$v_B = 3.57$ km/h (v_A とは逆向き)
2. $250 < a < 750$ mm
3. 約 62.8°
4. $v_G = 26.4$ m/min
$v_R = 44.0$ m/min

p.26　**節末問題**
1. 略　**2.** 略　**3.** 略　**4.** 略

p.28　**節末問題**
1. 略　**2.** $b = 5.6$ mm，$c = 58.0$ mm

第9章　歯　車

p.35　**節末問題**
1. 外接 $d_1 = 200$ mm，$d_2 = 600$ mm，
内接 $d_1 = 400$ mm，$d_2 = 1200$ mm
2. $v = 2.62$ m/s，$i = 2$，$a = 150$ mm
3. $2\alpha \fallingdotseq 53.1°$，$2\beta \fallingdotseq 127°$
4. $n_2 = \frac{n_1}{R_2}x$　**5.** 略

p.37　**問1**　4 mm
問2　$d = 192$ mm，$p = 18.8$ mm

p.39　**問3**　$z_1 = 40$，$z_2 = 120$
問4　$z_2 = 90$，$a = 150$ mm

p.46　**問5**　$d = 128$ mm，$d_a = 136$ mm
問6　$z_1 = 30$，$z_2 = 60$，$d_1 = 150$ mm，
$d_2 = 300$ mm，$d_{a1} = 160$ mm，
$d_{a2} = 310$ mm

p.48　**節末問題**
1. $d = 140$ mm，$p = 12.6$ mm
2. $m = 6$ mm，$p = 18.8$ mm
3. $d_{a1} = 48$ mm，$d_{a2} = 96$ mm，
$a = 66$ mm
4. $m = 3$ mm，$z = 42$
5. $z_1 = 30$，$z_2 = 75$，
$d_1 = 120$ mm，$d_2 = 300$ mm，
$d_{a1} = 128$ mm，$d_{a2} = 308$ mm
6. $x_0 = 0.235$，転位量 $= 1.18$ mm
7. $z_2 = 36$，$d_1 = 72$ mm，$d_2 = 144$ mm，
$d_{a1} = 80$ mm，$d_{a2} = 152$ mm，
$a = 108$ mm

p.56　**問7**　14.4 kW

p.64　**問8**　28 mm とする。
問9　$d_{s1} = 35$ mm，$d_{s2} = 60$ mm，
$m = 2$ mm，$z_1 = 55$，$z_2 = 344$，
$b_1 = 25$ mm，$b_2 = 22$ mm，
$d_1 = 110$ mm，$d_2 = 688$ mm，
$a = 399$ mm，
$d_{a1} = 114$ mm，$d_{a2} = 692$ mm，
$d_{f1} = 105$ mm，$d_{f2} = 683$ mm，
ハブの外径 90 mm・長さ 55 mm，リムの厚さ 6.3 mm，リムの内径 670 mm，ウェブの厚さ 6 mm，抜き穴の中心円の直径 380 mm，抜き穴の直径 145 mm，抜き穴の数 4

p.65　**節末問題**
1. $F_n = 1190$ N，$F_1 = 1100$ N
2. 23 mm
3. 18 mm
4. 2.01 kW
5. $d_{s1} = 55$ mm，$d_{s2} = 85$ mm，
$m = 4$ mm，$z_1 = 23$，$z_2 = 93$，
$b_1 = 55$ mm，$b_2 = 50$ mm，
$d_1 = 92$ mm，$d_2 = 372$ mm，
$a = 232$ mm，$d_{a1} = 100$ mm，
$d_{a2} = 380$ mm，$d_{f1} = 82$ mm，
$d_{f2} = 362$ mm，
ハブの外径 125 mm・長さ 75 mm，リムの厚さ 12.6 mm，リムの内径 340 mm，ウェブの厚さ 12 mm，抜き穴の数 4，抜き穴の中心円の直径 230 mm，抜き穴の直径 54 mm，
6. $m = 2.5$ mm　$z_1 = 100$，$z_2 = 300$

p.69　**節末問題**
1. $d_1 = 127.70$ mm，$d_2 = 191.55$ mm，
$a = 159.63$ mm
2. $\theta_1 = 26.6°$，$\theta_2 = 63.4°$

p.71　**問10**　100 min^{-1}

p.72　**問11**　$z_1 = 20$，$z_2 = 90$，$z_3 = 30$，
$z_4 = 100$
問12　$i = 7$

p.73　問13　$n_{\mathrm{IV}} = 4.5\ \mathrm{min}^{-1}$,
$n_{\mathrm{I}} = 432\ \mathrm{min}^{-1}$
問14　$12.5\ \mathrm{min}^{-1}$
p.75　問15　＋30 回転
p.76　問16　$-\frac{1}{25}$ 回転
p.77　問17　[2]-21 回転，[3]-9 回転
問18　略
p.78　節末問題
1. $z_1 = 30$，$z_2 = 45$，$z_3 = 25$，$z_4 = 50$
2. $i = 3 \times 5 \times 3$ として，$z_1 = 25$，$z_2 = 75$，$z_3 = 20$，$z_4 = 100$，$z_5 = 30$，$z_6 = 90$
3. $+150\ \mathrm{min}^{-1}$　**4.** $+250\ \mathrm{min}^{-1}$

第 10 章　ベルト・チェーン

p.84　問 1　略
p.86　問 2　1 803 mm，$875\ \mathrm{min}^{-1}$
p.93　問 3　609.60 mm
p.94　節末問題
1. 細幅Vベルト：3 V 形，呼び番号 600，本数 2，細幅Vプーリ：$d_{e1} = 125$ mm，$d_{e2} = 250$ mm：$a = 463$ mm
2. 細幅Vベルト：3 V 形，呼び番号 670，本数 1，細幅Vプーリ：$d_{e1} = 112$ mm，$d_{e2} = 250$ mm：$a = 562$ mm
3. 細幅Vベルト：3 V 形，呼び番号 530，本数 1，細幅Vプーリ：$d_{e1} = 90$ mm，$d_{e2} = 140$ mm：$a = 492$ mm
4. 種類H形，呼び幅 075
p.101　問 4　$L_p = 86$
p.104　節末問題
1. ローラチェーン：呼び番号 60，単列ローラチェーン，スプロケット：$d_1 = 127.82$ mm，$d_2 = 382.18$ mm，$d_{a1} = 137.82$ mm，$d_{a2} = 393.13$ mm，$L_p = 128$，$a = 809$ mm
2. $F = 1.44$ kN，$S = 9.67$
3. $L_p = 106$
4. 略

第 11 章　クラッチ・ブレーキ

p.111　問 1　$D_1 = 130$ mm，$D_2 = 195$ mm
p.112　節末問題
1. 略
2. 略
3. 1.23×10^6 N·mm
4. 2.36 kW
5. $355\ \mathrm{min}^{-1}$
p.120　問 2　180 N
問 3　800 N，133 mm，64×10^3 N·mm
p.120　節末問題
1. 360 N，72 N，14.4×10^3 N·mm
2. 100 mm，0.419 MPa·m/s で，1 MPa·m/s 以下だから安全。

第 12 章　ばね・振動

p.128　問 1　0.108 N/mm，929 mm
問 2　10.3 mm，26.0 MPa
p.130　問 3　8.90 N/mm，83.3 MPa，11.2 mm
問 4　125 MPa，2.53 mm
p.131　問 5　20.0×10^3 N·mm/rad
p.131　節末問題
1. $U = 76.1 \times 10^3$ N·mm，$u = 0.934$ N·mm/mm^3
2. 有効巻数 12，54 mm，86 mm
3. 9.71 mm，10.3 N/mm
p.133　問 6　0.2 s
問 7　5 Hz
p.140　節末問題
1. 0.05 s，126 rad/s，− 158 N
2. 0.444 s，2.25 Hz
3. 5.03 Hz
4. $1\,236\ \mathrm{min}^{-1}$

第 13 章　圧力容器と管路

p.144　問 1　12 mm
問 2　略
p.145　問 3　26.0 MPa
p.147　問 4　11 mm（安全を考えて計算値より厚くする。）
問 5　28.4 mm（安全を考えて計算値より厚くする。）
問 6　2 400 mm
p.148　問 7　5.3 mm（安全を考えて計算値より厚くする。）
問 8　47.1 mm（安全を考えて計算値より厚くする。）
p.150　節末問題

1. 20 MPa
2. 内壁　12.8 MPa，外壁　6.75 MPa，内壁　8.65 MPa
3. 4.5 mm (安全を考えて計算値より厚くする。)
4. 5 mm (安全を考えて計算値より厚くする。)
5. 0.75 MPa (安全を考えて計算値より低い内圧とする。)
6. 2.22 MPa (安全を考えて計算値より低い内圧とする。)
7. 4416 mm (安全を考えて計算値より小さい内径とする。)
8. 2.83 MPa (安全を考えて計算値より低い圧力とする。)

p.154　**問9**　1.26 mm

問10　44.5 mm (安全を考えて計算値より厚くする。)

p.160　**節末問題**

1. 350 A × Sch 20
2. 450 A
3. 3.98 m/s
4. 200 A，4.38 MPa (安全を考えて計算値より低い圧力とする。)
5. 5.12 MPa (安全を考えて計算値より低い圧力とする。)，2.55 m/s
6. 8.61 m/s
7. $D = 113$ mm，$t = 1.35$ mm

第14章　構造物と継手

p.166　**問1**

$R_1 = 2.5$ kN

$R_2 = 7.5$ kN

部材 AB の内力 $a = 5$ kN，圧縮力

部材 AC の内力 $b = 8.7$ kN，圧縮力

部材 BC の内力 $c = 4.3$ kN，引張力

p.169　**節末問題**

1. 部材 AB の応力 = 9.80 MPa，部材 BC の応力 = 7.06 MPa
2. 部材 AB の内力 = 20 kN，引張力　部材 AC の内力 = 17.3 kN，圧縮力

p.174　**節末問題**

1. 43.6 mm
2. 360 kN
3. 8.4 mm (安全を考えて計算値より厚くする。)
4. $\sigma_b = 45$ MPa，$\tau_{max} = 3.33$ MPa

第15章　器具・機械の設計

p.182　**節末問題**

1. 略

p.224　**節末問題**

1. 略
2. 略
3. 略

索引

●本書の関連データが web サイトからダウンロードできます。

本書を検索してご利用ください。

■監修

野口昭治(のぐちしょうじ)　東京理科大学教授

武田行生(たけだゆきお)　東京工業大学教授

■編修

堤　茂雄(つつみしげお)

石井　暁(いしいさとる)

笹平篤生(ささひらあつお)

佐々木和美(ささきかずみ)

関　修(せきしゅう)

金子　太(かねこふとし)

竹谷尚人(たけやひさと)

黒澤孝祥(くろさわこうしょう)

写真提供・協力──㈱アフロ，㈱ウィンド・パワー・いばらき，㈱エスプリマ，外務省，一般財団法人ジェームズダイソン財団，スズキ㈱，青年海外協力隊，㈱西武車両，東京工業大学博物館，東武鉄道㈱，東武鉄道博物館，苫前グリーンヒルウインドパーク，特定非営利活動法人日本水フォーラム，日本精工㈱，ピクスタ㈱，㈱日立製作所，本田技研㈱，安川電機㈱

●表紙デザイン──難波邦夫

●本文基本デザイン──難波邦夫

First Stage シリーズ

新訂機械要素設計入門 2

2023 年 11 月 10 日　初版第 1 刷発行
2024 年 8 月 1 日　第 2 刷発行

●著作者　野口昭治　武田行生
ほか 8 名(別記)

●発行者　小田良次

●印刷所　寿印刷株式会社

●発行所　実教出版株式会社
〒102-8377
東京都千代田区五番町 5 番地
電話［営　業］(03) 3238-7765
［企画開発］(03) 3238-7751
［総　務］(03) 3238-7700
https://www.jikkyo.co.jp/

ISBN 978-4-407-36391-3 C3053

Printed in Japan